全国高等职业教育规划教材

机械安装与起重技术

胡修池　主　编

陈艳艳　李　冰　连　萌　郑兰霞　副主编

U0359558

化学工业出版社

·北京·

内 容 提 要

本书在编写上以培养机械设备安装调试工、安装起重工、工程机械装配与调试工的职业能力为中心，强化实际应用，注重可持续发展。

本书共 8 章，内容包括起重安装施工基础知识、起重安装施工常用工具、简单起重机具、起重安装的捆绑方法、常用的起重安装作业法、一般机械的装配与安装、大型工程机械的安装调试等。附录一和附录二分别是起重吊运指挥信号和常用起重机的起重性能。

本书适合高校机械设计及其自动化专业、机电设备安装与调试专业、工程机械运用与维护专业等教学使用，也可供广大自学者及工程技术人员参考。

图书在版编目（CIP）数据

机械安装与起重技术/胡修池主编 . —北京：化学工业出版社，2014.1（2025.7重印）
ISBN 978-7-122-18998-1

Ⅰ.①机…　Ⅱ.①胡…　Ⅲ.①起重机械-安装　Ⅳ.①TH21

中国版本图书馆 CIP 数据核字（2013）第 270821 号

责任编辑：韩庆利　　　　　　　　　　　文字编辑：张燕文
责任校对：蒋　宇　　　　　　　　　　　装帧设计：尹琳琳

出版发行：化学工业出版社（北京市东城区青年湖南街 13 号　邮政编码 100011）
印　　装：北京科印技术咨询服务有限公司数码印刷分部
787mm×1092mm　1/16　印张 14½　字数 360 千字　2025 年 7 月北京第 1 版第 5 次印刷

购书咨询：010-64518888　　　　　　　　售后服务：010-64518899
网　　址：http://www.cip.com.cn
凡购买本书，如有缺损质量问题，本社销售中心负责调换。

定　　价：49.80 元

前　言

机械安装与起重技术，是我们国家紧缺型人才——机械设备安装调试工、安装起重工和工程机械装配与调试工所必备的综合技能，也是起重技术与各种机械和机电设备安装调试技术相互渗透、密切结合而形成的一门交叉科学。我国现代工程建设中需要大量的起重安装和机械设备安装调试人才，因此，《机械安装与起重技术》已经成为相关专业大学生学习的一门重要课程，也是从事各种工程建设施工和管理人员应该掌握的重要知识之一。

本书以培养机械设备安装调试工和安装起重工的职业能力为目标，在追求通俗易懂、简明扼要、便于教学和自学的前提下编写而成。在编写过程中，以起重技术及典型机械安装调试应用为主线，注意保持教学内容的系统性，力求做到采用最新的文献资料、内容丰富、层次清楚、语言简洁、图文并茂、循序渐进。同时，引用了大量的实际案例及插图，便于读者在学习中增强感性认识，又方便熟悉起重与机械安装技术的应用和发展，还有利于实施技能训练的实践教学环节。

书中共8章，内容包括起重安装施工基础知识、起重安装施工常用工具、简单起重机具、起重安装的捆绑方法、常用的起重安装作业法、一般机械的装配与安装、大型工程机械的安装调试等，主要是全国机械设备安装与调试工、安装起重工、工程机械装配与调试工等职业资格的技能鉴定考试用的基本内容。每章后附有能力训练项目、思考与练习。附录一和附录二分别是起重吊运指挥信号和常用起重机的起重性能。

本书适合高校机械设计及其自动化专业、机电设备安装与调试专业和工程机械运用与维护专业的教学使用，也可作为广大自学者的参考书，还可供从事工程机械及机电设备等相关专业的科研、生产和使用单位的技术人员参考。

本书由黄河水利职业技术学院胡修池主编，黄河水利职业技术学院陈艳艳、李冰、连萌、郑兰霞副主编，曹军、江斌、靳征昌、牛聪、张豫徽等参加编写。全书由胡修池统稿，华北水利水电大学严大考教授主审。具体编写分工：曹军、牛聪和张豫徽编写1和3，连萌和陈艳艳编写2和附录1，江斌和靳征昌编写4和8，胡修池和李冰编写5和6，郑兰霞编写7和附录2。

本书配套有电子课件，可赠送给用本书作为授课教材的院校和老师，如有需要可发邮件到 hqlbook@126.com 索取。

由于编者水平所限，书中难免会有不足之处，恳请广大读者批评指正。

编者

目　录

1

□ 绪论

随着我国国民经济的不断发展，国家基础建设规模不断扩大，土建工程和机电设备安装工程的任务量日益增加，起重安装技术作为一门专门的安装技术，在现代化大型工程施工中的地位和作用更加显著。

起重安装技术是利用起重机具、起重机械等进行起重机本身的安装调试及进行构件与机电设备等的吊装和调试技术。它主要包括以下内容：一是基础知识，主要有起重安装施工中的指挥信号，常用起重机械的技术性能，图解施工技术等内容；二是起重安装施工中常用的工具，机具的构造、性能和使用方法，三是起重安装施工中设备（构件）的捆绑方法和常用的起重安装作业法；四是工程机械的安装调试，主要内容有塔式起重机、门座式起重机、龙门式起重机、桥式起重机、带式输送机、缆索式起重机和混凝土搅拌楼（站）等在工程施工中常用的需现场组装的工程机械的安装和调试。

起重安装技术是工程机械行业的主要内容之一。工程机械专业研究的是工程机械的设计、制造、维修和使用管理。科学技术的不断发展使工程机械使用管理的科技含量不断增加，对工程技术人员的技术要求也不断提高。而在工程机械的使用管理中，最复杂、技术要求最高的就是起重安装技术，这是一门正在发展并与多学科相联系的综合性应用技术。

1.1　起重安装技术的应用和发展

在人们所掌握的各门工程技术中，起重安装技术是较早的。远在古代，人们在同大自然的斗争中为了从井里提水制造了辘轳；为了举升重物使用了杠杆；为了把设备、构件安装到高处，利用了斜面；为了长距离运输发明制造了木牛流马那样的简单运输工具等。在大量的生产实践中，人们积累了丰富的经验，经过分析和总结逐渐形成了如"力"、"力矩"的基本概念，认识了"杠杆原理"、"力的平行四边形法则"等力学的基本原理，并把它记载于古代的科学著作中，我国早在公元前 5 世纪墨翟所著的《墨经》里，就有关于力学原理的论述。人们用力学的基本原理制造并使用这些工具，进行起重安装和运输作业，在为生产和生活服务的劳动中，自然地形成了专门的起重安装技术。

新中国成立初期，由于科技水平低，在起重安装施工中所用的起重设备大多是桅杆式起重机，这种起重机尽管结构简单，但工作范围小，作业效率低。即使是移动式起重机，起重性能也不好；运输设备最大和最好的就是 5t 的解放牌汽车。所以当时的起重安装施工主要是人力操作，手抬肩扛，穿滑车、推绞磨，生产率低，劳动强度大。由于受到落后的起重运输机械和起重安装技术的制约，工程施工速度缓慢，直接影响了国民经济的发展。

20 世纪 70 年代，随着生产和科学技术的发展，在一些工业比较发达的国家，起重安装用的主要设备——起重机械得到了迅速的发展。

进入 20 世纪 80 年代，特别是我国实行改革开放以来，我国人民自强不息、奋发向上，推动了科技的快速发展，自行设计和生产了大量的起重运输设备。大型工程用起重机随着科技水平的提高和生产实际的需要，以及其他相关技术的发展和应用，其技术性能在不断提高和完善。随着建设工程规模不断扩大，为了高效快速地施工、快速方便地转移工作场地，可靠而又经济地发挥机械的性能，起重安装技术也得到了迅速的发展。一方面是起重安装的工程量越来越大，需要吊装和搬运的结构件和机电设备的重量和数量也在增加；另一方面电子技术、液压技术、机电一体化技术等新技术的发展和在工程机械领域的应用，提高了工程机械的性能，也对其安装技术提出了更新、更高的要求，为起重安装技术的发展提供了条件。大型工程施工要依靠现代化的施工机械，工程机械的应用关键问题之一就是起重安装和调试。在现代工程施工中，机械化施工已占据了越来越重要的地位，如三峡水利水电枢纽工程、二滩水利水电枢纽工程和小浪底水利水电枢纽工程，无论是土石方工程施工、钢筋混凝土工程施工、水工建筑物的吊装施工还是机电设备的运输、安装都是机械化作业，所以起重安装技术在施工中起着非常重要的作用。随着科学技术的不断发展，起重安装技术也必将得到进一步的发展。

1.2　起重安装作业的特殊性

正确认识起重安装作业的特殊性，对工程技术人员正确地认识本职工作，搞好起重安装施工，具有重要的现实意义。

1.2.1　起重安装作业的技术性

新中国成立初期，由于我国生产力比较落后及世俗的偏见和误解，人们往往只看到起重安装工作又脏、又累、又危险的一面，这是因为起重安装工作的技术性还没有被人们所认识造成的。其实，起重安装工作是技术性很强的一项工作。在工程设计之初，就要考虑到大型施工机械的安装布局和大型机电设备的场内运输、吊装。承接到工程项目以后，施工单位要根据自己的机械配置和技术力量，进行施工组织设计，如吊装机械的选型、安装布局、安装施工程序设计等，而这些工作又事关工程的施工速度、施工质量、施工安全和施工效益，如盲目购买新的吊装机械，或者机械选型不正确、机械安装布局不合理、起重安装施工方案设计不合理，将会给整个工程施工造成严重影响。

在起重安装施工中，起重安装施工人员每时每刻都在跟"千变万化"的"力"打交道，每进行一项起重安装施工，都要考虑到力的大小、方向和作用点的问题，都要对物体的受力情况进行分析，考虑重物的平衡问题；在起重安装作业中，物体被举升或滑移、运输时，物体受到力的作用，此时施工人员要考虑受力的工具、索具及物体本身的受力点或受力构件的强度、刚度和稳定性问题；在起重安装作业中，要用到各种各样的施工机械，施工人员必须掌握这些机械的性能和安装、修理技术，并能灵活地运用这些机械完成起重安装施工。解决以上这些问题要用到数学、理论力学、材料力学、机械原理、机械制造技术、工程机械、起重机械等多学科的知识，所以说起重安装作业是技术性很强的工作。

1.2.2　起重安装作业的灵活性和创造性

起重安装作业受人员、施工机械配置、工具、施工环境、建筑物构造等施工条件的制约，同一种设备的安装，在不同的施工条件下，施工方案是不一样的。对于同一时间、同一地点、同一个起重安装施工，由于每个人的经验和技术水平不同，考虑问题的方法及对周围环境的观察能力不同，会制定出不同的施工方案。如何能巧妙地利用现有的人员、施工机械、工具和施工现场的建筑物等，安全优质地完成施工任务，就体现了一个施工技术人员的技术水平。在众多的施工方案中，只要是满足起重安装技术要求的施工方案都是可行的，在制定具体的施工方案时就体现了起重安装作业的灵活性和创造性。好的施工方案应该是科学地使用施工机械，尽量利用周围的建筑设施，以最少的人力和物力的投入，出奇制胜地完成施工任务。这就要求工程技术人员在日常工作中要认真学习起重安装技术理论，总结工程施工经验，研究工程施工中遇到的问题，这样才能在以后复杂的工程施工中，对各种方案进行正确的比较，对各种施工方案的施工条件，施工的安全性、经济性，工程施工速度和劳动强度等各方面的因素进行综合的分析，并从中选出最佳施工方案。

1.2.3 起重安装作业的安全性

起重安装施工，安全技术是起重安装施工技术中重要的组成部分。通过对近几年来起重安装事故的分析，发现有以下几个特点。

① 起重安装施工事故大型化。

② 工程施工中一些常见的事故反复发生。

③ 建筑业和重工业部门的起重安装事故较多。

为了防止意外事故的发生，减少人民财产的损失，提高工作的效率，保证人民生命和财产的安全和工程施工质量，我们必须从思想上提高安全意识，把起重安装技术理论知识学好，并灵活地运用到生产实践中去。

■ 思考与练习

1-1 起重安装技术的定义及其重要意义、特殊性。

2

□ 起重安装施工基础知识

2.1 设备安装图

设备安装图中，表示设备基础的分布、相互间的联系和平面尺寸、坐标位置、地脚螺栓数量及距离尺寸。剖面图表示基础和设备位置标高尺寸，以及组装结构和要求。在设备安装图文字说明中，提出了起吊方法和组装的一些技术要求和质量标准。

2.1.1 设备安装图的内容

设备安装图一般分为工艺流程图、设备本体图和设备布置图三种。

(1) 工艺流程图

工艺流程图是安装施工中，表明生产某种产品的全部过程的图样，表达满足该生产工艺要求的设备、介质流向等。

(2) 设备本体图

设备本体图可分为设备总装图、部件图和零件图。整体出厂的设备，一般只要有总装图即可安装；需现场组装的设备，必须有总装图、部件图和必要的零件图。

(3) 设备布置图

设备布置图一般用平面图表示，是表达各种设备在建筑物内（外）的平面布置和安装具体位置的施工图。图 2.1 是某机加工车间的设备安装平面布置示意图。静止设备平面图主要内容包括：设备的外形尺寸；编号或名称；设备本体纵横中心线及其他定位尺寸；有进、出口管的设备如塔类、储槽等，要标出进、出口管的方位；平台、扶梯也应标出。

2.1.2 一般设备安装图的识读

设备安装图的识读应按照"总体了解，顺序识读，前后对照，重点阅读"的原则进行。起重安装作业，应重点看与起重吊装有关的安装图，要仔细阅读，认真分析，把起重工作中可能遇到的问题理清。识读安装图的步骤如下。

① 看标题栏和技术说明书，进行概括了解。

② 熟悉图样目录，分析视图，了解表达方法及其作用。在此基础上将设备安装平面图与安装系统图联系对照进行识读。

③ 应按设备安装的系统分别识读，在同类系统中又可按编号进行识读。

④ 看设备基础图及基础平面图，了解设备基础位置、标高、尺寸，地脚螺栓位置、数量及尺寸距离。

⑤ 了解起重吊装设备的重量和尺寸，如何才能达到技术要求，做到心中有数。

⑥ 进行总结，全面了解设备安装图。

⑦ 有的设备安装图，对某些常见部位的设备、管道器材等细部的位置、尺寸和构造要求，往往是不加说明的，读图时如果想要了解其详细做法，还需要参照有关图集和安装详图。

设备安装平面图是工程图样中最基本和最重要的图样，与起重作业有着密切关系，它主要表明安装器材、安装设备的平面布置、相互位置、坡度与走向、连接方式等。图 2.2 所示为锅炉安装平面图。

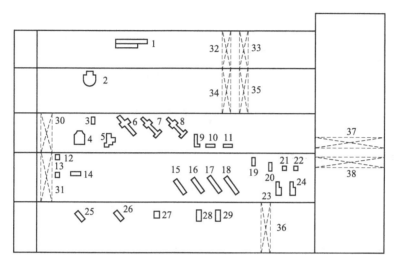

图 2.1　某机加工车间设备安装平面布置示意图

1—单柱立车；2—双柱立车；3—插床；4—立车；5—镗床；6~8—龙门刨床；
9—卧式镗床；10,11,15~18—车床；12,13—弓锯床；14—内圆磨床；
19,20—滚齿机；21—插齿机；22—刨齿机；23,24—卧式镗床；
25—万能铣床；26—立铣；27—牛头刨；28,29—摇臂钻床；
30~38—桥式起重机

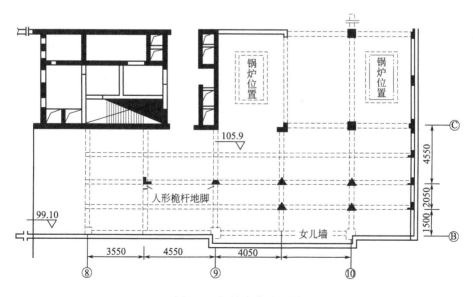

图 2.2　锅炉安装平面图

2.1.3 识读设备安装图的注意事项

识读设备安装图，除遵照以上识读原则、方法步骤外，还有以下注意事项。

① 首先应弄清图样中的方向和设备、安装器材在总平面图上的位置。

② 阅读前要熟悉投影原理，了解设备构造情况，以及图例符号代表的内容。

③ 识图时应将系统图和平面图对照识读，以便于了解系统全貌。

④ 识图方法，应先易后难，先了解其轮廓概貌，然后进一步细读，反复熟悉，直至全部弄清为止。

⑤ 要做到全面了解设备安装图（包括较复杂的设备安装图和较大型的设备的组装图）提出的起吊方法和一些技术要求与质量标准。

⑥ 绘制设备吊装图，进一步加深对吊装方案的理解。

2.2　建筑施工图

2.2.1　建筑施工图的作用

建筑工程的施工图分为建筑施工图和结构施工图两大类。

建筑施工图是说明房屋建筑各层平面布置，立面、剖面形式，建筑各部构造及局部详细构造的图纸。

结构施工图是说明房屋的结构、构造类型、结构平面布置、构件尺寸、材料和施工要求等内容的图纸。

看懂建筑施工图和结构施工图，了解起重作业环境，对起吊物的形状和重量做到心中有数，从而确保安全顺利完成起重作业。

2.2.2　建筑施工图的标注表示方法

建筑施工图中，除标题栏和比例外，还有以下标注。

（1）轴线

轴线是主要承重构件设计位置的符号，是施工定位、放线的重要依据。凡是承重墙柱、屋架、大梁等主要承重构件的平面位置上均应画上轴线。

轴线使用点画线，端部带一个圆圈，圈内注有编号。水平方向用阿拉伯数字由左至右依次编写；垂直方向用字母由下向上依次编写，大写字母中 I、O、Z 不得用于轴线编号。轴线的画法如图 2.3 所示。值得注意的是，轴线不一定是承重墙或柱子的中线。

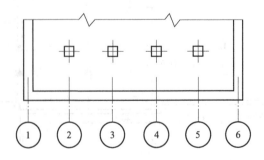

图 2.3　轴线的画法

（2）标高

建筑物各部分的高度用标高表示。标高的符号是"▽"。符号下面横线为某处高度的界线，横线上面注明标高。标高单位用 m，可精确到 mm。

标高分为绝对标高和相对标高两种。绝对标高是把我国黄海平均海平面定为零点，其他各地标高都以它为基准。如某处的绝对标高为 470.35m，即表示该处的高度比黄海平均海平面高 470.35m。相对标高是把一幢建筑物的首层室内地面标为零点，写成"±0.00"，读正负零零。高于它的为正，一般不注"＋"号，低于它的为负，必须注上"－"号。如某车间柱顶高为"$\frac{10.00}{▽}$"表示该柱顶比该车间室内地面高 10m；该车间杯形基础地面标高为

"$\frac{-0.60}{▽}$"，表示该杯形基础底面比室内地面低 0.6m。

绝对标高与相对标高的关系在总平面图或总说明上表示。例如，某车间总说明中注明有"±0.00＝470.35"，即表示该车间的底层室内地面"±0.00"相当于绝对标高 470.35m。

（3）各种符号

① 剖切符号　剖面的剖切符号由剖切位置及剖切方向线组成，用粗实线绘制，如图 2.4 所示。断（截）面剖切符号应用剖切位置线表示，并用粗实线绘制，如图 2.5 所示。

② 对称符号　画对称的建筑物或构件图，可用对称符号（见图 2.6）表示，即在对称轴的位置画出对称符号，其对称部分可省略不画。

③ 详图索引号　它是反映基本图纸与详图、详图与详图之间，以及有关工程图纸之间关系的符号。通过索引号可以方便地查到相互有关的图纸。

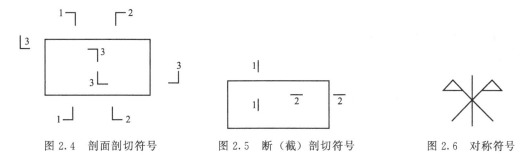

图 2.4　剖面剖切符号　　　图 2.5　断（截）剖切符号　　　图 2.6　对称符号

详图索引号常见的有以下几种表示法。

a. 索引出的详图与被索引的图在同一张图纸上时，采用图 2.7（a）所示的方法表示，索引符号的上半圆中用阿拉伯数字注明详图的编号。

b. 索引出的详图与被索引的图不在同一张图纸上时，应在索引符号的下半圆内用阿拉伯数字注明该详图所在图纸的编号，如图 2.7（b）所示。

c. 索引出的详图如采用标准图时，应在索引符号水平直径的延长线上加注图册的编号，如图 2.7（c）所示。

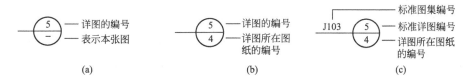

图 2.7　详图索引符号

d. 索引符号如用于索引剖面详图时，应在被剖切的部位绘制剖切位置线，同时以引出线引出索引符号，引出线的一侧应为剖视方向，如图 2.8 所示。

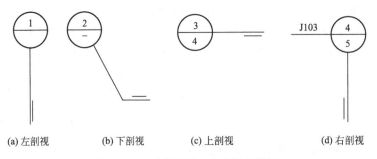

| (a) 左剖视 | (b) 下剖视 | (c) 上剖视 | (d) 右剖视 |

图 2.8　索引符号用于索引剖面详图

e. 详图的位置和编号，应以直径为 14mm 的粗实线圆绘制，当详图与被索引的图在同一张图上时，采用图 2.9(a) 的表示法；当详图与被索引的图不在同一张图上时，采用图 2.9(b) 的表示法；零件、钢筋、杆件、设备等的编号，应以直径为 6mm 的细实线圆表示，如图 2.9(c) 所示。

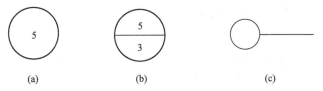

(a)　　　　(b)　　　　(c)

图 2.9　详图的位置和编号

f. 引出线。需要对建筑的某部位或某些构件在图上用文字加以说明时，应用引出线引出，并辅以文字说明，如图 2.10 所示。

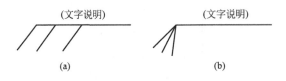

(a)　　　　(b)

图 2.10　引出线

（4）尺寸及单位

施工图除了画出建筑物及其各部分的形状外，还必须准确、详细和清晰合理地标注尺寸，以表达形状和大小，作为施工时的依据。

尺寸由数字和单位组成。根据《建筑制图标准》（GB/T 50104—2001）规定，建筑施工图纸中的尺寸单位，在总图中以 m 表示，其余的尺寸单位均以 mm 表示，为使图纸简明，在尺寸数字后面不写尺寸单位。

尺寸标注由尺寸线、尺寸界线、尺寸起止符号（45°短线或箭头）和尺寸数字四部分组成，如图 2.11 所示。

尺寸线及所标注尺寸数字，应尽量标注在图面轮廓线外；尺寸数字应尽量标注在尺寸线上方的中部；屋架结构的单线图，可将尺寸直接标注在杆件的一侧，如图 2.12 所示。

标注半径、直径、坡度及角度时，应用箭头表示，并在尺寸前加注代号，如图 2.13

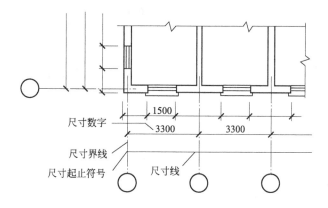

图 2.11 尺寸的组成

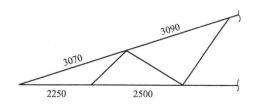

图 2.12 单线尺寸的标注

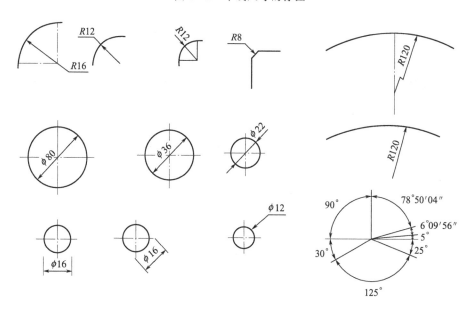

图 2.13 半径、直径、角度的标注

所示。

(5) 图例、代号表示

① 图例表示方法 为了简化建筑施工图，绘图中要采用若干图例。建筑材料图例见表 2.1，总平面图常用图例见表 2.2，建筑平面图常用图例见表 2.3。

② 代号表示方法 为了简明地将各种构件，如梁、板、柱等表示在图纸上，通常采用构件代号加以区别，常用构件代号见表 2.4。

表 2.1　建筑材料图例

序号	图　例	名　称	序号	图　例	名　称
1		自然土壤	12		钢筋混凝土
2		夯实土壤	13		焦渣、矿渣
3		砂、灰土	14	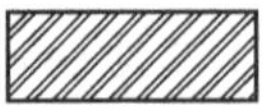	金属
4		砂砾石,碎砖,三合土	15		松散材料
5	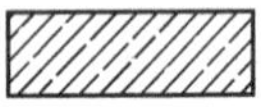	天然石料	16	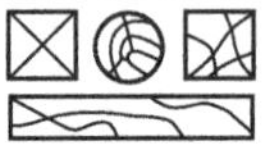	木材
6	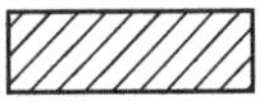	毛石	17	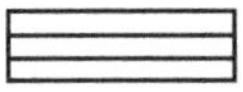	胶合板
7	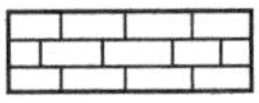	普通砖	18		石膏板
8	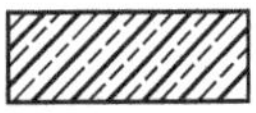	耐火砖	19		多孔材料
9		空心砖	20		玻璃
10		饰面砖	21		人造板材
11		混凝土	22		防水材料或防潮层

表 2.2　总平面图常用图例

名　称	图　例	说　明
新设计的建筑物	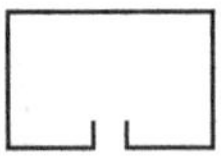	①比例小于1：2000时,可以不画出入口 ②需要时可以在右上角以点数表示层数 ③用粗实线表示
所有建筑物	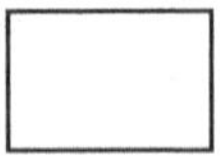	在设计中拟利用者,均应编号说明
计划扩建的预留地或建筑物		用虚线表示
拆除的建筑物	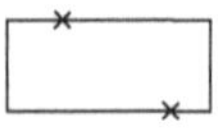	用细实线表示
围墙	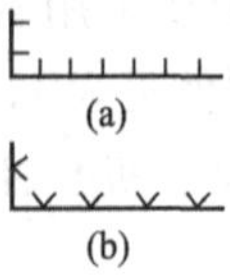 (a) (b)	图(a):砖石、混凝土及金属材料围墙 图(b):镀锌铁丝网、篱笆等围墙

续表

名　　称	图　　例	说　　明
坐标	*X*=105.00m *Y*=425.00m (a) *A*=131.51m *B*=278.25m (b)	图(a):测量坐标 图(b):建筑坐标
原有的道路		
计划的道路	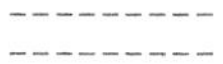	
室内地坪高	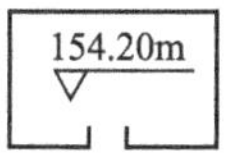 154.20m	
室外整平标高	▼143.00m	
方格网交叉点标高	−0.50m │ 77.85m 78.35m	"78.35m"为原地面标高,"77.85m"为设计标高,"−0.50m"为施工高度,"−"为挖方("＋"为填方)

表 2.3　建筑平面图常用图例

名　　称	图　　例	名　　称	图　　例
底层楼梯	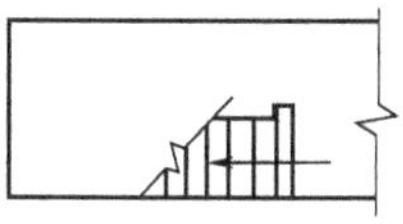	检查孔	
中间层楼梯	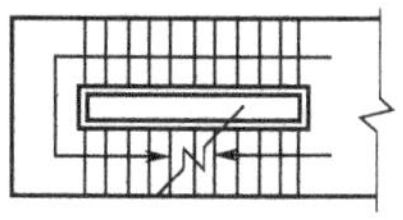	高窗	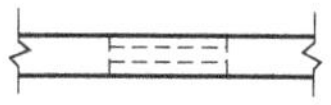
顶层楼梯	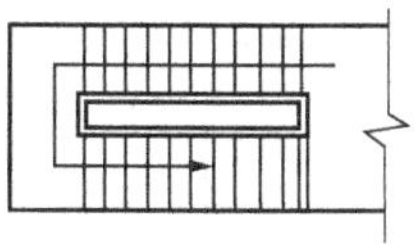	孔洞	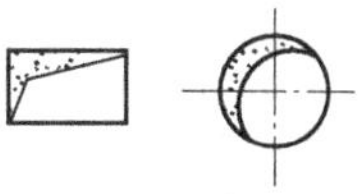
污水池		坑槽	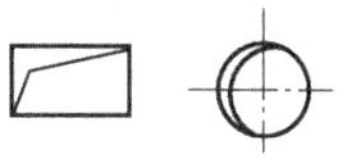
墙上预留洞口	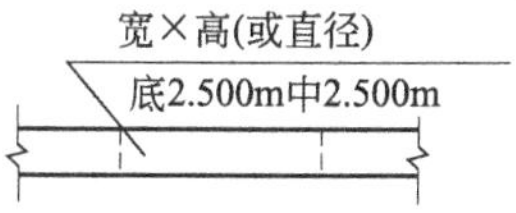 宽×高(或直径) 底2.500m中2.500m	烟道	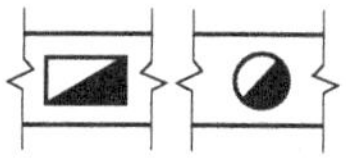
墙上预留槽	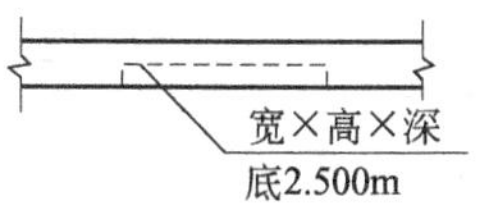 宽×高×深 底2.500m	通风口	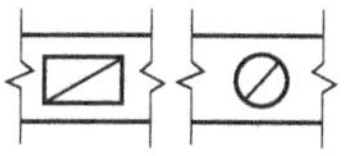

名 称	图 例	名 称	图 例
双扇平开窗		双扇门	
		对开折门	
厕所间		单扇内外开双层门	
淋浴小间		双扇双面弹簧门	
人口坡道		单扇双面弹簧门	
小便池		双扇门外开双层门	
空门洞		上悬门	
单扇门			

表 2.4　常用构件代号

序号	名　称	代号	序号	名　称	代号	序号	名　称	代号
1	板	B	19	圈梁	QL	37	承台	CT
2	屋面板	WB	20	过梁	GL	38	设备基础	SJ
3	空心板	KB	21	连系梁	LL	39	桩	ZH
4	槽形板	CB	22	基础梁	JL	40	挡土墙	DQ
5	折板	ZB	23	楼梯梁	TL	41	地沟	DG
6	预应力空心板	YKB	24	框架梁	KL	42	柱间支撑	ZC
7	楼梯板	TB	25	框支梁	KZL	43	垂直支撑	CC
8	盖板或沟盖板	GB	26	屋面框架梁	WKL	44	水平支撑	SC
9	雨篷板或檐口板	YB	27	檩条	LT	45	梯	T
10	吊车安全走道板	DB	28	屋架	WJ	46	雨篷	YP
11	墙板	QB	29	托架	TJ	47	阳台	YT
12	天沟板	TGB	30	天窗架	CJ	48	梁垫	LD
13	梁	L	31	框架	KJ	49	预埋件	M
14	屋面梁	WL	32	钢架	GJ	50	天窗端壁	TD
15	吊车梁	DL	33	支架	ZJ	51	钢筋网	W
16	单轨吊车梁	DDL	34	柱	Z	52	钢筋骨架	G
17	轨道连接	DGL	35	框架柱	KZ	53	基础	J
18	车挡	CD	36	构造柱	GZ	54	暗柱	AZ

　　注：1. 预制钢筋混凝土构件、现浇钢筋混凝土构件、钢构件和木构件，一般可直接采用本表中的构件代号。在绘图中，当需要区别上述构件的材料种类时，可在构件代号前加注材料代号，并在图纸中加以说明。

　　2. 预应力钢筋混凝土构件的代号，应在构件代号前加注"Y"，如 YDL 表示预应力钢筋混凝土吊车梁。

2.2.3 建筑施工图的识读

无论是工业厂房或是高、低层民用建筑，施工图的内容是相同的。建筑施工图包括平面图、立面图、剖面图、（建筑）构件图、（建筑）结构图、大样图等。

(1) 平面图

它表示建筑物的建筑平面布置，内部空间的分隔，房间的进深和开间尺寸的大小，各功能房间的相对位置，门窗洞口位置及尺寸、墙的厚度等。读图要点如下。

① 底层平面图是重点。底层平面图绘制最详细，标注也最齐全，其余各层图中，与底层相同的内容往往较简略，因此，读图应先读懂底层平面图。读楼层平面图时，随时对照底层图阅读。

② 结合详细阅读。因平面图比例较小，许多部位都另配有详图（如楼梯、卫生间等），读图时，要结合详图阅读。

③ 要掌握室内外设备和设施的位置与主要尺寸数据，读图时要做记录，如房屋长宽尺寸、墙体的厚度尺寸、门窗洞口的定形定位尺寸等。

(2) 立面图

它表示建筑物的外部形状和尺寸，如长、宽、高以及屋面的结构、门窗洞口的位置等。读图要点如下。

① 明确立面图的竖向尺寸。立面图中竖向尺寸均用标高表示。要明确标高的零点位置，楼层间的尺寸要用标高换算，读图时，要大致算一算，以明确各楼层间的尺寸关系。

② 明确各立面的装修做法。一般建筑正立面是装修的重点，其余各面与之有差别，读图时，要分别读各立面的装修做法。

(3) 剖面图

它表示建筑物内部的层高、屋顶的坡度、房间（车间）及门窗的高度、楼板的厚度以及结构形式等。读图要点如下。

① 要注意房屋平、立、剖三者之间的关系。平面图、立面图上的一些内容常在剖面图中也有表示，读剖面图时，要对照平面图、立面图阅读，明确三者之间的关系。

② 注意建筑标高和结构标高的差别。建筑施工图中的标高为"建筑标高"，结构施工图中的标高为"结构标高"，建筑标高是标注建筑已完成后的表面标高，而结构标高则标注施工过程中结构构件的安装高度（顶面或底面）。两者之间有一定的差别，如层高的标注，建筑标高是指楼面面层已做好后的表面高度，而结构标高则是指结构安装后的板面（或板底）的高度。两者差值即为面层的厚度。

以上三种视图是相互关联的，因此，在读图过程中要把它们有机地联系在一起，才能得到整个建筑物的全貌。

(4) 建筑构件图

预制件的基本构件有柱子、横梁、楼板、吊车梁、屋架、屋面板等。在结构布置图中，常用一线段代表某一构件，在结构详图中，可画出构件的平面图或立面图，并画出截面图，就能完全表明该构件的形状和尺寸。图 2.14 为边柱 Z-1 的详图，上部柱为方形截面，牛腿处为矩形截面，下部柱为工字形截面。柱顶、牛腿面及外侧面等处均有预埋件，代号 M，图中只画出 M-1 及 M-2 的详图，表示柱外侧面预埋钢筋的具体尺寸及钢筋规格。

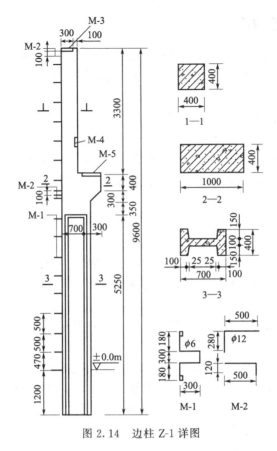

图 2.14 边柱 Z-1 详图

从图 2.15 可看出，柱子根部插入基础的杯口中用细石混凝土灌缝封固，图中还表示了基础的形状及具体尺寸。

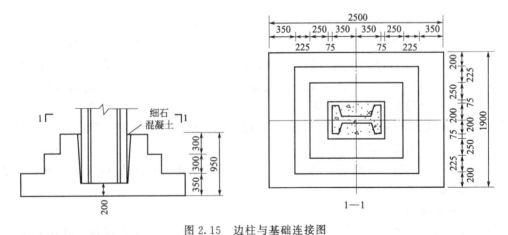

图 2.15 边柱与基础连接图

（5）建筑结构图

有关单层工业厂房的建筑结构图有结构平面布置图、屋面结构布置图、基础平面图、各种结构详图及构造节点详图等。在建筑结构图上，各构件均用代号表示其名称，如 WB 表示屋面板，L 表示梁，Z 表示柱，M 表示预埋件等。现将几种典型建筑结构图读图要点简介如下。

① 基础平面图　如图 2.16 所示，从图中看出该厂房长 48m，跨度 18m；基础为杯形独立基础，编注的基础代号为 J-1，山墙柱基础梁代号 JL-2。

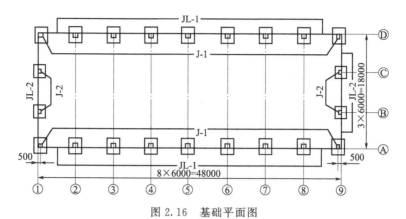

图 2.16　基础平面图

② 结构平面布置图　图 2.17 为结构平面布置图，从图中看出，边柱的代号为 Z-1；山墙柱的代号为 Z-2。吊车梁有两种：中间跨的吊车梁代号为 DL-1；边跨的吊车梁代号为 DL-2。沿厂房四周布置圈梁，代号 QL。

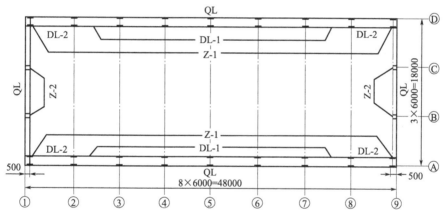

图 2.17　结构平面布置图

③ 钢筋混凝土梁结构图　梁是一种横向受力构件，它们一般架设在柱子或圈梁等竖向受力构件上，把其上所受载荷通过柱子和承重墙向基础和地基传递。

最常见的梁为钢筋混凝土梁，如图 2.18 所示，该梁两端支撑在柱子上，是一条简支梁。该图画出了梁的立面图和断面图，表明了梁的基本尺寸和梁内钢筋的基本配置情况。在遇到某些内部钢筋配置复杂的梁时，可根据需要作出梁的钢筋分布图或列出钢筋表，以便于配筋。简支梁一般仅能承受均布载荷、集中力和弯矩，不允许在其上面开洞打孔。

④ 屋面结构布置图　如图 2.19 所示，从图中看出，屋架有 9 个，代号为 YWJ，表示预应力混凝土屋架。屋面板有两种：中间部分预应力混凝土屋面板，代号为 YWB-1；沿檐口部分为带挑檐预应力屋面板，代号为 YWB-2；代号前面数字表示斜线所画范围内屋面板的数量。代号 SC-1 表示屋架间水平支撑（在下弦）；代号 SC-2 表示屋架间下弦水平系杆。

起重作业中，对以上所讲的各类建筑结构图主要应掌握以下几点。

① 建筑结构图是描述建筑物受力的技术依据。

钢筋表

编号	简 图	直径	长度	根数
①	75　　3790	φ16	3940	2
②	215　282　2960 / 200	φ16	4354	1
③	3790 / 63	φ10	3896	2
④	150 / 250　200 / 100	φ6	700	20

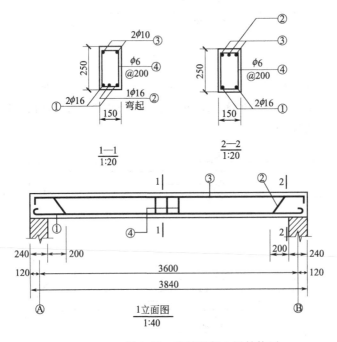

图 2.18 钢筋混凝土梁结构图

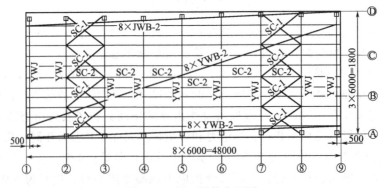

图 2.19 屋面结构布置图

② 通过建筑结构图能明确判断建筑物的受力柱、受力梁以及非受力结构。

③ 明确钢筋混凝土构件的配筋情况，明确建筑物中的现浇板和预制板。

④ 施工中严禁损伤建筑物的承重结构。

⑤ 不得在建筑物楼板、挑檐、隔间墙等处设置吊点。

⑥ 在用建筑物的结构作受力点时，必须采取必要的保护措施。

看完以上平面布置图后，再进一步阅读各构件节点详图，以便考虑各构件的吊装方案。

2.2.4 识读建筑施工图的注意事项

识图时首先要看总的说明，了解建筑概况、技术要求，然后看图。看图一般按目录顺序，由总平面图、建筑平面图、建筑立面图和建筑详图、安装图至建筑结构图。看图时要有联系、综合地看，注意施工中相关方面的彼此衔接，避免造成安装困难。

读图中除遵照上面的要求外，还应注意以下几点。

① 读图时，首先要熟悉投影原理，了解建筑构件与结构情况，以及常用的图例符号等。

② 读图的基本方法是："由外向里，由大到小，由粗向细看；图样与说明互相看；建筑施工图与结构施工图对着看。"同时应本着先易后难的原则，先了解其轮廓概貌，然后进一步细看，反复熟悉，直到全部弄清为止。

③ 在识读建筑平面图、剖面图的过程中，要随时对照大样图、结构布置图，熟悉建筑的全貌，对整个建筑有一个总体的了解。

④ 要注意：建筑立面图一般不注尺寸，只注出主要部位的相对标高。

⑤ 读图时要记住重要部位的尺寸。如平面图中房屋开间数量、开间和进深尺寸、总高度、总宽度等关键尺寸；立面图中的室内外高差、窗台标高、房屋总高度、层高、层数、层架下弦标高等；基础施工图中基础埋深尺寸和基础宽度等；主体结构施工图中的各种钢筋混凝土梁、柱、板构件在建筑中的部位、数量、长度、断面尺寸等。

⑥ 建筑结构图主要表示建筑物各承重构件的布置、形状、尺寸、材料、构造及其连接方法。起重工应注意对需要吊装构件的形状、尺寸、重量、安装位置等重点给予关注。

⑦ 要注意图纸中的文字说明。图纸上的文字说明是设计意图表现方式之一。许多构件做法、施工要求等都是通过文字说明表述的，读图时必须结合文字说明才能全面理解设计意图。

⑧ 要注意把图纸上的有关资料和数字互相核对。如建筑施工图与总平面图的尺寸是否一致；平面图与立面、剖面图上的相关尺寸是否一致等。若发现问题，应做好记录，尽快与有关人员联系解决。

⑨ 读图时，不能随便修改图纸。对模糊的、不清楚的甚至有问题的地方，都不能按自己的设想修改图纸。工程图上所有问题，都只能通过正常渠道与设计人联系解决。

⑩ 读土建施工图（建筑施工图、结构施工图）时要注意三个结合：与水、电、暖、卫等设备安装图相结合；与室外工程相结合（环境施工、室外管线施工等）；与施工技术条件相结合。即读图时，要考虑到水、电、暖、卫等设备的安装问题，考虑到室外工程施工的问题，考虑到施工方法、材料供应、施工设备等现有施工条件是否满足工程要求的问题。

⑪ 在熟悉本专业施工图的基础上，要会同其他专业的人员进行施工图会审，以解决相互之间存在的配合问题，如预埋件、预留孔洞以及设备吊点等。

2.3 起重安装施工指挥信号

起重安装工作不仅是一项技术性很强的工作，而且因为高空作业和搬运单件重达数百吨的设备，还是一项危险性较强的既复杂又细致的工作，稍有不慎就会造成生命的威胁和财产的损失。在工程施工中，起重安装工作往往和建筑施工交叉作业，因此，只有依据一定的指挥信号，各方面协调配合，所有工作人员都能做到"一切行动听指挥"，才能保证起重安装工作的顺利进行。为此，国家已制定了统一的起重指挥信号标准（详见附录一），各操作人员必须按照指挥者发出的信号进行操作，使起重安装作业能安全可靠地进行。

常用的指挥信号有三种：手势信号、旗语信号和口笛信号。手势信号或旗语信号经常和口笛信号一起使用，手势信号或旗语信号指挥机械及工作人员的动作，而口笛信号只是告知机械操作人员及全体工作人员注意信号。

尽管国家早就统一制定了指挥信号的国家标准，但到目前为止，有的施工单位仍然没有执行这一标准。为了尽快提高我国的起重安装技术水平，提高参与国际竞争的能力，应尽快执行统一的国家标准，同时在起重安装施工之前，为确保施工的安全，必须向有关人员明确各种指挥信号的标准和含义，所有施工人员必须严格遵守，以防意外事故的发生。

随着新的科学技术的不断应用，目前，无线对讲机、电话机也用来作为起重安装施工的指挥工具。实践证明，先进通信设备的应用，为安全、可靠地吊装大型设备和机械操作人员无法看见或看清手势、色旗指挥信号的施工创造了良好的施工条件。

2.4 起重机械的主要技术参数及起重特性

2.4.1 起重机械的主要技术参数

起重机械的技术参数，是设计、制造和选用起重机械的主要依据（本书附录二列出了安装施工常用起重机的技术性能）。主要的起重机械技术参数有如下几个。

(1) 起重量

起重机起吊重物的质量值称为起重量，通常以 Q 表示，单位为 t 或 kg，起重机的起重量参数是以额定起重量表示的。额定起重量是起重机在各种工况下安全作业所允许起吊重物的最大质量。我国的设计标准规定，起重量内不包括吊钩、吊环及滑轮组的质量，但包括起重电磁吸盘、抓斗、料罐等吊具的质量。

关于起重量，国家早已制定了系列标准。

(2) 起升高度

起升高度是指支承面或轨面（有运行轨道的起重机）到吊钩口中心的上极限位置的距离，一般用 H 表示，单位是 m。当取物装置为抓斗或电磁吸盘时，则指支承面至取物装置最低点的距离。

(3) 跨度和幅度

跨度是指桥式类型起重机大车轨道中心线之间的距离，通常用 L 表示，单位为 m。

幅度是指旋转类起重机回转轴线至取物装置中心线的距离，通常用 R 表示，单位为 m。

(4) 起重力矩

起重机的工作幅度与相应的起重量载荷的乘积称为起重力矩，通常用 M 表示，单位为 t·m 或 N·m，它综合了起重量和幅度两个技术参数的内容，所以起重力矩能比较全面和准确地反映起重机的起重能力。通常塔式起重机的起重能力用起重力矩值来表示，在我国是以基本臂的最大工作幅度与相应的起重量载荷的乘积作为起重力矩的标定值。

(5) 轨距

对于移动式塔式起重机，轨距是一项重要参数，因为它直接影响整机的稳定性和起重机本身的尺寸。轨距是起重机两侧轨道中心线之间的距离，如果起重机的轨道是每侧双轨，那么起重机的轨距为双轨的中心线到另外一侧双轨中心线的距离。轨距的大小是根据起重机起重力矩的大小来确定的，起重力矩越大，轨距也越大。

(6) 工作速度

起重机的工作速度主要包括起升、变幅、回转和运行的速度。对伸缩臂式起重机还包括起重臂伸缩速度和支腿收放速度。

起升速度指起重吊钩起升和下降的速度（m/min），变幅速度指吊钩从最大幅度到最小幅度的平均线速度（m/min）；回转速度指起重爪回转台每分钟的转数（r/min）；运行速度指运行机构的平均运行速度（km/h）。工作速度影响着起重机的工作效率，是选择起重机的一项重要指标。

(7) 生产率

起重机的生产率是指单位时间内提升或运移货物的质量（或体积），单位是 t/h 或 m^3/h。

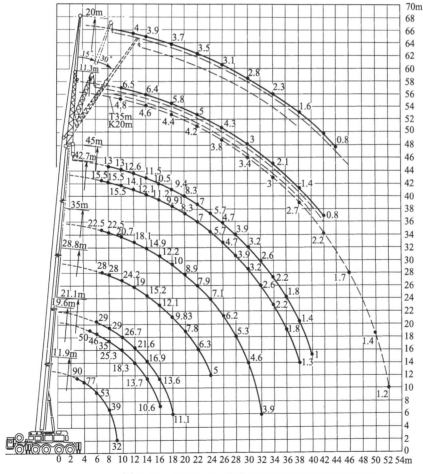

图 2.20 LTM1090 汽车起重机起升高度特性曲线

表 2.5　神户 7080 履带起重机起重特性

单位：t

幅度/m ＼ 主臂长/m	12.19	15.24	18.29	21.34	24.35	27.43	30.48	33.53	36.58	39.62	42.67	45.72	48.77	51.82	54.86	57.91
4.0	80.0															
4.5	71.9	71.2														
5.0	59.7	59.6	59.5													
5.5	51.0	50.9	50.8	50.7												
6.0	44.5	44.3	44.2	44.1	44.0	39.0/6.5m										
7.0	35.3	35.2	35.1	35.0	34.9	34.8	34.7	31.3/7.5m								
8.0	29.2	29.1	29.0	28.8	28.8	28.7	28.6	28.4	28.3							
9.0	24.8	24.7	24.6	24.5	24.4	24.3	24.2	24.0	23.9	25.7/8.5m	23.4	20.8/9.6m				
10.0	21.6	21.4	21.3	21.2	21.1	21.0	20.9	20.7	20.6	20.5	20.3	20.2	20.0/10.1m	17.2/9.6m		
12.0	17.0	16.9	16.8	16.6	16.5	16.4	16.2	16.1	16.0	16.0	15.9	15.6	15.5	15.4	15.3	14.0
14.0		13.8	13.7	13.6	13.4	13.3	13.2	13.1	13.0	12.9	12.9	12.7	12.5	12.4	12.3	12.2
16.0			11.5	11.4	11.2	11.2	11.0	10.9	10.8	10.7	10.7	10.5	10.4	10.3	10.2	10.1
18.0			10.7/17.0m	9.8	9.6	9.5	9.4	9.3	9.2	9.1	9.0	8.9	8.8	8.7	8.6	8.5
20.0				8.5	8.3	8.3	8.1	8.0	7.9	7.8	7.7	7.6	7.5	7.4	7.3	7.2
22.0					7.3	7.2	7.1	7.0	6.9	6.8	6.7	6.6	6.5	6.4	6.3	6.2
24.0					6.9/23.0m	6.4	6.3	6.2	6.1	6.0	5.9	5.8	5.6	5.5	5.5	5.3
26.0						6.0/25.0m	5.6	5.5	5.4	5.3	5.1	5.0	4.9	4.8	4.7	4.6
28.0							5.0	4.9	4.8	4.7	4.5	4.4	4.3	4.2	4.1	4.0
30.0								4.4	4.3	4.2	4.0	3.9	3.8	3.7	3.6	3.5
32.0									3.9	3.7	3.6	3.5	3.3	3.2	3.1	3.0
34.0									3.7/33.0m	3.3	3.2	3.1	2.9	2.8	2.7	2.6
36.0										3.0	2.8	2.7	2.6	2.5	2.3	2.2
38.0											2.5	2.4	2.3	2.2	2.0	1.9
40.0												2.1	2.0	1.7	1.7	1.6

2.4.2 起重机的起重特性

起重机的起重特性是全面表示回转式起重机起重能力及工作范围的参数，它由两部分组成：一是起升高度随幅度的变化特性，一般用起升高度特性曲线图表示，如图 2.20 所示；二是起重量随幅度的变化特性，一般用起重特性表或起重量特性曲线表示，如表 2.5 和图 2.21 所示。附录二摘录了部分起重机的起重特性供参考。

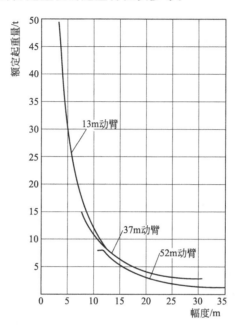

图 2.21　QUY50 履带起重机起重特性曲线

起重机的起重特性是工程施工组织设计中，选择起重机、编制起重安装方案和确定整个施工现场机械布局的主要依据。例如，在编制机电设备的安装方案时，根据起重量的大小确定起重机的工作幅度；根据重物的实际外形尺寸确定重物的实际起升高度；在施工组织设计中，根据起重机的起升高度曲线确定起重机的工作范围（水平及垂直两个方向）；根据起重机的起重量特性曲线确定起重机在某一工况（幅度）下的起重量大小；根据起重机的工作范围和在某一工况下的起重量大小，即可选择起重机和确定起重机在工程施工现场的具体安装位置等。

2.5　图解起重安装技术

用作图的方法求解起重安装施工中遇到的技术问题，称为图解起重安装技术。该技术在工程施工中，可以用于求解力的大小、设备组合件的重心位置；求解特殊条件下进行起重安装作业时起重机械起重臂的长度、起重机的最佳站车位置；依据安装设备的要求合理选用起重机械；进行工程施工现场大型施工机械的合理布置等。

用作图法求解的数据，其精度尽管没有解析法高，但是由于能满足工程施工要求，又具有求解速度快、答案表示直观、易于校核等特点，是解决起重安装施工技术问题常用的一种方法。下面就图解起重安装技术在施工中的应用，分别予以介绍。

2.5.1 确定重物的起升高度

在工程施工现场有一个设备安装项目，所用的起重机位置和幅度一定，起重机的起重臂断面尺寸为 $0.6m \times 0.6m$，下支点到回转中心线的距离 $r=3m$，到地面的距离 $h_1=2m$，吊钩上极限位置到起重臂顶部滑轮的距离 $h_2=1m$。在吊装过程中设备的轴线与起重臂及吊钩钢丝绳组成的平面成 $45°$ 角，如图 2.22 所示。现在用图解法来求解设备底部的最大离地高度，如图 2.23 所示。作图步骤如下。

① 建立坐标系 ROH，R 轴为起重机的幅度，H 轴为起升高度，比例尺为 1:200。

② 按给定的起重机参数画出起重机起重臂的立面位置和地面投影中心线。

③ 画出设备的地面投影。

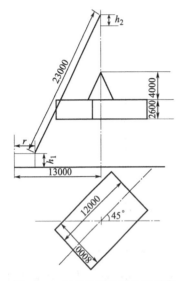

图 2.22　起重机吊装设备示意图

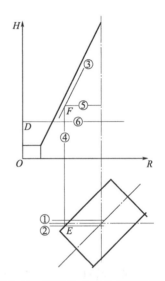

图 2.23　图解法求设备的离地高度

④ 画出起重臂的地面投影直线①、②（两直线间的距离为 0.6m）。直线②和设备的轮廓线交于 E 点。

⑤ 在起重臂立面位置的右下方，画一条起重臂轴线的平行线③，使直线③到起重臂轴线的距离为起重臂断面高度的一半 0.3m，再加上 0.3m（吊装过程中必须预留的重物和起重臂之间的安全距离）。

⑥ 过 E 点作垂直线④交直线③于 F 点，过 F 点作 R 轴的平行线⑤，该直线即为设备上平面的最高位置线。

⑦ 以直线⑤为基准，画出设备底部的位置线⑥交 H 轴于 D 点，则 OD 即为设备底部的最大离地高度。

⑧ 测量 OD 的长度，并按比例计算出设备底部的最大离地高度为 6.2m。

从以上求解的过程中可以看出：给定的 h_1 和捆绑绳的长度没有实际的意义，这也就说明对体积庞大的桁架结构、箱罐类重物的吊装，有时大致一看，起重机的起重能力和钩下高度似乎都能满足要求，但一作图常常会发现，重物尚未起升到就位高度，重物就已经碰上起重臂而无法起升了。所以，在吊装体积庞大的重物时，图解法是检验吊装能否顺利进行的有效手段。

2.5.2 确定起重臂的长度

用履带式起重机吊装一个水箱，起重机站车位置的回转中心线和水箱就位中心的距离为 7m，水箱就位标高为 1m、直径为 6m、高度为 3m。起重臂断面尺寸为 0.6m×0.6m，下支点到回转中心线的距离为 1.5m，到地面的距离 1m，如图 2.24 所示。现在用图解法求解吊装水箱所需的起重臂长度，其作图步骤如下。

① 准备一张坐标纸和常用的绘图工具，并确定比例尺，一般的情况下取 1：100 的比例比较方便。

② 如图 2.24 所示建立平面坐标系 ROH，R 轴作为 0m 标高位置（地面的位置），H 轴作为水箱就位中心线，水箱就位时起重机的吊钩就在这一垂直线上。

③ 水箱按实际标高和尺寸画在坐标纸上，同时画出起重机的回转中心线 a 和起重臂下支点的位置 B。

④ 以水箱上的 D 点为圆心，以起重机起重臂横断面高度的一半再加上 0.3m（吊装过程中必须预留的重物和起重臂的安全距离）为半径在靠近起重臂的方向上画一段圆弧。

⑤ 过 B 点作该圆弧的切线交 H 轴于 E 点，用直尺量出 BE 的长度，并按比例换算后得出，完成该项工作所需的最小起重臂长度约为 13.7m。

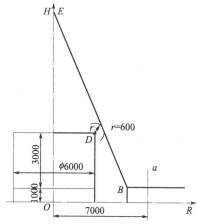

图 2.24　确定吊装水箱
所需的起重臂长度

2.5.3 确定起重机的站车位置

设备安装的位置不变，而就位地点和起重机相隔以高墙或其他障碍物的情况下，可以用图解法来确定起重机的站车位置。下面举一个具体实例。

起重机在未封顶的车间外，吊装车间内的设备时，必须选择一个合适的站车位置，使起重臂既不碰车间的外墙，又能满足设备吊装的要求。其作图步骤如图 2.25 所示。

① 建立坐标系 XOY，X 轴为 0 米标高（地面的位置），Y 轴为设备就位时的垂直中心线，同时也是设备就位时起重机吊钩的垂直中心线。比例尺 1：100。

② 按实际高度和位置画出车间外墙 AB。

③ 查寻起重机起重特性图（或表），根据设备的重量确定吊装该设备时起重机的最大幅度 R_{max}，并在 X 轴上确定 C 点使 $OC=R_{max}$。

④ 画与 X 轴平行的一条直线 a，使直线 a 到 X 轴的距离等于起重臂下支点离地面的高度 h。

⑤ 过 C 点作 X 轴的垂线（起重机的回转中心线），交直线 a 于 D 点。

已知起重臂下支点到起重机回转中心线的距离为 r，以此为标准确定起重机最大幅度时起重臂下支点的位置 E。

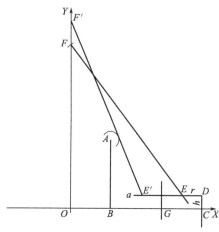

图 2.25　确定起重机的站车位置

⑥ 以 E 为圆心，以起重臂长度为半径画弧交 Y

轴于 *F* 点，线段 *EF* 表示最大幅度时起重臂的实际尺寸和位置。

⑦ 以 *A* 为圆心，以起重臂横断面高度的一半再加上 0.3m（吊装过程中必须预留的重物和起重臂之间的安全距离）为半径在靠近起重机方向上画弧。

⑧ 整体移动线段 *EF*，在 *E*、*F* 两点不离开直线 *a* 和 *Y* 轴的情况下，使线段 *EF* 和该圆弧相切，此时线段 *EF* 和直线 *a*、*Y* 轴分别交于 *E'*、*F'*，*E'* 的位置即为起重机最小幅度时起重臂下支点的位置，从而可以确定出此时起重机回转中心线的位置 *G*。

从图 2.25 可以看出，*OG* 即为起重机的最小幅度，*G*、*C* 两点之间即为起重机的站车范围。

一般情况下，在进行此类设备的吊装时，为了使起重机的起重能力有较大的富裕度和起重机的起重臂在吊装过程中不碰障碍物，起重机的实际站车位置应在 *GC* 的中点位置上。

2.5.4 平面内确定起重机的站车位置——"一弧多点吊装法"的应用

一弧多点吊装法，就是起重机在位置不动、幅度不变的情况下，只进行回转和起升来进行重物吊装作业的方法。

某电站机房内安装 75/20t 桥式起重机。起重机分三大件，两件大梁和一件小车，最大的单件（大梁）重量为 15t。吊装用的机械为 90t 汽车起重机，起重臂长 60m，最大起重量巧吨，不能单独完成桥式起重机的安装作业。根据施工现场的实际情况决定用 90t 汽车起重机和 60t 塔式起重机进行抬吊作业。

现场的地形如图 2.26 所示，汽车起重机的后面是一个水坑，为了让起重机既能避开水坑，又能抬吊两件起重机大梁，下面用图解法来确定起重机的站车位置。

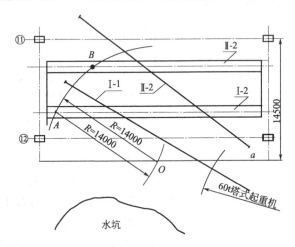

图 2.26 平面内确定起重机的站车位置

① 按实际尺寸，画一张施工现场的平面布置图，机房 11 号柱房架已吊装完毕，11 号和 12 号柱之间的房架未吊装，以便桥式起重机安装就位。

② 将两件起重机大梁画在安装位置上（图中Ⅰ-2 和Ⅱ-2），这是其他机械布置的基准。

③ 在距离 11 号柱轴线 14.5m 处（90t 汽车起重机的最小幅度是 14m，再加上 0.5m 的安全距离）画一条平行线 *a*，该线就是起重机离水坑最远，又能完成吊装作业的回转中心线的位置。

④ 以梁Ⅰ-2上预选的捆绑点 A 为圆心，以起重机的最小幅度为半径画一圆弧交直线 a 于 O 点，该点即为 90t 汽车起重机的站车位置。

⑤ 以 O 点为圆心，以 14m 为半径，过 A 点画一段圆弧，与大梁Ⅱ-2 的中心线交于 B 点，B 点的位置即为 90t 汽车起重机吊装大梁Ⅱ时的捆绑点位置。

⑥ 吊装大梁Ⅰ-2时，大梁Ⅱ已经就位，所以大梁Ⅰ、Ⅱ运抵施工现场时应放在Ⅰ-1 和Ⅱ-1 的位置，具体捆绑点的位置以 A 点、B 点在大梁上的位置为基准。

⑦ 60t 塔式起重机抬吊时的捆绑点位置，按照具体抬吊的负荷分配来计算确定。

2.5.5 确定重物的最大起升高度

某工程项目是在楼顶上安装水箱，水箱重 3t，楼房的高度 20m，水箱的直径 8m、高度 8m。项目施工用的起重机是履带式起重机，起重臂长度 35m，断面尺寸为 0.6m×0.6m，起重机的最小幅度为 7m，起重量为 3t 时的最大幅度为 24m，起重臂下支点到回转中心的距离 3m，到地面的距离 2m，问能否完成该项目的施工。用图解法来求解，如 2.27 图所示。作图步骤如下。

① 建立坐标系，X 轴为地面的位置，Y 轴为起重机的起升高度。比例尺为 1:2 的。

② 以 Y 轴作为起重机的回转中心线，画出起重臂下支点的位置 C，并以 C 为圆心，以起重臂的长度为半径画弧。

③ 画出起重臂最大和最小幅度时的位置 CA 和 CB，并在起重臂的下侧分别画两条起重臂的平行线 a 和 b，使直线 a 和 b 到起重臂之间的距离分别为起重臂横断面高度的一半再加上 0.3m（吊装过程中必须预留的重物和起重臂之间的安全距离）。

④ 画出水箱在以上两种工况下的最大起升高度 H_1、H_2。

⑤ 如果以上两个起升高度中的一个能使水箱底部的高度超过水箱安装基础 0.3m，即证明该起重机能够完成水箱的吊装作业。

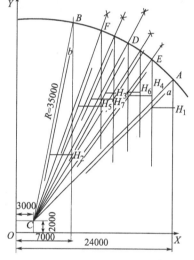

图 2.27　确定水箱的最大起升高度

一般情况下，以上两个起升高度不是该起重机吊装水箱时的最大起升高度，应以作平分线的方法找出起重机在这个项目中的最大起升高度。

⑥ ∠ACB 的平分线 CD，按以上第③条的方法作出该工况下的水箱的最大起升高度 H_3。

⑦ 分别作 ∠ACD 和 ∠DCB 的平分线 CE、CF，按以上第③条的方法作出该工况下的水箱的最大起升高度 H_4、H_5。

⑧ 在图上比较 H_1、H_2、H_3、H_4、H_5 的大小，结果 H_3 为最大。

⑨ 在 H_3 所对应的起重臂 CD 两侧，分别按第⑦条的方法作出该工况下水箱的最大起升高度 H_6、H_7。

⑩ 在 H_3、H_6、H_7 中找出最大的起升高度，重复第⑨条的方法，即可以找出起重机在吊装水箱时的最大起升高度。

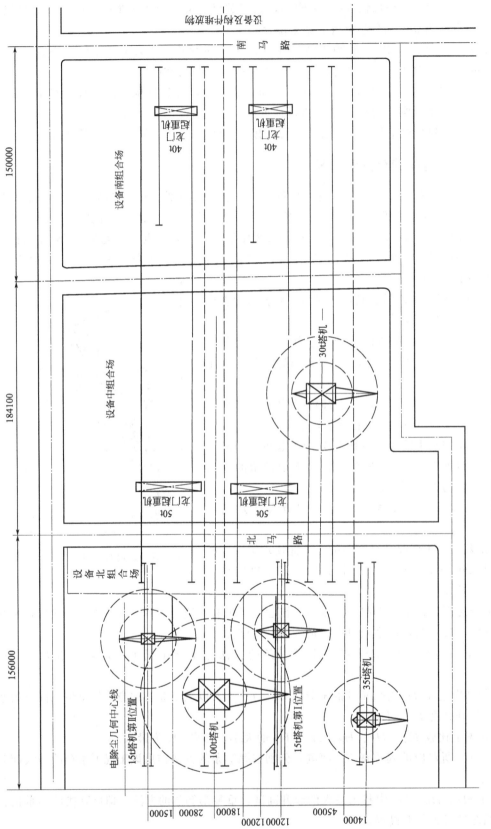

图 2.28 电厂施工大型机械平面布置图

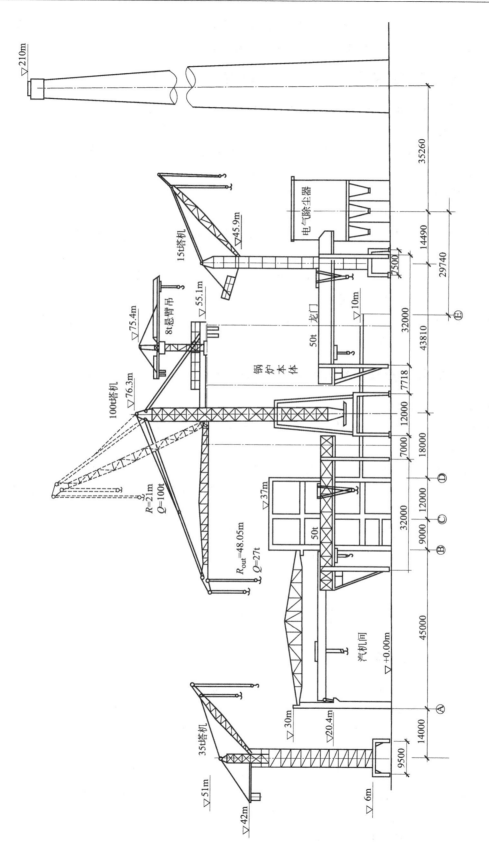

图 2.29 电厂施工大型机械立面布置图

⑪ 经作图求得水箱上平面的最大离地高度 24.6m，即水箱底部的最大离地高度为 16.6m。由此可见，该起重机不能完成水箱的吊装作业。

2.5.6 图解起重安装技术在工程施工组织设计中的应用

大型机械的选型和在施工现场的布置，绘制能够满足工程施工需要的大型起重机械的布置图，是工程施工组织设计的重要内容之一。大型起重机械的选型和施工现场的合理布置，对建筑安装工程的经济效益、工程进度以及土建安装施工的交叉作业等都会产生直接的影响。因此，绘制大型起重机械的空间布置图的过程，就是用作图法发现问题、解决问题、寻求最佳布置方案的过程。

用作图法解决大型机械的布置问题，比以前介绍的求解单项技术指标的问题要复杂得多、困难得多，但是其基本的原理是一样的。依据施工现场的建筑物布局不同，吊装内容不同，可以选用的机械不同，制定出不同的布置方案。但是布置图内必须明确地体现出起重机械的安装位置；在不同的幅度内起重机械的起重能力、空间工作范围；工程进展到某种程度时机械的位置、起重能力、空间工作范围以及起重机的钩下高度等数据。

图 2.28 和图 2.29 是某电站施工现场，安装 $20 \times 10^4 kW$ 发电机组的机械布置图，从图上可以清楚地看出机械的布置情况。

2.5.7 图解起重安装技术应用中的注意事项

① 同一张图上的比例要一致。

② 作图时施工现场相关的地形、建筑物、机械等的相对位置要经过认真地测量，并准确地画在图上。

③ 几何图形所表示的实物如建筑物、重物、机械等均应取其外形尺寸。

④ 因为用图解法求得的数据精确度不高，所以这些数据在使用时一定要留有余地，也可以用解析法进行校核。

⑤ 作图时必须把起重臂下支点到地面和到机械回转中心的距离考虑到，并画于图中。

⑥ 为了取得比较准确的结果，必须用正确的作图方法，标准的作图工具，线条画得要细，作图比例选得要大。

2.6 吊装方案

2.6.1 吊装方案的基本内容

① 工程概况包括以下主要内容：建设项目的名称、吊装地点、关键设备的名称；被吊设备或结构的工艺方法的特点、吊装难度、技术关键、工期要求；被吊物体的情况，如规格重量、数量、尺寸、重心、施工要求和安装标高、安装位置等；现场自然条件，如季节、风力、雨雪及土质等；现场施工条件，包括电、水、道路、场地平整及土建情况等。

② 施工平面图和立面图。按比例画出已有建（构）筑物的位置，包括设备基础、地沟、电线电缆等；当采用桅杆时，应标出桅杆的搬运路线、组装位置和竖立方法、移动路线等；当采用移动式起重机时，应标出站位和吊装顺序；当采用塔吊时，应画出轨道位置。此外，在图上还应标明卷扬机、地锚的位置，指挥人员位置及吊装警戒区域等。

吊装立面图上要按比例画出在吊装过程中的几个关键位置的立面图。

③ 吊装方法及程序。

a. 吊装工艺方法：详细介绍或说明所采用的吊装方法和所用起重机械以及选择的依据；说明主要施工技术以及起重机具安装拆除工艺要求。

b. 吊装工艺程序：详细介绍或说明吊装的程序、步骤和每一工序中的具体工作内容和技术要求；绘制吊装工艺流程图，可用框图、网络图、线条图的形式绘制，以此来阐述各工序之间的衔接过程，它是编制吊装进度计划的技术支持，对能否顺利组织吊装施工起决定作用。

④ 吊装受力分析。根据平面图和立面图，把吊装过程中的情况简化为力学模型，进行受力分析计算，并对机索吊具的规格型号进行选择计算。若用桅杆吊装时，还要对桅杆的强度和稳定性进行核算，并要对桅杆竖立时的受力进行计算，必要时，对被吊设备的关键部位也要进行强度和稳定性验算。受力较大的地锚，也应通过计算确定其结构形式和尺寸，并绘制出地锚结构图。

⑤ 承吊设备或构件的能力。要核算被吊装设备的本体能力，主要是设备的强度是否满足要求，一般从整体能力和局部强度两方面进行核算。如果计算的能力不够，可以请设计人员进行设计。这里需要给出的是：设备支吊点位置及其结构图和局部加固结构图。

⑥ 机索具计划。要按吊件最大质量（包括吊索具质量）、高度、回转半径，来提出机具的品种、规格和数量。对特殊机具还应有必要的图样。

在编制机械设备、索具的详细计划时，应考虑到尽量利用已有资源，以确保机索具资源得到应有的充分利用。

⑦ 施工用料计划。列出施工中所需要的消耗材料、周转材料及辅助材料计划。计划表中应将材料的名称、规格、型号、材质、单位、数量等写清。对于有特殊要求的材料，必须在写清的情况下，亲自与材料人员沟通。此外，还包括枕木、滚杠、吊具制作、设备加固和地锚等所用材料计划。

⑧ 施工劳动组织计划。安排和明确各岗位（包括配合工种）的人员数量、任务和职责并明确指挥系统和指令传递的方式。施工劳动组织计划安排应与有经验的施工人员沟通，以便切实可行。

⑨ 施工进度计划。从进场开始到吊装工作结束所占用的时间，要根据吊装工艺流程图、工期和人力的投入、其他资源的情况等编制进度计划（对于大型、多台设备的吊装，一般以网络图的形式绘制）。施工进度计划往往配合设备安装计划进行安排，既要先进科学、切实可行，同时应留有余地，这一点，应当是成本控制的关键。节省一个大型机械的台班，会降低很大成本。

⑩ 成本预测分析。对吊装成本进行分析、预测。

⑪ 吊装机具的布置。在起重吊装作业中，往往需要使用多种起重机具。对使用的机具必须进行合理布置，并绘制机具平面布置和设备运输路线示意图。

⑫ 设备拼装场地与二次运输路线。因整体组合吊装方法的发展，设备的吊装重量以及外形尺寸都大为增加，需在吊装场地附近设有拼装场地和确定二次运输路线。

⑬ 明确指挥信号及信号传递系统要求。

⑭ 吊装过程计算机模拟示意图。目前，吊装施工技术中，许多吊装公司均在吊装方案研讨时对设备的吊装过程进行了计算机动画模拟，其效果非常好。一般，在方案编制时，不

对此项严格要求，但在有条件的情况下，采用此方法对方案的编制将起到辅助作用。

⑮ 技术措施。要根据设计要求、允许偏差、达到的质量标准，针对吊装作业中的薄弱环节制定切实可行的技术措施。

⑯ 安全技术措施。这是吊装方案中的一项重要内容。要针对工程的特点，编制详尽的有针对性的安全技术措施。实际上，从设备构件运输、拼装、倒运到安装就位的整个过程中，每一个环节都有发生事故的可能。因此，在编写施工方案时，必须结合每一具体的吊装环节以及每一环节中的操作方法，考虑相应的安全技术措施。如吊装某一构件时应注意哪些安全事项，采取什么措施防止可能发生的事故等。此外，有些安全措施，如施工环境的影响、自然条件变化的影响、各个吊装环节交接部分的配合及安全保证、施工中总的注意事项、安全技术操作规程中的有关内容等，需要在吊装方案中专门加以说明。

起重吊装作业中，高处坠落、物体打击、触电、起重机倾翻等事故所占的比例较大，有时在焊接构件时还发生氧气瓶和乙炔发生器爆炸的恶性事故，对此均需严加防范。

2.6.2　起重作业现场布置

起重作业现场的布置和安排应根据施工进度、工序安排以及工程的性质而定。目的是为各个工序的施工创造最有利的条件，并协调各施工单位，使各单位对施工中的运输、装卸及起重吊装机具合理使用。布置起重作业现场时应考虑以下内容。

① 合理安排设备堆放位置、预装配预清洗的位置、吊装前的短距离运输线路、材料堆放位置、起重机具停放的位置。

② 施工现场的布置应尽量减少吊运距离与装卸次数。

③ 应考虑设备的运输、拼装、吊运位置，并消除它们之间的互相阻碍与影响。

④ 根据扒杆垂直起吊特点，应合理地选择扒杆竖立、移动、拆除位置和卷扬机的安装位置。

⑤ 选定流动式起重机的合适吊装位置，使其能变幅、旋转、升高，顺利完成吊装作业。

⑥ 安装后不再移动的起重机具，如是缆式桅杆起重机，应尽量布置安装在被吊设备群的中心，使一些较重的设备尽可能接近起重臂工作的中心区间，从而兼顾其邻近设备、构件和工艺管道等，以提高起重机具的使用率，并使动臂回转自由，不受设备及其他障碍的影响。

⑦ 整个作业现场的布置必须考虑施工的安全和司索、指挥人员的安全位置及与周围物体的安全距离。

⑧ 选定在易燃易爆区内作业，施工现场布置应遵守有关安全规定。

⑨ 拼装场地的确定。拼装场地或临时设施要根据现场拼装的设备的数量、尺寸、起吊程序等情况进行全面规划和布置。拼装场地的位置应尽可能接近于设备的基础，以减少二次运输的距离。

⑩ 二次运输路线的确定。二次运输是在工地区域内的运输，需要考虑在运输线路上是否遇到管沟、埋设管线、基础、管架及其他建筑的妨碍等。凡在运输线路上的建筑物、基础、管架、管沟、埋设管线等都要求暂缓施工或合理安排，以免拖运设备时受阻碍或被破坏。

运输路线确定后，根据被运设备的重量和大小，修建临时道路或铺设临时的铁路，并要在设备路线平面图中明显地标画出来。

⑪ 现场水、电、蒸汽和空气的供应线路连接处应合理分布。

⑫ 地锚的布置。地锚的位置要根据桅杆的位置和高度来决定，同时还要考虑到缆风绳的角度和场内的构筑物、管道设备、电缆等有无妨碍。缆风绳与地面的夹角应根据现场条件来决定，一般控制在 30°～45°范围内。

⑬ 卷扬机安装的位置应在场地的边缘部分，并在桅杆以外一定的距离处。当使用多台卷扬机起吊设备时，尽可能将卷扬机集中在一起，以便于管理，便于指挥者和卷扬机操作人员能相互呼应。卷扬机操作人员应能看清提升的全过程。从桅杆底座通向卷扬机上的跑绳，应采用最少的导向滑轮，一般卷扬机与最近的一个导向滑轮的直线距离不小于 20 倍卷扬机滚筒的长度，并使钢丝绳垂直于卷扬机筒轴线。要求跑绳通过处不应有任何障碍。卷扬机要用地锚固定牢固，不允许扭动。露天使用的卷扬机应设遮雨棚。

⑭ 整个施工场地的布置必须考虑施工的安全、可靠，同时暂设工程应因陋就简，就地协作，尽量利用永久性的便利设施。临时仓库、办公室、交通运输线路，临时供电、供水及临时排水设施必须根据工程进度及早地进行准备。

2.6.3　起吊设备的配备

起吊设备应根据以下原则进行配备。

① 根据吊运物体重量配备起重机设备，其额定起重能力必须大于物件的重量并有一定的余量，变幅功能的起重机在吊运物件时，幅度的起重能力必须大于物件的重量。

② 根据吊运物体的高度及物件越过障碍物总高度（如安全规程要求的高度），合理配备起重设备最大起升高度，以满足吊运高度的要求。

③ 根据作业环境的综合情况，配备不同种类的起重机。例如，根据地面松软度配备履带式起重机或轮胎式起重机（特殊情况下地面需铺设路基箱或枕木）。

④ 根据吊运物体结构及特殊要求进行配备，并严格遵守安全技术操作规程。例如，两台或多台起重机吊运同一重物时，钢丝绳应保持垂直，各台起重机的升降运行保持同步，各起重机所承受的载荷均不得超过各自额定起重能力的 80％。

2.7　起重作业的安全操作知识

2.7.1　起重作业一般安全操作知识

① 起重作业人员要身体健康，必须经过一定的培训，考试合格由劳动部门发给特种作业操作证后方可进行操作。

② 起重作业前，要对各种起吊工具（钢丝绳、起重机械、千斤顶、滑轮、卡环等）认真检查，发现裂纹、破损、失灵等不符合安全使用要求的，一律不得使用，并在作业前穿戴防护用品。

③ 起重作业区要设置工作警戒标志，非作业人员不得进入作业区，防止发生伤亡事故。吊装、搬动大型物件或重要的缆风绳必须有明显的标志（白天挂红旗、夜间悬红灯）。

④ 起重作业人员要服从统一指挥和调配，要分工明确，坚守岗位，尽职尽责，明确自己的任务，掌握现场可靠的安全技术措施，以保证起重吊运工作的顺利进行。

⑤ 根据物件重量、体积、形状、种类，采用适当的吊装或吊运方法。对大中型设备的吊装要制定切实可行的施工组织方案，经批准后方可施工。

⑥ 起吊用的钢丝绳、吊钩、吊环、链条等，要符合标准要求，并不得超负荷使用。使用三脚架应绑扎牢固，杆距相等，杆脚固定可靠。

⑦ 起升卷筒的钢丝绳，在任何情况下不得少于 3 圈。

⑧ 设备起吊前，要检查各绑扎点是否可靠，重心是否准确，滑轮组的穿法是否符合要求，并在正式起吊前进行试吊。

⑨ 在多人挂钩时，操纵人员只服从所指定的指挥人员的指挥而开车。但对任何人发出的危险信号，操纵人员应紧急停车。在操作中必须与指挥人员密切配合，在得到指挥信号后，才能开始操作。

⑩ 起钩时，操纵杆不要扳得太紧，防止由于过紧而卡住。

⑪ 作业时，起重臂下严禁站人，重物应避免从操纵人员操作室上方通过。

⑫ 起吊机具受力后，要仔细检查桅杆、地锚、缆风绳、滑轮组、卷扬机等变化情况，发现异常现象，应立即停止起吊工作。

⑬ 吊重作业中不允许扳动支腿操作手柄，如要调整支腿时，应落下重物后，再进行调整。

⑭ 起吊作业场所，夜间要有足够的照明设备和畅通道路，并应与附近设备、建筑物保持一定距离，防止发生碰撞。

⑮ 缆风绳跨越公路或其他障碍物时，距路面高度要求大于 6m，缆风绳、吊臂和起重设备与高压线的安全距离，应符合表 2.6 的规定。

表 2.6　缆风绳、吊臂、起重设备与高压线的安全距离

输电线电压 / kV	1 以下	1~20	35~110	154	220
最小距离 / m	1.5	2	4	5	6

⑯ 使用导向滑轮作水平导向时，底滑轮钩向下挂住绳扣，防止使用中脱钩，垂直悬挂的导向滑轮要在钩子上绕一圈，避免滑轮移动或绳索走动时，发生滑动。

⑰ 起吊用的钢丝绳、链式起重机、吊钩等机具，不得和电气线路交叉、接触，并保持一定的安全距离。

⑱ 不允许用直径大的绳索捆绑小设备或构件，薄壁圆柱形容器捆扎时，要防止绳扣滑脱，在圆周方向垫上等厚木板，以保护容器不受挤压，必要时，可采取加固措施。

⑲ 使用撬杠时，不允许骑在上面，当重物升高后，用坚实垫木垫牢，严禁将手伸入重物底下。

⑳ 千斤顶要直立使用，不得放倒或倾斜使用，油压千斤顶油缸内不得少于规定的油量。螺旋千斤顶螺纹磨损率不得超过 2%。

㉑ 起重作业中使用起重机，应和操作人员密切配合，严格执行起重机械"十不吊"的规定：

　　a. 信号不清或乱指挥不吊；

　　b. 物体重量不清或超负荷不吊；

　　c. 被吊物体重心和钩子垂线不在一起，斜拉斜拖不吊；

　　d. 重物上站人或有浮置物不吊；

　　e. 工作场地昏暗，无法看清场地、被吊物体及指挥信号不吊；

　　f. 工件埋在地下或冻结在地面上的物体不吊；

g. 重物棱角处与吊绳之间未加垫衬不吊；

h. 工件捆绑吊挂不牢不吊；

i. 吊索具达到报废标准或安全装置不灵不吊；

j. 易燃易爆危险物件没有安全作业票不吊。

㉒ 吊重行走时，要平稳起步，要慢速、均匀，不能急刹车。

㉓ 在起重运动过程中有不正常现象时应将货物安全降落，并且立即停车检查，排除事故。如遇上突然停电等故障，使重物无法放下时，操纵人员应马上鸣铃，通知下面人员立即让开，并用绳子把危险区围起来，不允许任何人进入。

㉔ 在吊运过程中，被吊物体的高度要高于地面设备或其他物体 0.5m 以上，吊物下面不得有人，严禁用起重机将人与物一同提升或吊运。

㉕ 在起重机停止工作时，或休息、中途停电时，应将重物卸下，不得将重物悬在半空中。

㉖ 必须经常检查钢丝绳接头和钢丝绳与卡子结合处的牢固情况，卡子的数量和间距，应根据钢丝绳的直径按规定的标准排列，在起重机运行过程中禁止用手触摸钢丝绳和滑车等设备，以防发生事故。通过滑车的钢丝绳不允许有接头，以防在通过时被卡住。

㉗ 搬运施工人员，要熟悉搬运方法，对大型、重要设备搬运要制定运输方案。

㉘ 设备或部件运输时，要正确地选择运输方法和机具，路面要保证平整坚实，障碍物要及时清理，捆绑要符合要求。

㉙ 搬运设备过程中，要分工明确，指挥统一，动作要相互协调。

㉚ 在上、下坡道搬运设备时，要有必要的防滑措施。向下坡（大于 10°）方向运设备时，其后面应拴挂索具或卷扬机，控制速度，确保安全。

㉛ 起重作业应考虑对环境的保护，不破坏植被、不破坏水源、不破坏人文自然景观，不影响周边生物栖息环境。做到排污、噪声不超标。

㉜ 吊运作业场地周围，如有易燃、易爆危险品时，要采取有效的隔离措施，以保证人员、设备和机具的安全。

2.7.2 起重司索人员安全操作知识

① 司索人员必须是 18 周岁以上（含 18 周岁），视力（包括矫正视力）在 0.8 以上，无色盲症，听力能满足工作条件要求，身体健康者。

② 司索人员必须经安全技术培训，劳动部门考核合格，并持有安全操作证后，方可从事司索工作。

③ 司索人员必须熟悉各种起重机的安全操作和动作特性，并有捆缚、吊挂知识，熟悉吊钩、钢丝绳、链条等起重工具的性能和报废标准，以及最大允许负荷和保养使用安全技术知识。

④ 作业前，应穿戴好安全帽及其他防护用品。

⑤ 工作前应检查吊具是否牢固，若发现已达到报废标准的钢丝绳、链条、纱绳和麻绳等，应禁止使用，立即更换。

⑥ 根据吊运物件正确选用工具和吊重方法，在吊运过程中要与起重机操作人员密切配合，正确运用各种手势及时发出信号。

⑦ 合理选用钢丝绳和链条，各分股间的夹角不应超过 60°，尤其要重点注意专用吊运

部件。

⑧ 捆绑后留出的绳头，必须紧绕吊钩或吊物上，防止吊物移动时，挂住沿途人员或物件。

⑨ 起升重物前，应检查连接点是否牢固可靠。

⑩ 吊具承载时不得超过额定起重量，吊索（含各分支）不得超过安全工作载荷（含高低温、腐蚀等特殊工况）。

⑪ 作业中不得损坏吊件、吊具与索具，必要时应在吊件与吊索的接触处加保护衬垫。

⑫ 起重机吊钩的吊点，应与吊物重心在同一条铅垂线上，使吊重处于稳定平衡状态。

⑬ 吊运形状对称物件的绳索长度应一致；形状复杂，重心不在中心的物体，绳索长度与绑挂位置要恰当，应进行试吊，保证起吊后不产生游摆位移或倾斜。单绳吊物必须采取防滑动措施，双绳吊挂张开角度不得大于120°。

⑭ 吊运开始时，必须招呼周围人员离开，司索人员退到安全位置，然后发出起吊信号，当重物离地面1m左右时，应停车检查捆绑情况，确认无误后，再继续起吊，严禁以短距离吊运或其他理由不执行操作规程。

⑮ 应做到经常清理作业现场，保持道路畅通。并招呼逗留人员避让，自己也要选择恰当的位置及随物护送的线路。

⑯ 工作中禁止用手直接校正已被重物张紧的绳子，如钢丝绳、链条等。吊运中发现捆缚松动或吊运工具发生异样、怪声，应立即指挥停车检查。

⑰ 翻转大型物件应事先放好旧轮胎或木板条垫物，操作人员应站在重物倾斜方向的对面，严禁面对倾斜方向站立。

⑱ 吊运物上如有油污，应将捆缚处的油污擦净，以防滑动。锐边棱角应用软物衬垫，防止割断吊绳。

⑲ 捆缚后留出的不受负荷的绳头，必须绕在吊钩或吊物上，以防止吊物移动时挂住沿途人或物件。

⑳ 起吊物件时，应将附在物件上的活动件固定或卸下，防止重心偏移或活动件滑下伤人。

㉑ 吊运成批零星小物件时必须使用专门吊篮、吊斗等。同时吊运两件以上重物，要保持物件平稳，不使物件互相碰撞。

㉒ 禁止司索或其他人员站在吊物上一同起吊，严禁司索人员停留在吊重下。

㉓ 在任何情况下，严格禁止用人身重量来平衡吊运物体，更不允许站在物体上同时吊运。

㉔ 吊重物就位前，要垫好垫木，不规则物体要加支撑，保持平衡稳定，不得将物体压在电气线路和管道上面，或堵塞道路。物件堆放要整齐平稳。

㉕ 如有其他人员协助司索人员执行挂钩任务时，由司索人员负责安全指挥和吊运。

㉖ 有四个吊环的方箱体，不允许对角兜挂两点，重心接近或高于吊挂位置的物体，不允许兜挂两点。

㉗ 卸往运输车辆上的吊物，要注意观察重心是否平稳，确认不致倾倒时，方可松绑、卸物。

㉘ 吊运受压容器必须有专用槽斗或其他安全措施。吊运化学危险品，要严格遵守国务院发布的《化学药品安全管理条例》有关的规定。

㉙ 在高空作业时，应严格遵守高空作业的安全要求。

㉚ 听从指挥人员的指挥，发现不安全情况时，及时通知指挥人员。

㉛ 经常保养吊具、索具，确保使用安全可靠，延长使用寿命。

㉜ 工作结束后，应将所用的索具、吊具擦净油污，放置在规定的地点，加强维护保养，加强保管，达到报废标准的吊具、索具要及时更换。

2.7.3 起重指挥人员安全操作知识

① 起重指挥人员必须是 18 周岁以上（含 18 周岁），视力（包括矫正视力）在 0.8 以上，无色盲症，听力能满足工作条件的要求，身体健康者。

② 起重指挥人员必须经安全技术培训，劳动部门考核合格、并发给安全操作证后，方可从事指挥工作。

③ 起重指挥人员，要由技术熟练、施工经验丰富、懂安装工艺、头脑清楚，有一定应变和判断能力的人来担任。

④ 起重指挥人员必须严格执行 GB 5082—85《起重吊运指挥信号》标准，与起重机司机联络时做到准确无误。

⑤ 起重指挥人员应熟识 GB 6067—2010《起重机械安全规程》和 LD 48—93《起重机械吊具与索具安全规程》。

⑥ 起重指挥人员对所指挥的起重机械、索具、吊具必须熟悉其技术性能、负载量、绑挂等情况后方可指挥。

⑦ 起重指挥人员不能干涉起重机司机对手柄或旋钮的选择。

⑧ 起重指挥人员要负责载荷的重量计算和索具、吊具的正确选择，不允许超载和违反安全规章制度。

⑨ 起重指挥人员负责对可能出现的事故采取必要的防范措施。

⑩ 起重指挥人员应佩戴鲜明的标志和特殊颜色的安全帽。

⑪ 起重指挥人员在发出吊钩或负载下降信号时，应有保护负载降落地点的人身、设备安全措施。

⑫ 起重指挥人员在开始指挥起吊负载时，用微动信号指挥，待负载离开地面 100～200mm 时，停止起升，进行试吊，确认安全可靠后，方可用正常起升信号指挥重物上升。

⑬ 起重指挥人员指挥起重机在雨雪天气作业时，应先经过试吊，检验制动器灵敏可靠后，方可进行正常的起吊作业。

⑭ 起重指挥人员在高处指挥时，指挥人员应严格遵守高处作业安全要求。

⑮ 起重指挥人员在选择指挥位置时，应符合以下要求：

a. 应保证与起重机司机之间视线清楚；

b. 在所指定的区域内，应能清楚地看到负载；

c. 起重指挥人员应与被吊物体保持安全距离；

d. 当起重指挥人员不能同时看见起重机司机和负载时，应站到能看见起重机司机的一侧，并增设中间指挥人员传递信号。

2.7.4 登高作业安全操作知识

① 凡是在坠落高度基准面 2m 以上（含 2m）有可能坠落的高处进行作业，均称为登高

作业，通常称为高空作业。所有登高作业者，不论什么工种，在什么地点，什么时间，不论专业或临时，均应执行有关登高作业规程。

② 参加登高作业的人员必须经医生检查，合格者才能进行登高作业。凡患有高血压、心脏病、癫痫病、手脚残疾、深度近视等病症者，禁止登高作业。

③ 登高作业前，应先检查所用的登高工具和安全用具，如安全帽、安全带、梯子、跳板、爬杆脚板、脚手架、安全网等，若有不符合要求的应禁止使用。

④ 登高作业地点，应画出安全禁区，并设置明显的标志，禁止无关人员进入。

⑤ 登高作业要系好安全带，穿好防滑鞋。严禁穿拖鞋、硬底鞋及塑料鞋。并遵守施工现场特定的安全操作规程。

⑥ 使用梯子登高，中间不得缺档，并应牢固地支靠在固定体上。梯脚要有防滑措施，登到工作高度后，应用一条腿勾入横档站稳后才能操作，梯子靠放斜度为 $60°\sim75°$。使用人字梯，必须挂牢挂钩。张开角为 $45°\sim60°$。

⑦ 安全带在使用前，要进行认真的检查，并且定期进行负荷试验，合格者方能使用。

⑧ 必须正确使用安全带，钩子应勾在牢固的物体上，若无固定物体挂钩时，应采取临时装置。

⑨ 现场监护人员不得随便离开工作岗位，坚决制止违章、冒险作业。

⑩ 必须清理高空作业下方场地，禁止堆放杂物。

⑪ 在进行高空作业时，除有关人员外，其他人员不允许在工作地点的下面停留和通过，工作地点下面应设拦绳等，以防落物伤人。

⑫ 禁止登在不牢固的结构上进行高空作业，应在这种结构的必要地点挂上警告牌。

⑬ 上下作业时，手中不应拿物件，工具应放在袋里，物件应用吊绳，严禁上下抛掷工具或器材。

⑭ 高空作业站立在脚手板上工作时避免脚手板翘起，人从高空坠落。不应站在脚手板两端。

⑮ 高空作业时，不应把工具、器材等放在脚手架或建筑物边缘，防止坠落伤人。

⑯ 操作时严禁说笑打闹，必须听从地面指挥人员的指挥。

⑰ 遇有六级以上强风和大雨时，禁止露天登高作业，抢险抢修等需要，必须采取有效的安全措施。

⑱ 登高作业前严禁饮酒，凡饮酒者禁止登高作业。

⑲ 学徒工在没有专职师傅的带领下，禁止单独登高作业。

⑳ 采用吊篮、吊筐登高时，必须由专人指挥升降，指挥信号要准确可靠。吊篮、吊筐在空中不得碰撞，必要时，应设保险装置。

㉑ 冬季高空施工，必须清扫积雪等，以防滑倒。

㉒ 工作结束，必须清点所带工具和安全用具，不要遗留在作业点上。

2.7.5 滑滚法运输安全操作知识

① 拖运设备或构件时，无论在什么道路上，即平稳的水泥路上或是在一般的道路上，都应铺设下走道，以防滚杠压伤手脚。放滚杠人员不允许戴手套，且大拇指应放在滚杠上部，其余四指在滚杠内，添放滚杠的人应蹲在拖板两旁。

② 设备或构件等重物的重心应放在拖板中心稍后一些，拖板前头施加压力。

③ 拖运圆形物体时，应垫好枕木楔子；拖运高大而底面积小的物件，应采取防止倾倒的措施；拖运薄壁和易变形的物体时，拖运前应做好加固措施。

④ 铺设走道时应将枕木的接头互相错开并且下走道要平直，以减少拖运时的摩擦力。下走道的接头处要求后一块的枕木不高于对接的前一块枕木接头，如超过时，应用薄木板将前一块接头处垫高。

⑤ 拖运设备构件时，切勿在不牢固的建筑物或正在运行的设备上绑扎拖运滑轮组。

⑥ 拖运设备或构件时需打木桩绑扎拖运滑轮组时，必须掌握地下是否埋设有电缆、管道或其他通水管等情况。

⑦ 拖运设备或构件时，在拖运钢丝绳造成的危险区域内，严禁让人停留或通过，以防止钢丝绳断裂伤人。

⑧ 拖运设备或构件时，用铁锤打击滚杠时，要防止铁锤打人或锤头脱落伤人。

能力训练项目

① 起重安装指挥信号识别。
② 图解起重技术应用（确定起升高度、站车位置、起重臂长度）。
③ 典型吊装方案制定。

思考与练习

2-1 起重特性及其内容。
2-2 简述起重吊装方案的制定工艺及注意事项。
2-3 起重安装作业的安全技术有哪些？
2-4 简述常用的起重指挥信号及应用。

3

□ 起重安装施工常用工具

3.1 麻　　绳

3.1.1 麻绳的种类及性能

　　麻绳是较常用的绳索之一。它轻便柔软，容易绑扎，但强度较低，磨损较快，受潮后又容易腐烂，且新旧麻绳抗拉强度变化很大。所以，在起重安装作业中，只用于起吊重量较小的吊装作业。起重安装施工中一般常采用机制的麻绳，因为机制麻绳搓拧得均匀、紧密，比人工搓拧的麻绳抗破断拉力大。

　　麻绳是用大麻纤维编织的。常用的麻绳有三股、四股、九股三种，如图3.1所示。麻绳还分为油浸麻绳和非油浸麻绳两类，油浸麻绳不易腐烂，但质地较硬，不易弯曲，强度较非油浸麻绳降低10％左右。在吊装作业中一般都不采用油浸麻绳。

(a) 三股　　　　　　　　(b) 四股　　　　　　　　(c) 九股

图3.1　麻绳的种类

表3.1　麻绳的安全系数

使 用 情 况	安 全 系 数	使 用 情 况	安 全 系 数
一般起吊作业	5	绑扎绳	10
缆风绳	6	吊人绳	14
捆绑绳	6～10		

3.1.2 麻绳的强度校核

　　在使用麻绳时，必须对其强度进行校核验算。

　　其验算公式如下：

$$P \leqslant \frac{S}{K} \tag{3.1}$$

式中　　P——允许起吊重量，N；

　　　　S——麻绳的破断拉力，N；

　　　　K——麻绳的安全系数，见表3.1。

$$P = F[\sigma]$$

$$F = \frac{\pi d^2}{4}$$

$$P = \frac{\pi d^2}{4}[\sigma]$$

麻绳直径为
$$d = \sqrt{\frac{4P}{\pi[\sigma]}}$$
(3.2)

式中　F——麻绳截面积，mm^2；

　　　$[\sigma]$——麻绳的许用应力，MPa。

在施工现场中，当只知道起吊物体的重量，求选用的麻绳直径时，可用公式(3.2)进行计算。

麻绳的性能和许用应力可参考表 3.2 和表 3.3。

表 3.2　白麻绳性能

直径/mm	每捆(220m) 重量/kg	破断拉力/N	安全载重/kg			
			安全系数 5	安全系数 6	安全系数 7	安全系数 8
6	6.5	2000	40	33	28	25
8	10.5	3250	65	54	46	41
11	17	5750	115	96	82	72
13	23.5	8000	160	133	124	100
14	32	9500	190	158	136	118
16	41	11500	230	192	164	144
19	52.5	13000	260	217	186	162
20	60	16000	320	267	228	200
22	70	18500	370	308	264	231
25	90	24000	450	400	343	300
29	120	26000	520	433	370	325
33	165	29000	580	438	414	362

表 3.3　麻绳许用应力　　　　　　　　　　　　　　　　　　　　　MPa

种　　类	起重用麻绳	绑扎用麻绳
白麻绳	10	5
油浸麻绳	9	4.5

为了现场计算简便起见，可采以下经验公式估算允许起吊重量 P：

$$P = 0.785d^2$$
(3.3)

式中　d——麻绳直径，mm，

　　　P——允许起吊重量，kg。

上述经验公式只适用于直径为 6～25mm 的白麻绳，其安全系数为 5。因为麻绳只用于起吊重量较小的吊装工作，所以可采用式(3.3)估算。

3.1.3　绳结

在吊装工作中，根据用途的不同，常打各种不同的绳结。打绳结时，应使打结方便，连接牢固而又容易解开，而且受力越大绳结收得就越紧。

图 3.2 所示是起重安装作业中常用的几种绳结形式。

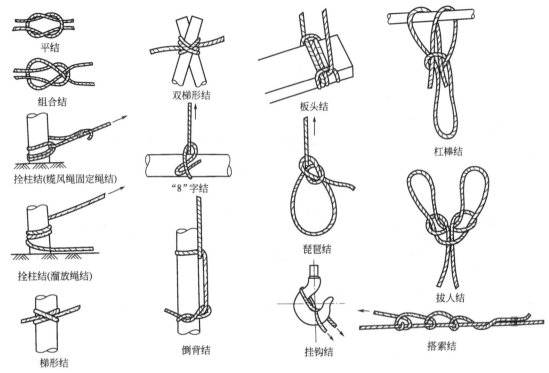

图 3.2　常用绳结形式

① 平结：用于两根绳头的连接。这种结使用后不易解开，故只用于绳索连接和起吊轻小重物。

② 组合结：是两绳头连接的方法，此绳结的特点是易结易解。

③ 拴柱结：拴柱结分两种，一种用作缆风绳固定端绳结，另一种用作溜放绳结，可以在受力后慢慢松放，使用时木桩上的绳卷要排列整齐，松的一头（即活头）要放在下面，还应防止松放时向上滑脱。

④ 梯形结：绑扎缆风绳用。

⑤ 双梯形结：桅杆绑扎缆风绳用。

⑥ "8" 字结：麻绳起吊轻小物品用。

⑦ 倒背结：麻绳垂直起吊细长物品用。

⑧ 板头结：在空中临时搭挂脚手板用。

⑨ 琵琶结：用于溜绳与吊物的连接或绳头的固定。

⑩ 挂钩结：用于绳索与吊钩之间的连接。

⑪ 杠棒结：两人抬物时用。

⑫ 拔人结：供吊人作简便的短时间的工作用。

⑬ 搭索结：临时固定绳索用。

3.1.4　麻绳的保养及使用

① 麻绳要放在干燥的木板上和通风良好的地方，不能受潮或高温烘烤。

② 麻绳不宜在有酸碱的地方使用，并防止腐蚀。

③ 麻绳不得在机动的起重机上使用。

④ 麻绳用于起吊和绑扎绳时，对能接触到的棱角处均应垫以软物品，以免割绳。

⑤ 旧麻绳在使用时应根据新旧程度酌情降级使用，一般取新绳 40%～60% 的破断拉力。

⑥ 绳索在出厂时，都绕成绳卷，应按图 3.3 所示的正确方法解开使用。

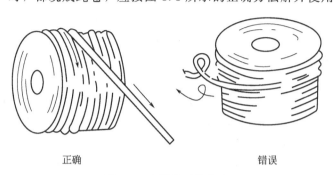

正确   错误

图 3.3　麻绳的开卷方法

3.2　钢　丝　绳

3.2.1　钢丝绳的种类

钢丝绳又称钢索，也称千斤绳，是用优质高强度碳素钢钢丝制成的，抗拉强度高，耐磨损，是起重安装作业中应用最广的绳索。它的种类很多。

① 按搓捻方法不同可分为右交互捻、左交互捻、右同向捻、左同向捻和混合捻等几种。钢丝绳中，钢丝绳搓捻方向和绳股搓捻的方向相反的称为交互捻钢丝绳，这种绳不易松散和扭转；钢丝绳搓捻方向和绳股搓捻方向一致的称同向捻钢丝绳，也称顺绕绳，这种绳挠性好，使用寿命长，但容易松散和扭转；相邻两股的捻法方向相反的，称为混合捻钢丝绳，如图 3.4 所示。

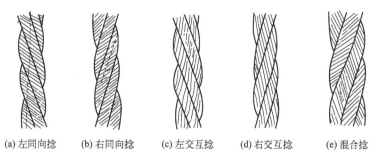

(a) 左同向捻   (b) 右同向捻   (c) 左交互捻   (d) 右交互捻   (e) 混合捻

图 3.4　钢丝绳按搓捻方法分类

② 按钢丝绳绳芯不同可分为麻芯（棉芯）、石棉芯和金属芯三种。用油浸的麻或棉纱作绳芯的钢丝绳比较柔软，但不能在较高的温度下工作和承受重载；用石棉芯的钢丝绳可在较高温度下工作，也不能承受重载；用金属芯的钢丝绳耐重载，也可在较高温度下工作，但是钢丝绳太硬，不易弯曲。

③ 按钢丝绳的绳股数量可分为单股和多股两种。单股钢丝绳刚性较大，不易挠曲；多

股钢丝绳挠性较好，股数越多挠性也越好，但是其耐磨性下降，在起重机械中，以六股和八股钢丝绳应用较多。

④ 按绳股构造不同分为点接触、线接触、点线接触和面接触四种。绳股中各层钢丝直径均相同，而内外各层钢丝节距不同，因而相互交叉形成点接触，其特点是接触应力高，表面粗糙，易破断，使用寿命低；但制造工艺简单，价格低。绳股中钢丝直径不完全相同，内外层钢丝之间形成线接触，这种钢丝绳挠性好，使用寿命长，相同直径的钢丝绳由于金属的填充率高因而承载能力高，线接触绳由于优点显著，在工程机械及其安装施工中应予以优先选用。线接触绳按照其绳股断面的结构又可分为西尔型、瓦林吞型和填充型三种：西尔型又称外粗型，代号为 X，这种钢丝绳绳股中同一层钢丝的直径相同，且股的外层钢丝粗，内层钢丝细，耐磨性好，但挠性差；瓦林吞型又称粗细型，代号为 W，这种钢丝绳的外层由不同直径的钢丝组成，断面填充系数高，挠性好，承载能力大，是起重机和安装作业常用的类型；填充型代号为 T，在股中内外钢丝形成的沟槽中填充细钢丝，断面填充系数高，增加了承载能力，但制造工艺较复杂。点线接触的钢丝绳，里面是点接触，外面是西尔型。面接触钢丝绳是由非圆的异型断面的钢丝制成的，多用于缆索式起重机和架设索道，不宜用作起重绳。

由于钢丝绳具有重量轻，挠性好，能灵活运用；弹性大，韧性好，能承受冲击性载荷；高速运行中没有噪声；钢丝绳拉断前有断丝的预兆，不会发生突然断裂等优点，在起重安装作业中得到了广泛的应用。

国产标准钢丝绳中，常用的规格一般为直径 6.2～83mm，所用的钢丝直径为 0.3～3mm；钢丝绳的抗拉强度分为 1400MPa、1550MPa、1700MPa、1855MPa 和 2000MPa 五个等级。

绳芯一般采用油浸剑麻或棉纱纤维等制成，它能增加钢丝绳的挠性和弹性；绳芯中的油能从绳的内部逐渐渗出润滑钢丝，并能起到防止锈蚀的作用。

钢丝绳的丝数越多，钢丝直径越细，钢丝绳的挠性也就越好。但细钢丝捻制的钢丝绳，没有较粗的钢丝捻制的钢丝绳耐磨。较粗的钢丝捻制的钢丝绳，挠性相对较差，适宜用在弯曲半径比较大、磨损较重的地方（如缆风绳、拖拉绳以及固定起重机上的滑车组穿绕钢丝绳）；钢丝直径较小的钢丝绳相对来讲比较柔软，适用于弯曲半径较小、磨损不大的地方（如临时吊装用的滑车组上穿绕钢丝绳等）。在工程施工中，经常使用的钢丝绳有 6×19＋1、6×37＋1 和 6×61＋1 等几种。常用钢丝绳的技术参数见表 3.4。

表 3.4　常用钢丝绳的技术参数

圆股钢丝绳(6×19＋1)；绳 6×19，股(1＋6＋12)，纤维绳芯
主要用途：各种起重、提升和牵引设备

直径		钢丝总断面积	参考质量	钢丝绳公称抗拉强度 σ_b/MPa				
				1400	1550	1700	1850	2000
钢丝绳	钢丝			钢丝破断拉力总和/N，不小于				
mm		mm²	kg/100m					
6.2	0.4	14.32	13.53	20000	22100	24300	26400	28600
7.7	0.5	22.37	21.14	31300	34600	38000	41300	44700
9.3	0.6	32.22	30.45	45100	49900	54700	59600	64400
11.0	0.7	43.85	41.44	61300	67900	74500	81100	87700
12.5	0.8	57.27	54.12	80100	88700	97300	105500	114500

续表

圆股钢丝绳(6×19＋1):绳 6×19,股(1＋6＋12),纤维绳芯
　主要用途:各种起重、提升和牵引设备

直　　径		钢丝总断面积	参考质量	钢丝绳公称抗拉强度 σ_b/MPa				
				1400	1550	1700	1850	2000
钢丝绳	钢丝			钢丝破断拉力总和/N,不小于				
mm		mm²	kg/100m					
14.0	0.9	72.49	68.50	10100	112000	123000	134000	144500
15.5	1.0	89.49	84.57	125000	138500	152000	165500	178500
17.0	1.1	108.28	102.3	151500	167500	184000	200000	216500
18.5	1.2	128.87	121.8	180000	199500	219000	238000	257500
20.0	1.3	151.24	142.9	211500	234000	257000	279500	302000
21.5	1.4	175.40	165.8	245500	271500	298000	324000	350500
23.0	1.5	201.35	190.3	281500	312000	342000	372000	402500
24.5	1.6	229.09	216.5	320500	355000	389000	423500	458000
26.0	1.7	258.63	244.4	362000	400500	439500	478000	517000
28.0	1.8	289.95	274.0	405500	449000	492500	536000	579500
31.0	2.0	357.96	338.3	501000	554500	608500	662000	715500
34.0	2.2	433.13	409.3	606000	671000	736000	801000	
37.0	2.4	515.46	487.1	721500	798500	876000	953500	
40.0	2.6	604.95	571.7	846500	937500	1025000	1115000	
43.0	2.8	701.60	663.0	982000	1085000	1190000	1295000	
46.0	3.0	805.41	761.1	1125000	1245000	1365000	1490000	

线接触 X 钢丝绳:绳 6X(19),股(1＋9＋9),纤维绳芯;绳 6X(19)＋7×7,股(1＋9＋9),金属绳芯
　主要用途:用于腐蚀不大而要求耐磨条件下的各种起重、提升和牵引设备;金属绳芯者在冲击负荷、受热和受挤压条件下使用,如电铲、热移钢机等

直　　径					钢丝总断面积	参考质量	钢丝绳公称抗拉强度 σ_b/MPa				
	钢丝						1400	1550	1700	1850	2000
钢丝绳	中心	第一层	第二层	金属绳芯			钢丝破断拉力总和/N,不小于				
	mm				mm²	kg/100m					
8.8	0.8	0.4	0.7	—	30.57	28.43	42700	47300	51900	56500	61100
11.0	1.0	0.5	0.85	0.4	45.93	42.71	64300	71100	78000	84900	91800
13.0	1.2	0.6	1.05	0.5	68.78	63.97	96200	106500	116500	127000	137500
15.0	1.4	0.7	1.2	0.55	91.04	84.67	127000	141000	154500	168000	182000
17.5	1.6	0.8	1.4	0.65	122.27	113.7	171000	189500	207500	226000	244500
19.5	1.8	0.9	1.6	0.75	158.11	147.0	221000	245000	268500	292500	316000
21.5	2.0	1.0	1.75	0.8	191.05	177.7	267000	296000	324500	353000	382000
23.5	2.2	1.1	1.9	0.9	227.12	211.2	317500	352000	386000	420000	454000
26.0	2.4	1.2	2.1	1.0	275.11	255.9	385000	426000	467500	508500	
28.5	2.6	1.3	2.3	1.1	327.72	304.8	458500	507500	557000	606000	
30.5	2.8	1.4	2.5	1.15	384.95	358.0	538500	596500	654000	712000	
32.5	3.0	1.5	2.6	1.25	424.32	394.6	594000	657500	721000	784500	
34.5	3.2	1.6	2.8	1.3	489.09	454.9	684500	758000	831000	904500	
37.0	3.5	1.7	3.0	1.4	561.71	522.4	786000	870500	954500	1035000	

续表

线接触 W 钢丝绳:绳 6W(19),股 $(1+6+\frac{6}{6})$,纤维绳芯;绳 6W(19)+7×7,股 $(1+6+\frac{6}{6})$,金属绳芯

主要用途:各种起重、提升和牵引设备;金属绳芯者在冲击负荷、受热和受挤压条件下使用,如电铲、热移钢机等

直　　径						钢丝总断面积	参考质量	钢丝绳公称抗拉强度 σ_b/MPa				
钢丝绳	钢丝				金属绳芯			1400	1550	1700	1850	2000
	中心	第一层	第二层					钢丝破断拉力总和 /N,不小于				
			大的	小的								
	mm					mm²	kg/100m					
8.0	0.6	0.55	0.6	0.45	—	26.14	24.31	36500	40500	44000	48000	52000
9.2	0.7	0.65	0.7	0.5	—	35.16	32.70	49200	54400	59700	65000	70300
11.0	0.8	0.75	0.8	0.6	0.4	47.17	43.87	66000	73100	80100	87200	94300
12.0	0.9	0.85	0.9	0.65	0.45	59.06	54.93	82600	91500	100000	109000	118000
13.5	1.0	0.95	1.0	0.75	0.5	74.37	69.16	104000	115000	126000	137500	148500
14.5	1.1	1.05	1.1	0.8	0.55	89.14	82.90	124500	138000	151500	164500	178000
16.0	1.2	1.15	1.2	0.9	0.6	107.74	100.2	150500	166500	183000	199000	215000
17.5	1.3	1.25	1.3	1.0	0.65	128.14	119.2	179000	198500	217500	237000	256000
19.0	1.4	1.35	1.4	1.05	0.7	147.28	137.0	206000	228000	250000	272000	294500
20.0	1.5	1.4	1.5	1.1	0.75	163.77	152.3	229000	253500	278000	302500	327500
21.5	1.6	1.5	1.6	1.2	0.8	188.68	175.5	264000	292000	320500	349000	377000
22.5	1.7	1.6	1.7	1.25	0.85	211.79	197.0	296500	328000	360000	391500	423500
24.0	1.8	1.7	1.8	1.35	0.9	240.00	223.2	336000	372000	408000	444000	480000
25.5	1.9	1.8	1.9	1.4	0.95	265.97	247.4	372000	412000	452000	492000	531500
27.0	2.0	1.9	2.0	1.5	1.0	297.48	276.7	416000	461000	505500	550000	594500
30.0	2.2	2.1	2.2	1.65	1.1	361.14	335.9	505500	559500	613500	668000	
32.5	2.4	2.3	2.4	1.8	1.25	430.97	400.8	603000	668000	732500	797000	
35.0	2.6	2.5	2.6	1.9	1.3	501.52	466.4	702000	777000	852500	927500	
38.0	2.8	2.7	2.8	2.1	1.45	589.13	547.9	824500	913000	1000000	1085000	
40.0	3.0	2.8	3.0	2.2	1.5	655.07	609.2	917000	1015000	1110000	1210000	

注:粗线右方只有光面。

3.2.2　钢丝绳的强度计算

钢丝绳的允许拉力 P 为

$$P=S/K \tag{3.4}$$

式中　P——钢丝绳的允许拉力,N;

　　　S——钢丝绳的破断拉力,N;

　　　K——钢丝绳的安全系数。

钢丝绳的安全系数 K,应从安全和节约两个方面综合考虑,不能片面地强调某一个侧面。因此,应根据钢丝绳工作时的载荷性质、牵引方式和弯曲半径大小等因素确定钢丝绳安全系数,详见表3.5。

钢丝绳的破断力 S,是出厂产品规格所保证的或试验所求得的钢丝绳产生破断时的最小拉力值,也是选用钢丝绳的重要依据。S 与钢丝绳的直径、结构和钢丝的抗拉强度有关。

表 3.5 钢丝绳安全系数 K

钢丝绳的用途			滑轮(卷筒)的最小允许直径 D	安全系数 K
缆风绳和拖拉绳			$\geqslant 12d$	3.5
驱动方式	人力		$\geqslant 16d$	4.5
	机械	轻级	$\geqslant 16d$	5
		中级	$\geqslant 18d$	5.5
		重级	$\geqslant 20d$	6
捆绑绳	有绕曲		$\geqslant 2d$	6～8
	无绕曲		—	5～7
载人升降机			$\geqslant 40d$	14

注：1. 表中 d 为钢丝绳直径。

2. 捆绑绳无绕曲是指两绳套与卡环连接，中间无弯曲情况。

3. 拖拉绳是指拖拉滑车组穿绕的钢丝绳与捆绑绳。

S 根据钢丝破断拉力总和乘以一个换算系数求得。

$$S=\varphi \sum F\sigma \qquad (3.5)$$

式中 φ——钢丝绳中钢丝搓捻不均匀而引起的受载不均匀系数，当钢丝绳为 $6\times19+1$ 时 $\varphi=0.85$，当钢丝绳为 $6\times37+1$ 时 $\varphi=0.82$，当钢丝绳为 $6\times61+1$ 时 $\varphi=0.80$；

$\sum F\sigma$——全部钢丝的破断拉力总和（可以在钢丝绳的技术参数中查出）。

在施工现场查找钢丝绳的破断拉力 S 有时是不方便的，为了计算的方便，经过多年的施工经验可采用下列经验公式估算。

$$P\approx 10d^2 \qquad (3.6)$$

式中 P——钢丝绳的允许拉力，kN；

d——钢丝绳的直径，cm。

3.2.3 钢丝绳的选择及使用注意事项

(1) 钢丝绳的选择

钢丝绳品种较多，各种钢丝绳均有其特点，在使用上有所区别。同向捻钢丝绳表面平整，比较柔软，容易弯折。它与滑轮槽接触面积大，单位面积的压力小，磨损也小，比交互捻钢丝绳耐用。但同向捻钢丝绳的缺点是钢丝绳各绳股与钢丝都以相同方向扭转了一定角度，使钢丝绳在受力后具有一个回转反拔的趋向，在吊重时会使重物旋转。其次，同向捻钢丝绳还易于扭结，给工作带来很多麻烦，故一般只用于拖拉和牵引，不宜用于起重机和滑车组的吊装工作。交互捻的钢丝绳性能与同向捻的钢丝绳相反，虽然耐磨程度较差，但使用比较方便，故起重机和滑车组上的吊装工作，均采用交互捻钢丝绳。

(2) 钢丝绳的使用程度判断

在起重安装施工中，正确判断钢丝绳的新旧程度和合理使用，在保证安全前提下厉行节约，做到物尽其用，具有重要的意义。一般钢丝绳经过不断使用后会产生磨损、弯曲、变形、锈蚀和断丝等，以致使它的承载能力（破断拉力）不断下降。所以对使用过的钢丝绳的承载能力要有正确的判断。如果随意地过高估计会给工作带来很大危险；倘若降级使用或报废不用，也会造成很大的浪费。表 3.6 列出了钢丝绳使用程度判断的方法。

表 3.6　钢丝绳使用程度判断

判断方法	使用程度	适用场合
新钢丝绳和曾使用过的钢丝绳的位置没有变动,无绳股凹凸现象,磨损轻微	100%	重要场合
①各股钢丝已有变位、压扁及凹凸现象,但未露绳芯 ②钢丝绳个别部位有轻微锈蚀 ③钢丝绳表面有断丝现象,每米长度内断丝数不大于总丝数的 3%	70%	重要场合
①钢丝绳表面有断丝现象,每米长度内断丝数不大于总丝数的 10% ②个别部位有明显的锈痕 ③绳股凹凸不太严重,绳芯未露出	50%	次要场合
①绳股有明显的扭曲,绳股和钢丝有部分变位,有明显的凹凸现象 ②钢丝绳有锈痕,将锈痕刮去后,钢丝绳留有凹痕 ③钢丝绳表面有断丝现象,每米长度内断丝数不大于总丝数的 3%	40%	次要场合

(3) 钢丝绳使用时的注意事项

① 钢丝绳使用要按图 3.5 所示的正确方法开卷。

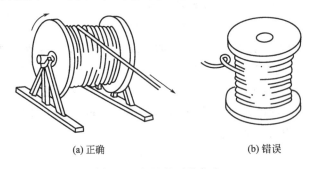

(a) 正确　　　　　　　　　　(b) 错误

图 3.5　钢丝绳开卷方法

② 钢丝绳在使用中不得超负荷,在重物棱角处要加包垫,不允许直接接触,捆绑时如果是多点或多圈受力一定要均匀。否则,将会使钢丝绳拉伸、变形和造成损伤,同时会缩短钢丝绳的使用期限。

③ 使用后的钢丝绳应整齐盘绕,存放在干燥的木板上,并定期上油和保养。

④ 钢丝绳穿用的滑车,其滑轮边缘不应有破裂现象,所采用的滑轮轮槽应大于钢丝绳的直径,避免损坏钢丝绳。

⑤ 钢丝绳在机械运动中不要与其他物体摩擦。

⑥ 钢丝绳禁止与带电的金属 (包括电焊线、电线等) 接触,以免烧断或受热后降低抗拉强度。如在有电焊线或带电地区工作时,应采取绝缘措施。在高温的物体上使用钢丝绳捆绑时,必须采取隔热措施。

(4) 钢丝绳的报废标准

钢丝绳在使用过程中由于反复弯曲和反复挤压造成金属疲劳而使钢丝绳破坏。钢丝绳破坏时,外层钢丝由于疲劳和破损首先开始断裂,随着断丝数的增多,破坏速度逐渐加快,达到一定限度后若还继续使用,就会完全断裂。

关于钢丝绳的报废问题,国家已制定了标准,即《起重设备用钢丝绳检验维护和报废规程》。使用中的报废问题,应根据其使用程度 (见表 3.6),严格按照颁布的标准执行。

钢丝绳的报废标准主要由一个节距内的断丝数决定,一般交绕绳为 10%,顺绕绳为 5%。当磨损严重、断丝较多、不能满足安全使用时应予以报废,以免使用时发生危险。钢丝绳的报废断丝数列于表3.7中。

表 3.7　钢丝绳报废的断丝标准

钢丝绳的安全系数	钢丝绳种类					
	6×19+1 钢丝绳一个节距内断丝数		6×37+1 钢丝绳一个节距内断丝数		6×61+1 钢丝绳一个节距内断丝数	
	钢丝绳搓捻方法		钢丝绳搓捻方法		钢丝绳搓捻方法	
	反捻	顺捻	反捻	顺捻	反捻	顺捻
5 倍以下	12	6	22	11	36	18
5～7 倍	14	7	26	13	38	19

表3.7中所列断丝数是指钢丝绳在一个节距内的断丝根数。图3.6为钢丝绳一个节距。

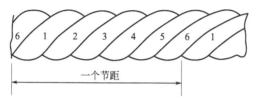

图 3.6　钢丝绳的一个节距

如果钢丝绳内有整股断裂时，应立即报废。如在使用中，断丝数很快增多，也应立即予以调换。

此外，当有一股或外层钢丝磨损达到钢丝直径的40%时，不论断丝多少都应报废。如果外层钢丝有严重的磨损，但尚低于钢丝直径的40%时，应根据磨损的程度适当降低报废的断丝标准（见表3.8）。

表 3.8　钢丝绳报废标准的折减　　　　　　　　　　　%

钢丝磨损	报废断丝标准折减	钢丝磨损	报废断丝标准折减
10	85	25	60
15	75	30	50
20	70	40	报废

3.2.4　钢丝绳夹头的种类及使用注意事项

（1）钢丝绳夹头

钢丝绳夹头也称钢丝绳卡子，主要用于起重机缆风绳绳头的固定、滑车组穿绕钢丝绳终端绳头固定、钢丝绳的临时连接及捆绑绳的固定等。常用的钢丝绳夹头有骑马式、拳握式和压板式三种，如图3.7所示。其中骑马式夹头连接力量最强，应用最广。

（2）使用钢丝绳夹头的注意事项

① 钢丝绳夹头的大小，要适合钢丝绳的粗细。每个钢丝绳夹头之间的排列间距约为钢丝绳直径的8倍左右。根据钢丝绳直径的不同，夹头的间距及数量参见表3.9。

② 使用钢丝绳夹头时应将U形环部分卡在绳头一边，如图3.8所示。这是因为U形环与钢丝绳的接触面小，使钢丝绳容易产生弯曲和损伤，如卡在主绳一侧，会影响主绳的承载能力；而卡在绳头一边，由于U形环使绳头弯曲，如有松动绳头也不会从U形环中滑出，

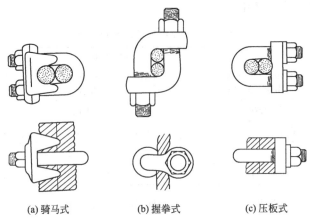

(a) 骑马式   (b) 握拳式   (c) 压板式

图 3.7 钢丝绳夹头种类

表 3.9 使用钢丝绳夹头的间距及数量

钢丝绳直径/mm	夹头个数(骑马式)	夹头间距/mm	钢丝绳直径/mm	夹头个数(骑马式)	夹头间距/mm
13	3	120	28	4	230
15	3	120	32	5	250
18	3	150	35	5	280
21	4	150	37	5	300
24	4	200	42	6	330

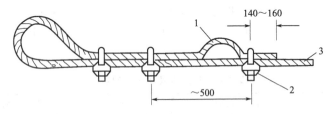

图 3.8 钢丝绳夹头的正确使用

1—安全弯；2—安全夹头；3—主绳

只是夹头与主绳滑动，有利于安全生产。

③ 使用钢丝绳夹头时，一定要把 U 形环螺栓拧紧，直到钢丝绳被压扁直径的 1/3 左右为止。对夹于钢丝绳上的夹头当钢丝绳受力后是否有滑动，可采取增加一个安全夹头的方法来监控，安全夹头安装在距最后一个夹头 500mm 左右处，将绳头放出一段安全弯后再与主绳夹紧。如前面夹头有滑动现象，安全弯会被拉直，便于随时发现，及时加固。

钢丝绳夹头在使用后要检查螺纹是否损坏。暂不使用时，在螺纹部位涂上防锈油，并存放在干燥的地方，以防生锈。

3.3 吊钩、吊环与卡环

3.3.1 吊环

(1) 吊环的用途

吊环是某些设备（如电动机和汽轮机内部的上、下隔板及轴瓦等）在安装或检修时，用于起吊的一种固定工具，如图 3.9 所示。配制这种吊环式的工具，是为了起吊时便于钢丝绳的系结，减少捆绑的麻烦。

（2）吊环使用的注意事项

① 吊环在使用前，应检查螺纹杆部位有否弯曲变形，螺纹是否有损坏等。

② 吊环拧入螺纹孔时，一定要拧到螺纹杆根部，不宜将吊环螺纹杆部位露在外面，以免螺纹杆受力后，产生弯曲，甚至断裂。

③ 两个以上的吊点，使用吊环时，钢丝绳间的夹角不宜过大，一般应控制在 60°之内，以防止吊环因受过大的水平分力，而造成弯曲变形，甚至断裂。如在特殊情况下，可以在吊绳之间加上横吊梁，来减小吊环所受的水平分力。

④ 吊环的允许荷重，可根据吊环螺纹杆直径大小，查阅表 3.10 的数值。

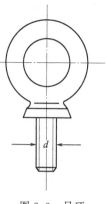

图 3.9　吊环

表 3.10　吊环的允许荷重

螺纹杆直径 /mm	允许荷重/kg		螺纹杆直径 /mm	允许荷重/kg	
	垂直吊重	夹角 60°吊重		垂直吊重	夹角 60°吊重
M12	150	90	M22	900	540
M16	300	180	M30	1300	800
M20	600	360	M36	2400	1400

3.3.2　吊钩

根据外形不同，吊钩分单钩和双钩两种，如图 3.10 所示。吊钩使连接和拆卸捆绑绳方便快捷，是起重机动滑轮组的重要组成部分。单钩还可配置在一般小型的普通滑轮上，或与钢丝绳编制成各种吊索，是最常用的起重工具之一。双钩的受力合理，所以起重量大的起重机上，一般都配置双钩。

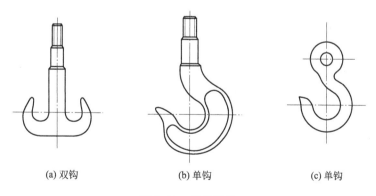

(a) 双钩　　　　　　(b) 单钩　　　　　　(c) 单钩

图 3.10　吊钩结构

必须指出，起重机上使用的吊钩、吊环直接关系到起重安装作业的安全。因此，在材料、形状和技术要求上都比较严格。吊钩上应有制造厂的铭牌，说明其载重能力。如果没有这种标记，使用时必须在使用前经过校核计算，确定安全载重量，并以此载重量为基准做静负载和动负载试验，在试验中检查无变形、无裂纹等现象后，方可使用。吊钩的允许载重量可查阅《起重机手册》，表3.11列出了单钩尺寸和允许载重量。

表 3.11 单钩尺寸（mm）和允许载重量

简　图	安全载重量/kg	单钩尺寸/mm						每只自重/kg
		A	B	C	D	E	F	
	500	7	114	73	19	19	19	0.34
	750	9	133	86	22	25	25	0.45
	1000	10	146	98	25	29	32	0.89
	1500	12	171	109	32	32	35	1.25
	2000	13	191	121	35	35	37	1.54
	2500	15	216	140	38	38	41	2.04
	3000	16	232	152	41	41	48	2.90
	3750	18	257	171	44	48	51	3.86
	4500	19	282	193	51	51	54	5.00
	6000	22	330	206	57	54	64	7.40
	7500	24	356	227	64	57	70	9.76
	10000	27	394	255	70	64	79	12.30
	12000	33	419	279	76	72	88	15.20
	14000	34	456	308	83	83	95	19.10

3.3.3 卡环

卡环又称卸卡，在起重安装工作中，用于捆绑绳与滑轮组等的固定或捆绑绳与各种设备或构件的连接。因此，卡环是起重安装工作中应用最广，而且灵巧的连接工具。

（1）卡环的构造和种类

卡环的种类很多，大多是由弯环和横销两个主要部分组成，如图3.11所示。按卡环的弯环形状可分为直环形和马蹄形两种；按横销与弯环的连接方式可分为螺旋式和销孔式两种。卡环一般都是锻造的，不能使用铸造方法制造；在锻制后必须经过严格的退火处理，以消除其残余应力，增加其韧性。

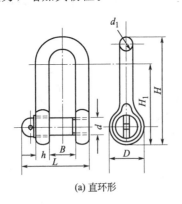
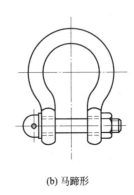

(a) 直环形　　　　　　　　　　　(b) 马蹄形

图 3.11 卡环的种类

（2）卡环许用吊重量的确定

起重安装作业中卡环得到了广泛的应用。卡环的承载能力主要与横销直径和弯环部分的直径有关。因此，在一般起重安装作业中，常根据横销和弯环的直径估算卡环许用吊重量。

卡环许用吊重量的近似值可按下式进行估算：

$$P \approx 6.4 d_0^2 \tag{3.7}$$

式中　P——允许使用荷重，kg；

　　　d_0——横梁与弯环直径的平均值，mm，$d_0 = \dfrac{d + d_1}{2}$。

对于重要的起重安装工作，卡环的允许吊重量可从表 3.12 查出。

表 3.12　卡环的各种规格及允许吊重量

卡环号码	允许负荷/kg	钢丝绳最大直径/mm	卡环各部尺寸/mm							
			D	H	H_1	L	B	d	d_1	h
0.2	200	4.7	15	49	35	35	12	M8	6	6
0.3	330	6.5	19	63	45	44	16	M10	8	8
0.5	500	8.5	23	72	50	55	20	M12	10	10
0.9	930	9.5	29	87	60	65	24	M16	12	12
1.4	1450	13	38	115	80	86	32	M20	16	16
2.1	2100	15	46	133	90	101	36	M24	20	20
2.7	2700	17.5	48	146	100	111	40	M27	22	22
3.3	3300	19.5	58	163	110	123	45	M30	24	24
4.1	4100	22	66	180	120	137	50	M33	27	27
4.9	4900	26	72	196	130	153	58	M36	30	30
6.8	6800	28	77	225	150	176	64	M42	36	36
9.0	9000	31	87	256	170	197	70	M48	42	42
10.7	10700	34	97	284	190	218	80	M52	45	45
16.0	16000	43.5	117	346	235	262	100	M64	52	52

(3) 卡环的使用

卡环在使用时，必须注意作用在卡环上的受力方向，如果不符合受力要求，会使卡环允许荷重大为降低。图 3.12 所示为卡环正确与错误使用的方法。在起重安装作业结束后，不允许在高空中将拆除的卡环往下抛摔，以防止卡环落地碰撞而变形和内部产生不易发觉的损伤与裂纹。

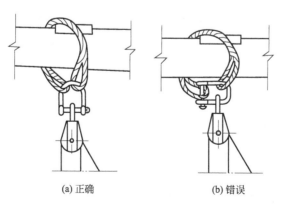

(a) 正确　　　　　　　　　　(b) 错误

图 3.12　卡环的使用

3.4　横　吊　梁

横吊梁俗称铁扁担，它的形式很多，但总体上可分为支撑横吊梁和扁担横吊梁两种。它的主要作用是：增加起重机的有效起升高度，改变吊索的受力方向，避免物体受挤压和承受过大的水平分力等。

3.4.1 横吊梁的结构

（1）支撑横吊梁的结构

支撑横吊梁由无缝钢管、压板和吊索等组成。压板用螺栓固定在无缝钢管的两端，如图3.13所示。

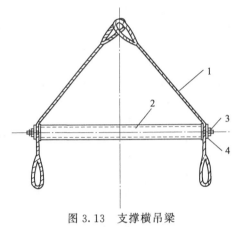

图 3.13 支撑横吊梁

1—吊索；2—横吊梁；3—螺母；4—压板

（2）扁担横吊梁的结构

扁担横吊梁是由工字钢、槽钢焊接或厚钢板制成的，它的中部和端部根据实际工作需要可以连接吊攀（吊耳）和平衡滑轮，如图3.14所示。

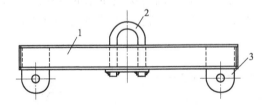

图 3.14 扁担横吊梁

1—横吊梁；2—吊环；3—吊攀（吊耳）

3.4.2 横吊梁的用途

（1）支撑横吊梁的用途

支撑横吊梁是用来承受物体起吊时由于吊索倾斜所产生的水平分力，如图3.15所示。对结构单薄、体形较长的屋架等，采用支撑横吊梁进行吊装，可消除吊索倾斜而造成的水平方向的压力，因为该压力常会引起构件的变形。

又如在吊装柱子时，采用支撑横吊梁［见图3.16（a）］，可将吊索下半段倾斜部分撑开，使吊索垂直向下，柱子就能保持垂直起吊，便于就位。如果不采用横吊梁，由于吊索倾斜的影响，柱子起吊后不能保持垂直，如图3.16（b）所示，给柱子吊装就位带来很大的困难。

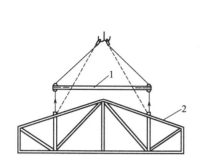

图 3.15 用支撑横吊梁吊装屋架
1—支撑横吊梁；2—屋架

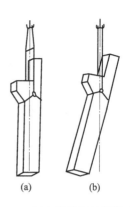

图 3.16 用支撑横吊梁吊装柱子

支撑横吊梁在汽轮机吊装中也是必不可少的吊具。例如，汽轮机上汽缸 180° 翻转起吊时，为了能使缸体在空间翻转，必须采用支撑横吊梁，将吊索下半段撑开，使吊索垂直，这就不会影响汽缸翻转。另外，起吊汽轮机转子更需要支撑横吊梁，因为使用这种吊具进行起吊，才能使转子叶片避免吊索倾斜磨压造成损坏。因此，支撑横吊梁在工程机械安装及工程施工吊装中广泛应用。

（2）扁担横吊梁的用途

扁担横吊梁的用途与支撑横吊梁不同，它主要用于机械设备的抬吊及起吊屋架、桁架、拱圈等这一类细长而结构单薄的构件。特别在起重机起吊高度受到限制，如采用支撑横吊梁吊装起升高度不足时，可以采用扁担横吊梁缩短吊索长度进行吊装。图 3.17 为采用支撑横吊梁和扁担横吊梁吊装屋架时两种不同高度的对比。

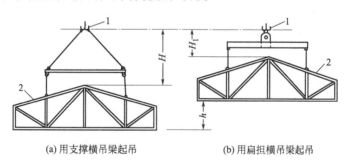

(a) 用支撑横吊梁起吊   (b) 用扁担横吊梁起吊

图 3.17 两种横吊梁的比较
1—吊钩；2—屋架

由图 3.17 可知，支撑横吊梁的索具高度 H，比扁担横吊梁的索具高度 H_1 大。当吊钩高度相同时，采用扁担横吊梁可多提升高度 $H-H_1=h$。因此，在起吊高度受限制时，采用扁担横吊梁更为合适。

扁担横吊梁与支撑横吊梁在吊装工作中应用均较广，但是两种横吊梁的受力情况有根本区别。支撑横吊梁主要改变受力方向，承受轴向压力，属受压构件；扁担横吊梁主要用来传递负载，使自己承受弯矩，属受弯构件。因此，在制作时应根据受力情况，选取不同的材料。对于支撑横吊梁一般采用惯性半径较大的钢管来制作的；对于扁担横吊梁一般采用抗弯截面系数较大的工字钢、槽钢或厚钢板来制作。

3.5 地 锚

地锚用于固定各种桅杆起重机的缆风绳、转向滑轮、卷扬机及运输拖拉绳滑轮组等。

3.5.1 地锚的分类及埋设

地锚一般可分为桩锚、炮眼桩锚和坑锚三种。

(1) 桩锚

桩锚允许拉力较小。根据圆木（或钢管）倾斜放入土中的方式不同，桩锚可分为埋设桩锚和打桩桩锚两种。

① 埋设桩锚（见图 3.18） 将圆木（枕木）倾斜放在预先挖好的深坑中，在圆木的上部（距土面 0.3m 左右）前方和下部后方分别横放枕木或圆木，将斜放的圆木桩卡住，然后用土填埋夯实。桩锚坑深一般不小于 1.5m，圆木应略向后倾斜，倾斜坡度约为 10°～15°左右。斜放圆木的大小和数量多少，随受力的大小而定。

② 打桩桩锚（见图 3.19） 用直径约 18～30cm 的圆木桩打入土中。圆木与受力方向相反倾斜，倾斜角度约为 10°～15°。桩的长度为 1.5～2.0m 左右，受力钢丝绳拴在距地面不到 0.3m 的地方。桩锚打入土层的深度为 1.2～1.5m。在圆木桩的上部前方距地面 0.3m 处，埋 1 根长度 1m、直径与桩木相同的挡木，以增加桩锚的承载能力。

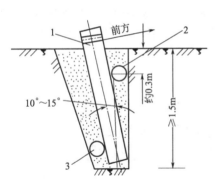

图 3.18 埋设桩锚

1—木桩；2—上挡木；3—下挡木

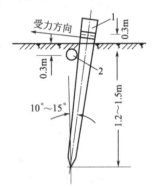

图 3.19 打桩桩锚

1—桩木；2—挡木

有时为了增加桩锚的抗拉能力，常将两根或三根打桩桩锚连接在一起，形成联合桩锚（见图 3.20）。打桩桩锚的允许拉力，可参见表 3.13。

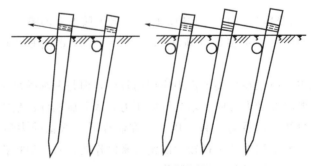

图 3.20 联合桩锚

表 3.13 桩锚规格及允许拉力

木 桩 根 数		1			2			3		
允许拉力/kN		10	15	20	30	40	50	60	80	100
木桩直径/cm	第一根	18	20	22	22	25	26	28	30	33
	第二根				20	22	24	22	25	26
	第三根							20	22	24
土壤允许最小压力/(N/cm²)		15	20	28	15	20	28	15	20	28
桩锚示意图										

(2) 炮眼桩锚

在山区或土层很薄的岩石上，不易挖坑或打桩，可采用炮眼桩锚。采用炮眼桩锚时，先在岩石上打一个直径为 40～60mm、深 1.2～1.8m 的孔，将需埋入孔的钢筋一端对半锯开，破开长度为 80～120mm，根据孔径大小选择一块楔铁（长为 90～130mm，最厚处为 30～50mm），塞在钢筋破开处，放入孔内（见图 3.21）；再用铁锤敲打钢筋的上端部，使楔铁将破口撑开并卡紧孔壁至拔不出钢筋为止；最后用水泥砂浆浇灌桩孔，并养护一段时间才能使用。桩锚钢筋露出岩面部分可加工成螺纹 [见图 3.21(a)] 或弯成圆环形 [见图 3.21(b)]。炮眼桩锚还可根据受力大小或岩石性质的不同情况，选用多根桩锚连接在一起，构成组合炮眼桩锚，以提高炮眼桩锚的承载能力。例如，采用直径 $d=28$mm 的螺纹钢筋，埋入深度为 1.5m 时，每一根炮眼桩锚能承载 3t 拉力，如用四根组合在一起（见图 3.22），就能承载 12t 拉力。

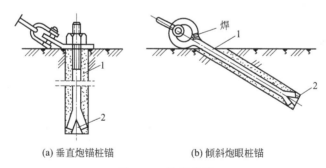

(a) 垂直炮锚桩锚　　　　　(b) 倾斜炮眼桩锚

图 3.21　炮眼桩锚
1—钢筋；2—楔铁

(3) 坑锚

坑锚（见图 3.23）较前两种桩锚的承载能力都大，因此起重机缆风绳的固定及拖运大型设备时滑车组定滑轮的固定，一般都采用坑锚。坑锚的埋置深度、锚锭选用的材料及引出钢丝绳在锚锭上的系结方式，应根据承载大小和土壤性质而定，对固定的坑锚和承载很大而土质情况不好的坑锚可采用混凝土坑锚。

坑锚在埋设前，根据锚锭的长短先挖一个锚坑，将钢丝绳系结在锚锭中间一点或对称系结在两点，横放在坑底，并将钢丝绳在坑前部倾斜引出地面，倾斜角度一般在 30°～45°之

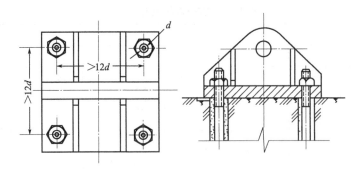

图 3.22 组合炮眼桩锚（炮眼桩锚直径为 28mm）

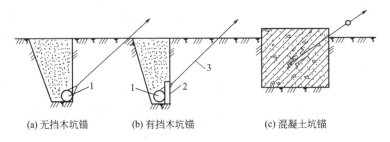

(a) 无挡木坑锚　　(b) 有挡木坑锚　　(c) 混凝土坑锚

图 3.23 坑锚

1—锚锭；2—挡木；3—引出钢丝绳

间，然后用干土和碎石回填夯实。

坑锚钢丝绳倾斜引出地面，在受力后根据力的分解，分解成一个垂直向上的分力和一个水平向前的分力。垂直向上的分力依靠回填土的重量及锚锭与土的摩擦力来承担；水平向前的分力依靠土壤耐压力来承担。

3.5.2 坑锚的计算

坑锚的大小主要是由钢丝绳的受力大小、受力方向、锚锭的强度和土壤允许的耐压力等因素决定的。为了使锚锭在土壤中保持稳定状态，设置坑锚之前，必须对坑锚的抗拔力和抗拉力进行校核计算。

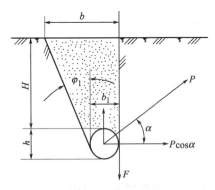

图 3.24 无挡木坑锚计算

坑锚的抗拔力是指坑锚在受外力垂直向上的分力作用下，锚锭抵抗向上滑移的能力。坑锚的抗拉力是指坑锚在受外力水平向前分力作用下，锚锭抵抗向前移动的能力。

(1) 无挡木坑锚计算 （见图 3.24）

① 坑锚抗拔力计算　坑锚的抗拔力由两部分组成：一部分为作用在锚锭上部的埋土重量 G；一部分为作用在锚锭上的土壤摩擦力 F。因此，它的抗拔力 Q 为

$$Q = G + F$$

其中

$$G = (b + b_1) H L \gamma / 2$$

$$F = \mu P \cos\alpha$$

故 $$Q=(b+b_1)HL\gamma/2+\mu P\cos\alpha \tag{3.8}$$

式中　Q——抗拔力，N；

　　　H——锚锭埋设深度，m；

　　　L——锚锭长度，m；

　　　γ——土壤密度（kg/m³），从表3.14中查取；

　　　b_1——锚坑底部宽，m，$b_1=d$；

　　　b——锚坑地面宽，m，与各种不同土壤和埋设深度有关，$b=b_1+H\tan\varphi_1$；

　　　φ_1——土壤抗拔角，从表3.14中查取；

　　　μ——锚锭与土壤的滑动摩擦因数，从表3.15中查取；

　　$P\cos\alpha$——外力的水平分力（作用在锚锭摩擦面上的垂直压力），N。

表 3.14　土的密度和抗拔角度

土的种类	黏性土						砂性土				
	坚硬黏土	硬黏土	可塑黏土	坚硬亚黏土	硬亚黏土	可塑亚黏土	坚硬亚砂土	可塑亚砂土	粗砂土	中砂土	细砂土
密度 γ /(t/m³)	1.8	1.7	1.6	1.8	1.7	1.6	1.8	1.7	1.8	1.7	1.6
抗拔角 φ_1	30°	25°	20°	27°	23°	19°	27°	23°	30°	28°	26°

表 3.15　几种不同材料的滑动摩擦因数 μ

摩擦材料	摩擦因数	摩擦材料	摩擦因数
硬木与硬木	0.35～0.55（干燥） 0.11～0.18（润滑）	钢与钢（压力小时取小值，压力大时取大值）	0.12～0.40（干燥） 0.08～0.25（润滑）
硬木与钢	0.4～0.6（干燥） 0.1～0.15（润滑）	钢与碎石路面	0.36～0.39
硬木与土壤	0.50	钢与花岗石路面	0.27～0.35
硬木与湿土和黏土路面	0.45～0.50	钢与黏土路面和湿土	0.40～0.45
硬木与冰和雪	0.02～0.04	钢与冰和雪	0.01～0.02

为了保证锚锭在坑中有足够的稳定性，抗拔力必须成倍于外力向上的垂直分力，即

$$Q\geqslant KP\sin\alpha$$

$$(b+b_1)HL\gamma/2+\mu P\cos\alpha\geqslant KP\sin\alpha \tag{3.9}$$

式中　K——抗拔安全系数，$K=1.8\sim2.1$。

② 坑锚抗拉力计算　坑锚的抗拉力与该深度土层的耐压力和锚锭在该深度的接触面积成正比，可以用下列关系式表示：

$$N=hL\delta\eta \tag{3.10}$$

式中　N——抗拉力，kN；

　　　h——锚锭的高度，m，$h=d$；

　　　L——锚锭的长度，m；

　　　δ——锚锭在 H 深度时土壤的允许耐压力，kN/m²，由表3.16中查取；

　　　η——因锚锭变形引起的土壤允许耐压力的折减系数，由表3.17中查取。抗拉力一定要大于外力的水平分力才能保证锚锭不向前移动：

$$N>P\cos\alpha$$

$$hL\delta\eta > P\cos\alpha \tag{3.11}$$

表 3.16　作用在 2m 深土层上的允许耐压力

土层种类	允许耐压力 δ_H/(kN/m²)	土层种类	允许耐压力 δ_H/(kN/m²)
干燥、密实的中砂地	35	硬块砂质黏土	25~40
潮湿、密实的细砂地	30	片状砂质黏土	10~25
硬质黏土	25~60	碎石	40~60
片状黏土	10~25		

表 3.17　土层允许耐压力折减系数

锚锭材料		木　材			钢　材		
锚锭应力/(N/cm²)		$\sigma \leqslant 300$	$300 < \sigma \leqslant 700$	$700 < \sigma \leqslant 1000$	$\sigma \leqslant 5000$	$5000 < \sigma \leqslant 10000$	$10000 < \sigma \leqslant 15000$
折减系数 η	无挡木坑锚	0.38	0.33	0.28	0.30	0.26	0.23
	有挡木坑锚	0.48	0.43	0.38	0.43	0.38	0.33

③ 单点固定圆木锚锭的计算（见图 3.25）　对单点固定的锚锭，其受力可以认为，外力 P 均匀地分布在锚锭的全长，它的受力属于均布载荷，它的计算最大弯矩为

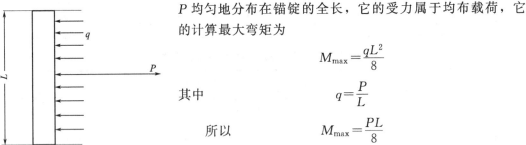

$$M_{\max} = \frac{qL^2}{8}$$

其中

$$q = \frac{P}{L}$$

所以

$$M_{\max} = \frac{PL}{8}$$

图 3.25　单点固定圆木锚锭示意图　　圆截面的截面系数为 $W = 0.1d^3$

因此，单点固定的锚锭弯曲应力为

$$\sigma = \frac{M}{W} \leqslant [\sigma] \tag{3.12}$$

式中　q——均布载荷，N/cm；

　　　P——外力，N；

　　　L——圆木长度，cm；

　　　d——圆木直径，cm；

　　　W——圆木的截面系数，cm³；

　　　$[\sigma]$——木材许用应力。

④ 两点固定的圆木锚锭计算（见图 3.26）两点固定的圆木锚锭，两个系结点在什么位置，应根据锚锭各段中所产生的内力相同（等弯矩）来选取。由力学常识知道，$a = 0.207L$ 的情况下受力最好。

因为系结钢丝绳与锚锭轴线的夹角为（90°－β），所以对锚锭有两个分力同时作用：一个是平行于轴线的分力，使锚锭受压；一个是垂直于轴线的

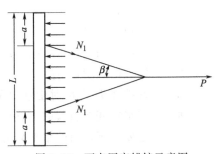

图 3.26　两点固定锚锭示意图

分力，使锚锭受弯。

受压分力为
$$N_{1x} = N_1 \sin\beta$$
$$N_1 = \frac{P}{2\cos\beta}$$
$$N_{1x} = \frac{P}{2}\tan\beta$$

对锚锭的轴向压应力为
$$\sigma_x = \frac{N_{1x}}{F}$$

式中　F——锚锭的横截面积。

受弯分力为
$$N_{1y} = N_1 \cos\beta$$
$$N_{1y} = \frac{P}{2}n$$

由力学知识，对锚锭产生的最大弯矩为
$$M_{max} = \frac{qa^2}{2} \approx 0.0214PL$$

锚锭的弯曲应力为
$$\sigma_y = \frac{M_{max}}{W}$$

作用在锚锭上的总应力为两应力之和：
$$\sigma = \sigma_x + \sigma_y = \frac{N_{1x}}{F} + \frac{M_{max}}{W} \leqslant [\sigma] \qquad (3.13)$$

式中　F——圆截面面积，cm^2；

　　　n——锚锭圆木的根数。

(2) 有挡木坑锚的计算（见图 3.27）

① 抗拔力计算　有挡木坑锚抗拔力的计算与式
(3.8) 和式(3.9) 无挡木的计算方法完全相同，这
里不再重复。只有满足式(3.9) 的关系，锚锭方为
稳定状态：
$$Q \geqslant KP\sin\alpha$$

因　　　$$Q = \frac{b+b_1}{2}HL\gamma + \mu P\cos\alpha$$

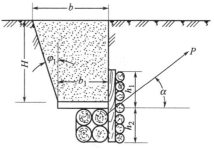

图 3.27　有挡木坑锚的计算

故　　　$$\frac{b+b_1}{2}HL\gamma + \mu P\cos\alpha \geqslant KP\sin\alpha$$

② 抗拉力计算　有挡木地锚，因挡木的高度大于锚锭高度，挡土面积增加，计算抗拉
力时要考虑这一因素，即
$$N \geqslant P\cos\alpha$$
$$N = (h_1 + h_2)L\delta\eta$$
$$(h_1 + h_2)L\delta\eta > P\cos\alpha \qquad (3.14)$$

对于锚锭的其他计算完全和前述一样。

以上的计算中，还未全面考虑土壤的力学特性及地面外负载给土壤的挤压力，因此对坑
锚计算的结果，在实际使用时还可提高 15%～25% 的承载能力。

一般坑锚的承载能力可从表 3.18 中选取。

表 3.18　一般坑锚的规格和允许拉力

作用在坑锚上的拉力（与地面夹角30°）/kN	锚锭埋设深度/m	锚锭与挡木规格/cm			
		锚锭为两根圆木		挡　木	
		直径 d	长度 L	直径 d	长度 L
3	1.5	24×2 根	120		
5	1.5	26×2 根	120	14×8 根	90
10	1.5	26×2 根	200	16×10 根	110
15	2.0	28×2 根	200	18×11 根	150

【例 3-1】　有一台缆式起重机的缆风绳，最大受力为 $T=10t$，与地面的夹角 30°，试验证无挡木坑锚的稳定性（见图 3.28）。已知条件：

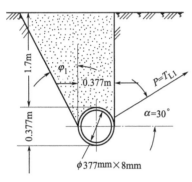

① 锚锭采用 $\phi377\text{mm}×8\text{mm}$ 的普通碳素结构钢无缝钢管制成，长度 $L=2.9\text{m}$。

② 坑锚引出钢丝绳在锚锭中间一点系结，引出钢丝绳与地面的夹角和缆风绳与地面的夹角相同，$\alpha=30°$，引出钢丝绳选用公称破断拉力为 $\sigma_b=1700\text{MPa}$、直径 $d=18.5\text{mm}$、$6×19+1$ 的钢丝绳，坑锚埋设在密实的中砂土壤中，锚锭埋设深度 $H=1.7\text{m}$。

图 3.28　钢管无挡木坑锚示意图

解　因为在计算坑锚稳定性的抗拉力时，要利用锚锭的应力查取土壤允许耐压力的折减系数，所以在计算上，首先核算锚锭的强度及引出钢丝绳的强度。

(1) 校核引出钢丝绳的强度

查出钢丝绳的破断拉力 $S=186\text{kN}$，安全系数 $K=3.5$。按式（3.4）计算引出钢丝绳的允许拉力为

$$P=\frac{S}{K}=\frac{186}{3.5}=53.14\text{kN}$$

因为引出钢丝绳是两根头引出，所以引出钢丝绳的总允许拉力为

$$2P=106.28\text{kN}$$

$$2P>T=10t=100\text{kN}$$

可见，引出钢丝绳的总允许拉力大于缆风绳最大拉力 10t 的负载，能安全使用。

(2) 校核锚锭的抗弯应力

作用在锚锭上的最大弯矩为

$$M=\frac{PL}{8}=\frac{10×2.9}{8}=3.625 （\text{t·m}）=362500\text{kg·cm}=3625000\text{N·cm}$$

查得钢管的抗弯允许应力 15500N/cm^2，无缝钢管的截面系数 $W=830\text{cm}^3$，则锚锭抗弯使用应力为

$$\sigma=\frac{M}{W}=\frac{3625000}{830}=4367\text{N/cm}^2<[\sigma]=15500\text{N/cm}^2$$

可见锚锭的抗弯强度足够。

(3) 校核坑锚的抗拔力

查出钢与土壤滑动摩擦因数 $\mu=0.45$，砂土壤的密度 $\gamma=1.7\text{t/m}^3$，抗拔角为 28°，根据

抗拔角 φ_1 和锚坑底部宽 b_1，求得锚坑地面宽 b 为

$$b = b_1 + H\tan\varphi_1 = 0.377 + 1.7 \times \tan 28° = 0.377 + 1.7 \times 0.5317 = 1.281\text{m}$$

将以上各项数值代入下式中求坑锚的抗拔力：

$$Q = \frac{b+b_1}{2}HL\gamma + \mu P\cos\alpha$$

$$= \frac{0.377+1.281}{2} \times 1.7 \times 2.9 \times 1.7 + 0.45 \times 10 \times \cos 30°$$

$$= 0.829 \times 1.7 \times 2.9 \times 1.7 + 0.45 \times 10 \times 0.866$$

$$= 10.845\text{t}$$

取抗拔安全系数 $K=2$，则引出钢丝绳向上的分力为 $KP\sin\alpha = 2 \times 10 \times \sin 30° = 2 \times 10 \times 0.5 = 10\text{t}$

经计算得 $\qquad\qquad\qquad\qquad Q > KP\sin\alpha$

故坑锚抗拔力符合要求。

（4）校核坑锚的抗拉力

根据锚锭使用应力 $\sigma = 4367\text{MPa}$，且为无挡木坑锚，查得土层允许耐压力折减系数 $\eta_1 = 0.30$；干燥、密实的中砂地的允许耐压力 $\delta = 35\text{t/m}^2$。

坑锚的抗拉力为

$$N = hL\delta\eta = 0.377 \times 2.9 \times 35 \times 0.30 = 11.48\text{t}$$

缆风绳的水平分力为

$$P\cos\alpha = 10 \times \cos 30° = 10 \times 0.866 = 8.66\text{t}$$

可见 $\qquad\qquad\qquad\qquad N > P\cos\alpha$

即坑锚的抗拉力大于外力水平向前的分力，坑锚的抗拉力符合要求。

通过对坑锚的引出钢丝绳、锚锭、抗拔力和抗拉力的计算可知：所有参数都在允许的范围内，故该坑锚可以安全使用。

■ 能力训练项目

① 识别常用起重工具。

② 常用绳结的打法。

③ 捆绑绳的编制。

④ 典型起重机械钢丝绳的选择与穿绕。

⑤ 典型坑锚的稳定性校核。

■ 思考与练习

3-1 常用起重工具的种类及用途有哪些？

3-2 简述钢丝绳的种类、特点、型号含义。

3-3 怎样进行钢丝绳的强度计算？

3-4 如何用经验法确定钢丝绳的许用破断拉力？

3-5 坑锚稳定性验证的校核计算项目有哪些？

4

□ 简单起重机具

常用简单起重机具，主要有千斤顶、链条葫芦（又称倒链）、滑车和滑车组等。它们具有自重轻、体积小、便于搬运和使用方便等特点，在起重安装工作中广泛应用。本章主要介绍这些机具的构造、原理、性能和规格等。

4.1 千 斤 顶

千斤顶在起重安装工作中应用很广。靠它用很小的力，就能顶升很重的机电设备，又可校正设备安装的偏差和金属构建的变形等。千斤顶的顶升高度一般为 100～400mm，最大起重能力能达 500t，自重约为 10～500kg。

4.1.1 千斤顶的构造和种类

千斤顶按其构造和原理不同，可分为齿条、螺旋和液压千斤顶三种。

(1) 齿条千斤顶

图 4.1 所示为起重量 3～15t 的齿条千斤顶。它由金属外壳、齿条和齿轮及手柄组成。这种千斤顶有导杆顶（15t）和顶钩（3t）两个能顶升重物的装置。导杆顶的作用是顶升离地面较高的设备，顶钩的作用是顶升离地面较低的设备。它与其他千斤顶相比，优点是升降速度快和能顶升离地面较低的设备。

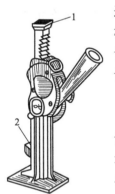

图 4.1 齿条千斤顶
1—导杆顶；2—顶钩

(2) 螺旋千斤顶

如图 4.2 所示，螺旋千斤顶的壳体内装有螺母套筒（以下简称套筒）、螺杆和锥形齿轮传动机构等。螺杆部分只转动不升降；套筒上铣有定向键槽，只能升降不能转动。工作时扳动摇把 3，带动锥形齿轮 4，使螺杆 2 转动，螺杆转动时，套筒 1 沿着壳体上部的键槽 8 升降。在锥形齿轮外部装有摇把的地方，装有换向扳扭 7，可以控制锥形齿轮的正、反转，从而带动螺杆，使套筒升降。锥形齿轮的底部，装有推力轴承 6，可以减少螺杆底部的摩擦。这种千斤顶的起重量约为 3～50t，顶升高度一般为 250～400mm。

螺旋千斤顶与齿条千斤顶相比，具有使用方便、操作省力和工作平稳等优点。以上这两种千斤顶都能在水平方向使用。

(3) 液压千斤顶

液压千斤顶由人力或电力驱动液压泵，通过液压系统传动，用缸体或活塞作为顶举件。其结构紧凑，能平稳顶升重物，起重量大，操作省力，上升平稳，安全可靠，传动效率较

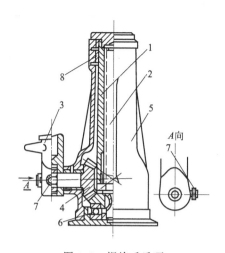

图 4.2 螺旋千斤顶

1—螺母套筒；2—螺杆；3—摇把；4—锥形齿轮；
5—壳体；6—轴承；7—换向扳扭；8—键槽

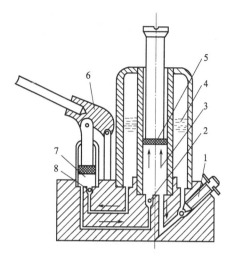

图 4.3 手动液压千斤顶的工作原理

1—回油阀；2,8—单向阀；3—油室；4—储油腔；
5—活塞；6—手柄；7—油泵

高，故应用较广。但它的升降速度比齿条式、螺旋式千斤顶慢，一般不能在水平方向使用，易漏油，不宜长期支持重物。液压千斤顶的起重量一般为 5～320t，最大的可达 1000t，顶升高度一般为 100～200mm。

液压千斤顶有手动和机动两种，两者工作原理基本相同。手动液压千斤顶的工作原理如图 4.3 所示。操作时先将回油阀 1 关闭，抬起手柄 6，油泵 7 中的活塞上升，使单向阀 8 打开，单向阀 2 关闭，这时储油箱中的油被吸入油泵 7 中。将手柄 6 向下压时，油泵 7 中的活塞下移，使油泵 7 中的油产生压力将单向阀 8 关闭，当油压不断增加超过油室 3 中的油压时，液压油推开单向阀 2 进入油室 3 推动活塞 5 上升，将重物顶起。下放重物时，只需打开回油阀 1，单向阀 2 由于油室 3 中的油压而关闭，油室 3 中的油通过回油阀 1 流回储油腔，活塞 5 由重物压着下降。

4.1.2 常用千斤顶的规格及性能

在起重安装施工中常用的千斤顶主要是螺旋千斤顶和液压千斤顶。现将螺旋千斤顶和液压千斤顶的技术性能和规格，分别列于表 4.1 及表 4.2 中，供选用时参考。

表 4.1 螺旋千斤顶技术性能和规格

型　号	起重量 /t	最低高度 /mm	起升高度 /mm	手柄长度 /mm	操作力 /kg	操作人数 /人	自重 /kg
LQ-5	5	250	130	600	13	1	7.5
LQ-10	10	280	150	600	32	1	11
LQ-15	15	320	180	700	43	1	15
LQ-30D	30	320	180	1000	60	1～2	20
LQ-30	3	395	200	1000	85	2	27
LQ-50	50	700	400	1385	126	3	109

4.1.3 千斤顶使用注意事项

① 千斤顶应存放在干燥无尘的地方，避免日晒和雨淋。

表 4.2　液压千斤顶技术性能和规格

型　号	起重量 /t	最低高度 /mm	起升高度 /mm	手柄长度 /mm	操作力 /kg	操作人数 人	储油量 /L	自重 /kg
YQ-5A	5	235	160	620	32	1	0.25	5.5
YQ-8	8	240	160	620	36.5	1	0.3	7
YQ-12.5	12.5	245	160	850	29.5	1	0.35	9.1～10
YQ-16	16	250	160	850	28	1	0.4	13.8
YQ-20	20	285	180	1000	28	1	0.6	20
YQ-30	30	290	180	1000	34.6	1	0.9	30
YQ-32	32	290	180	1000	31	1	1	29
YQ-50	50	300	180	1000	31	1	1.4	43
YQ-100	100	360	200	1000	40	2	3.5	123
YQ-200	200	400	200	1000	40	2	7	227
YQ-320	320	450	200	1000	40	2	11	435

② 液压千斤顶使用前后应擦洗干净，检查活塞升降和各部位是否灵活，有无损坏，油液是否干净等。

③ 使用千斤顶时，底部应支垫牢固。在松软的地面上使用时，应铺设垫板以扩大承压面积。垫板的选用应根据地质情况和千斤顶的受力情况确定。千斤顶的顶部和物体接触处应垫木板，用以防滑和避免物体损坏。

④ 千斤顶不能超负荷使用。使用时，顶升高度不要超过套筒或活塞上的标志线。如无标志线，其顶升高度不得超过螺杆或活塞总高度的 3/4，以避免套筒或活塞全部顶出，使千斤顶损坏而造成事故。

⑤ 操作时先将物体稍微顶起一点，然后检查千斤顶底部和顶部的垫板是否平整牢固。顶升时应随物体的上升在物体的下面垫保险枕木架，以防止千斤顶倾斜或回油而引起活塞突然下降的危险。液压千斤顶下放重物时，只需微开回油阀门使其缓慢下放。

⑥ 在几台千斤顶同时顶升同一物体时，应同时升降，统一指挥，速度要基本相同，以避免物体倾斜或千斤顶过载而造成事故。

4.2　链条葫芦

　　链条葫芦是一种使用简单、携带方便的手动起重机械，它适用于小型设备和重物的短距离吊装，起重量一般为 0.5～20t，最大可达 40t。链条葫芦具有结构紧凑、手拉力小、使用方便等优点，它不仅是起重安装工作人员重要的工具，而且也是其他工作人员在检修、拆装机械设备时经常使用的工具。链条葫芦除吊装外，还可以用作拉紧金属桅杆的缆风绳，进行大件物品运输时的捆绑固定，机械设备安装时的短距离吊运及就位找正等工作。

4.2.1　链条葫芦的构造及种类

　　链条葫芦由链轮、手拉链、传动机构、起重链及上、下吊钩等几部分组成，其中机械传动部分又可分为蜗杆传动和齿轮传动两种。由于蜗杆传动的机械效率较低，零件易磨损，所以现在已很少使用。齿轮传动的链条葫芦应用较广。

4.2.2　齿轮式链条葫芦的工作原理

　　图 4.4 所示为齿轮式链条葫芦。

当提升重物时，手拉链 1 使链轮 2 顺时针方向转动。链轮 2 沿着圆盘 5 套筒上的螺纹向里移动，而将棘轮圈 3 和摩擦片 6 都压紧在链轮轴 4 上（链轮轴与圆盘 5 牢固地形成一体）；棘轮圈 3 只能顺时针方向转动，棘爪在棘轮圈上跳动发出"嗒嗒"声。链轮轴 4 右端的齿轮 12 带动齿轮 9（又称行星齿轮）与固定齿圈 8 相啮合，使齿轮 9 沿链轮轴 4 为中心顺时针方向旋转，同时带动驱动机构 13 和起重链轮 11 转动，使起重链条 14 上升。反之，当松下重物时，手拉链 1 使链轮 2 逆时针方向转动，并沿着圆盘 5 套筒上的螺纹向外移动，而将棘轮圈 3、摩擦片 6 和圆盘 5 分离，链轮轴 4 右端的齿轮 12 带动齿轮 9 与固定齿圈 8 相啮合，使齿轮 9 沿链轮轴 4 为中心逆时针方向旋转，同时带动驱动机构 13 和起重链轮 11 转动，使起重链条 14 下降。当不拉动手拉链时，链轮 2 停止转动，起重链轮 11 受重物自重的作用还要继续沿逆时针方向旋转，行星齿轮传动机构同样沿着逆时针方向旋转，结果使圆盘 5、摩擦片 6 及棘轮圈 3 相互压紧而产生摩擦力，棘轮圈 3 受棘爪阻止不能向逆时针方向转动（通常称为自锁现象），在摩擦力的作用下，重物停在空中。

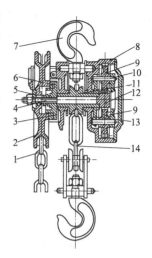

图 4.4 链条葫芦
1—手拉链；2—链轮；
3—棘轮圈；4—链轮轴；
5—圆盘；6—摩擦片；
7—吊钩；8—齿圈；
9,12—齿轮；10—齿轮轴；
11—起重链轮；13—驱动
机构；14—起重链条

4.2.3 链条葫芦的使用和保养

① 链条葫芦在使用之前，应进行详细检查，如吊钩、链条是否有变形或损坏，起重链条根部的销子是否牢固，传动部分是否灵活，手拉链条是否有滑链或掉链现象。

② 使用时应检查起重链条是否打扭，如有打扭现象应缠放好方可使用。

③ 用链条葫芦将重物刚刚吊离地面时，应停止起升，检查各受力部件有无变化，摩擦片自锁情况是否完好，确认无误后才能继续工作。

④ 链条葫芦在使用时，不得超负荷使用。

⑤ 链条葫芦在使用过程中，应根据链条葫芦的起重能力确定拉链人数。如手拉链拉不动，应查明原因，不能增加人数猛拉，以免发生事故。

⑥ 吊起的重物需在空中停留较长时间时，要将手拉链拴在起重链条上，以防止由于时间过长而自锁失灵。

⑦ 传动部分要经常上油，保证润滑，减少磨损。但是润滑油不得渗入摩擦片内，以防自锁失灵。

4.3 电动葫芦

4.3.1 电动葫芦的种类、用途与优点

电动葫芦是一种简便的起重机械，它由运行和提升两大部分组成，一般安装在直线或曲线工字梁轨道上，用以提升和移动重物，常与电动单梁悬臂等起重机配套使用。

电动葫芦按其结构不同，可以分为环链式电动葫芦和钢丝绳式电动葫芦。环链式电动葫芦是用环状焊接链与吊钩连接作起吊索具之用；而钢丝绳式电动葫芦是用钢丝绳与吊钩连接

作起吊索具之用。环链式电动葫芦重物的起升高度较低，多应用于低矮厂房或露天环境。目前，以钢丝绳式电动葫芦应用最广。在应用的电动葫芦中 TV 型、CP 型比较多。

电动葫芦除固定悬挂使用外，还可以悬空挂在工字梁上水平移动，使其在工字梁上移动的方式有手推小车式、手拉链式和电动运行小车式等。

由于电动葫芦轻巧，机动性大，因此在施工现场的省煤器组合、设备检修等均可使用。电动葫芦的主要优点如下。

① 体积小、重量轻，全机封闭，便于安装。

② 全部用密闭于黄油箱中的正齿轮传动，主轴用滚动轴承，传动机构不另设离合器，减少故障。

③ 不用任何控制机件而自动刹车，起重量越大，制动力也越大。

④ 操作方便，用手一按按钮，即可控制启闭。

⑤ 钢丝绳利用导索夹圈，准确地卷绕在卷筒上，不论钢丝绳如何松弛，卷筒上钢丝绳不会松动、重叠、绞乱。

⑥ 吊钩位置或钢丝绳在卷筒上卷绕圈数，由终点限制开关自动控制，安全可靠。

4.3.2　电动葫芦的结构与工作原理

电动葫芦由两个机构和一个系统组成。两个机构是起升机构和运行机构，一个系统是电气控制系统。起升机构又称葫芦本体，由四个装置组成：驱动装置——电动机；传动装置——减速器；制动装置——制动器；取物缠绕装置——吊钩滑轮组、卷筒、钢丝绳等。运行机构又称运行小车，由以下四种装置组成：驱动装置——电动机；传动装置——减速器；制动装置——制动器；车轮装置——车轮。电气控制系统包括电源引入器、控制电动机正反转的磁力启动器、起升限位开关和手动按钮开关等。电动葫芦的基本结构如图 4.5 所示。

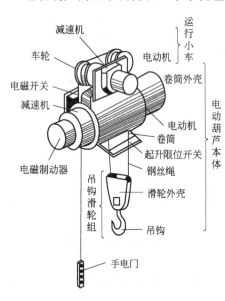

图 4.5　电动葫芦基本结构

电动葫芦的简单工作原理是：当电动机接电时，电磁铁使弹簧压缩，转子脱开制动器，带动卷筒进行升降动作；当电动机断电时，其转子被弹簧压向制动器不能转动，使重物停止运动。电动葫芦的起重量一般在 2.5～50kN 之间，最大的可达100kN，起升高度一般在 6～30m 之间，起升速度为 4.5～10m/min。

4.3.3　电动葫芦的规格性能

环链式电动葫芦的主要性能参数见表 4.3。

4.3.4　电动葫芦的使用保养注意事项

① 使用前应了解电动葫芦的结构性能，熟悉安全操作规程，且应按规定进行负荷试验。

② 由于卷筒没有导绳装置，易乱绳，必须经常检查和调整。钢丝绳在卷筒上应排列整

表 4.3　环链式电动葫芦的规格性能

型号	起重量/kg	起重链行数	起升高度/m	起升速度/m·min⁻¹	运行速度/m·min⁻¹	工作制度/%	链条直径与节距/mm
NHHM125	125	1		8			$\phi 4 \times 12$
NHHMS250	250	2		4			
NHHM250	250	1		8			$\phi 5 \times 15$
NHHMS500	500	2	3	4	20	40	
NHHM500	500	1		8			$\phi 7 \times 21$
NHHMS1000	1000	2		4			
NHHM1000	1000	1		8			$\phi 10 \times 30$
NHHMS2000	2000	2		4			

注：最高起升高度单链为12m，双链为6m。

齐，不得重叠散乱。

③ 电动葫芦无下降限位装置时，钢丝绳在卷筒上必须留有 2～3 圈的安全圈。

④ 经常检查电动机与减速器之间的联轴器，发现裂纹即应更换。

⑤ 必须经常检查钢丝绳，发现有断丝情况，必须更换。

⑥ 卷筒两端轴承，每星期要加油 1 次。

⑦ 制动部分不可沾有润滑剂，否则会使刹车失灵。

⑧ 在运行中发现设备有不正常声响时，应立即停车检查。

⑨ 行驶用工字钢两头要有挡板，电动葫芦本身要有缓冲器。

⑩ 限位器是防止吊钩上升或下降超过极限位置时的安全装置，不能当作行程开关使用，不允许使用限位器停车。

⑪ 不允许将负荷长时间停在空中，以防止机件发生永久变形及其他事故。

⑫ 不允许在吊载情况下调整制动器。

⑬ 吊运时，不得从人员头上通过。

⑭ 电动葫芦工作时，不允许检查和维修。

⑮ 有下述情况之一，则不应操作。

a. 超载，斜拉斜吊，吊拔埋置物，或起吊重量不清的货物。

b. 电动葫芦有影响安全工作的缺陷或损伤，如制动器、限制装置失灵，吊钩螺母防松装置损坏，钢丝绳损伤达报废标准。

c. 捆绑吊挂不平衡而可能滑动，重物棱角与钢丝绳间未加衬垫。

d. 工作场地昏暗，无法看清场地及被吊物的情况。

⑯ 起吊接近额定起重量时，应先试吊，没有异常现象时再起吊。

⑰ 禁止吊运热熔金属及其他易燃易爆物品。

⑱ 当重物下降发生严重的自溜刹不住时，可以迅速按"上升"按钮，使重物上升少许，然后再按"下降"按钮，并不要松开，直至重物徐徐降至地面，然后进行检查。

⑲ 根据使用情况定期进行检查，并进行润滑。

4.3.5　电动葫芦常见故障及处理

电动葫芦发生故障应及时查找原因，予以排除，不允许带故障作业。其常见故障和主要原因及处理方法见表 4.4。

表 4.4 电动葫芦常见故障和主要原因及处理方法

故 障	主 要 原 因	处 理 方 法
启动后电动机不转	过度超载 电压较低 电气有故障,导线断开或接触不良 制动轮与后端盖咬死,制动轮脱不开	不允许超载使用 待电压恢复后使用 检查电气与线路 检修
制动不可靠,下滑距离超过规定	制动器磨损大或其他原因,使弹簧压力减小 制动器摩擦面有油污存在 制动环摩擦接触不良 压力弹簧损坏 制动环(摩擦片)松动	调整压力 擦净油污 修磨 更换弹簧 更换制动环(摩擦片)
电动机温升过高	超载使用或工作过于频繁 制动器未调整好,运转时未完全脱开	按额定载荷和工作制度工作 调整间隙
减速器响声过大	润滑不良 齿轮磨损过度,齿间间隙过大 齿轮损坏 轴承损坏	拆卸检修
启动时电动机发出"嗡嗡"声	电源及电动机少相 交流接触器接触不良	检修或更换接触器
重物升至半空,停车后不能启动	电压过低或波动大	电压恢复正常后工作
启动后不能停车或到极限位置时仍未停车	交流接触器熔焊 限位器失灵	迅速切断电源更换电气零件

4.4 滑车和滑车组

滑车和滑车组是工程施工常用的称谓,通常又称为滑轮和滑轮组。滑车和滑车组能配合卷扬机进行起重安装作业,因此它们是重要的起重安装工具。

4.4.1 滑车的类型和构造

(1) 滑车的类型

按滑车的轮数可将滑车分为单轮滑车(单轮滑车的夹板有开口和闭口两种)、双轮滑车、三轮或三轮以上的多轮滑车(几轮滑车俗称几门滑车)。按滑车与吊物的连接方式可将滑车分为吊钩式、链环式、吊环式和吊梁式等几种。一般中小型滑车属于吊钩式、链环式和吊环式,大型的滑车均采用吊环式和吊梁式。这些滑车的滑轮、轴和轴套等易磨损部件,都采用标准件和通用件,按品种规格可以互换。另外,近年来国内又采用粉末浇铸含油轴套,这种轴套的滑车在使用时可减少定期加油的次数。

(2) 滑车的构造

如图 4.6 所示,滑车由吊钩(链环)、滑轮、轴、轴套和夹板等组成。滑轮在轴上自由转动,为减少磨损,延长轴的使用寿命,轴套采用青铜制作,在重要的机构上轴套改用滚动轴承。

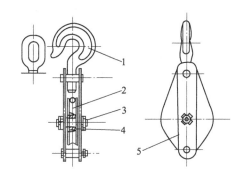

图 4.6　滑车构造

1—吊钩（链环）；2—滑轮；3—轴；4—轴套；5—夹板

4.4.2　滑车及滑车组的使用和连接方法

(1) 滑车及滑车组的使用

① 定滑车　滑轮安装在固定位置的轴上，它只是用来改变绳索拉力的方向，而不能改变绳索的速度，也不省力［见图 4.7(a)］。通常定滑车可作转向滑车［见图 4.7(b)］和平衡滑车用。

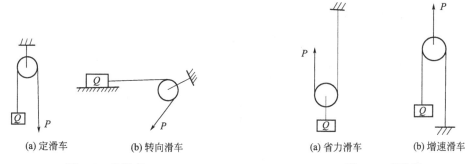

(a) 定滑车　　　　　(b) 转向滑车

图 4.7　定滑车

(a) 省力滑车　　　　(b) 增速滑车

图 4.8　动滑车

如不考虑滑轮和轴的摩擦力，则绳索的拉力和重物的重力大小相等、方向相反；如考虑摩擦力，则拉力比起吊物的重量要大一些。

② 动滑车　滑轮安装在运动轴上，它和牵引重物一起升降，但不能改变受力方向。动滑车可分为省力滑车［见图 4.8(a)］和增速滑车［见图 4.8(b)］两种。

③ 滑车组　由一定数量的定滑车和动滑车及绳索所组成，如图 4.9 所示。滑车组可分省力滑车组和增速滑车组两种。但增速滑车组在吊装作业中基本不用。省力滑车组（以下简称滑车组）在吊装作业中常用。特别是吊装大型设备时，有时要用多门定滑车和动滑车连接在一起组成的滑车组来完成吊装任务。滑车组是起重安装工作中经常使用的简单起重机具。

(2) 滑车组的穿绕方法

滑车组的穿绕方法主要有普通穿绕法和花穿绕法两种，采用普通穿绕法较多。普通穿绕法是将绳索自滑车组的定滑车或动滑车的一侧滑轮起按顺序穿绕第一、二、三……至最后一滑轮引出。绳索被固定的末端称为终

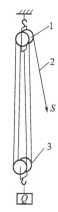

图 4.9　滑车组

1—定滑车；

2—绳索；

3—动滑车

根，它固定在定滑车或动滑车尾部的吊环上。引向卷扬机的另一端绳头称为出端头。出端头可从定滑车绕出 [见图 4.10(a)]，也可从动滑车绕出 [见图 4.10(b)]，主要根据起吊工作的需要来确定。一般常采用出端头从定滑车绕出的方式。为了使钢丝绳与卷扬机的卷筒中心线垂直，可将出端头穿入转向滑车引出 [见图 4.10(c)]，具体布置应根据卷扬机位置和地形等情况确定。

在滑车组中，由两轮定滑车和一轮动滑车组成的滑车组称为"二一"滑车组 [见图 4.10(a)]，由两轮定滑车和两轮动滑车组成的滑车组称为"二二"滑车组 [见图 4.10(b)]。其余类推，如"三三"滑车组、"四四"滑车组等。

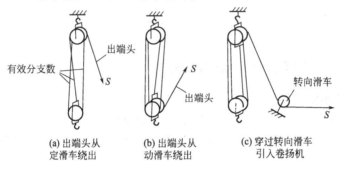

(a) 出端头从　　　　(b) 出端头从　　　　(c) 穿过转向滑车
　　定滑车绕出　　　　动滑车绕出　　　　　引入卷扬机

图 4.10　滑车组绳索穿绕

滑车组中在动滑车上穿绕绳子的根数称为有效分支数，也称为"走数"，如动滑车上穿绕三根绳子称为"走三"，穿绕四根绳子称为"走四"。为了表示滑车组中滑车的轮数和它的穿绕方式，常把滑车的轮数和走数合在一起称呼，如"二（定）一（动）走三"滑车组 [见图 4.10(a)] 或"二（定）二（动）走五"滑车组 [见图 4.10(b)] 等。

在起吊重量很大并采用多轮滑车吊装时，常穿绕成双联滑车组（见图 4.11）。它是把两个单滑车组 1、2 和一个平衡滑车 3 用一根钢丝绳连接在一起。平衡滑车的作用是为了在起吊重物时，使两个滑车组的升降速度能自动调节成一致，并使每个滑车上的受力均匀，可保持重物平稳地升降。双联滑车组有两个出端头，可用两台卷扬机同时牵引。左、右两个出端头可根据工作需要从动滑车 [见图 4.11(a)] 或定滑车 [见图 4.11(b)] 引出。

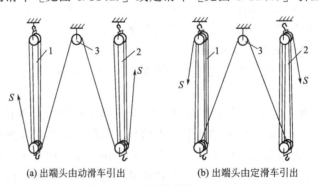

(a) 出端头由动滑车引出　　　　　　　(b) 出端头由定滑车引出

图 4.11　双联滑车组

1，2—滑车组；3—平衡滑车

4.4.3　使用滑车时的注意事项

① 严格遵照滑车出厂安全起重量使用，不允许超载。如无滑车出厂安全起重量时，可

进行估算，但此类估算的滑车只允许在一般吊装作业中使用。

② 滑车在使用前应检查各部分是否良好。对滑车和吊钩如发现变形、裂痕和轴的定位装置不完善，应立即进行修理。

③ 选用滑车时，其滑轮直径的大小、轮槽宽度应与配用的钢丝绳直径大小相适应。如滑轮直径过小，将会使钢丝绳因弯曲半径过小而受损伤，因而缩短钢丝绳的使用寿命。

④ 在受力方向变化较大的地方和高空作业中，不宜使用吊钩式滑车，应选用吊环式滑车，以防脱钩。

⑤ 滑车在使用过程中，应对滑轮、轴定期加油保养润滑。这样既能在工作时省力，又能减少轴承磨损和防止锈蚀。

4.5　管式桅杆起重机

在起重现场施工中，如遇到起吊重量较大和起吊高度较高的构件时，用圆木扒杆往往不能胜任，常采用金属管式桅杆起重机。

4.5.1　管式桅杆起重机的构造与制作

管式桅杆起重机的构造如图 4.12 所示，在桅杆顶部设缆风盘，用来系结缆风绳。在缆风盘下面焊一段钢管或一个吊耳，通过绳扣连接滑轮组（见图 4.13），桅杆底焊有底座，用以扩大桅杆底部的接触面积。

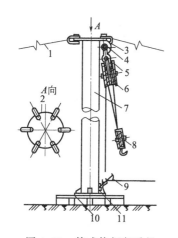

图 4.12　管式桅杆起重机

1—缆风绳；2—缆风盘；3—缆风绳连接卸扣；
4—吊耳；5—起重滑轮组连接卸扣；
6—起重滑轮组定滑轮；7—桅杆；8—起重滑轮
组动滑轮；9—导向滑轮；10—底座；11—下吊耳

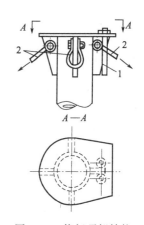

图 4.13　桅杆顶部结构

1—悬挂滑轮组的钩环系；2—系结缆风绳的钩环系

金属管式桅杆起重机一般是用无缝钢管制成，可以单面受力，也可以双面同时起吊。为了便于搬运和拆装，可将桅杆分成几段，在每段的端部都装有法兰，可根据起吊高度要求将几段用螺栓连接起来（见图 4.14），此外，在制作桅杆时，或因无缝管长度不够，需将现有桅杆接长使用等，也可采用焊接的方法将桅杆加长（见图 4.15）。管式桅杆接合处应用角钢规格见表 4.5。

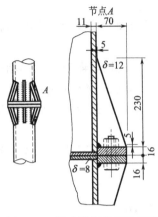

图 4.14　管式桅杆的法兰连接

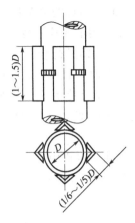

图 4.15　管式桅杆焊接处

表 4.5　管式桅杆接合处应用角钢规格

名　　称	钢管规格				
	152～168	194	219～245	273	299
角钢规格	50×50×6	60×60×6	65×65×8	65×65×8	75×75×8
角钢长度	500	500	500	600	600

名　　称	钢管规格			
	325	351	377	426
角钢规格	90×90×8	90×90×8	90×90×8	100×100×6
角钢长度	600	600	600	600

4.5.2　管式桅杆起重机制作质量要求

制作桅杆时，首先应检查钢管的直径和壁厚是否符合设计要求，钢管表面不得有严重锈蚀、壁厚减薄和明显变形的现象。所有焊缝尺寸应符合设计要求，焊缝宽度、高度均匀一致，表面不得有裂纹、气孔、夹渣等缺陷。钢管对接时，两端必须开坡口，并要保证焊透。

4.5.3　管式桅杆起重机的性能

用无缝钢管制作的管式桅杆起重机，其起重量一般小于 30t，起重高度一般也在 30m 以内，金属管式桅杆起重机的性能见表 4.6 和表 4.7，表 4.8 列出了几种常用管子及用角钢加强管子截面力学特性数值。

表 4.6　钢管式桅杆的技术性能

起重量 /t	高度/m					
	8	10	15	20	25	30
	管子截面尺寸(外径×壁厚)/mm					
3	152×6	152×6	219×8	299×9	351×10	426×10
5	152×8	168×10	245×8	299×11	351×11	426×10
10	194×8	194×10	245×10	299×13	351×12	426×12
15	219×8	219×10	273×8	325×9	351×13	426×12
20	245×8	245×10	299×10	325×10	377×12	426×14
30	325×9	325×9	325×9	325×12	377×14	426×14

表 4.7　用角钢加固的钢管式桅杆技术性能

规格/mm	高度/m	双面吊重/t	单面吊重/t	规格/mm	高度/m	双面吊重/t	单面吊重/t
φ377×8 ∟75×8	10	50	30	φ273×8 ∟75×8	10	38	21
	13	50	26		13	29	17.5
	15	48	25		15	26	16
	17	34	22		17	19	14
	20	30	21		20	16	11.5
	25	20	15		25	10	8
φ273×8 ∟63×8	10	38	20	φ159×4.5 ∟50×4	6	14	5.2
	13	29	17		8	9	4.5
	15	25	13		10	6.5	3.6
	17	20	11		12	4.5	3

表 4.8　几种常用管子及用角钢加强管子截面力学特性数值

图　形	管子截面尺寸 （外径×壁厚） /mm	截面积 F /cm²	惯性矩 J /cm	惯性半径 p /cm	抗弯截面 模量 W/cm³	每米管子 质量/kg
	159×4.5	21.8	652	5.5	125	17.15
	219×7	46.6	2560	7.5	242	36.6
	273×8	66.6	5860	9.3	430	59.28
	325×8	79.7	9980	11.2	613	62.54
	377×8	92.5	15620	13	830	72.8
	426×9	117.9	24600	14.5	1175	92.55
用∟75×75×8 角钢加强	159×4.5	67.8	2960	6.6	242	53.27
	219×7	93.1	6430	8.4	418	73.2
	273×8	113.9	11572	10.1	637	89.6
	325×8	125.4	17980	12	843	98.66
	377×8	138.5	26100	13.7	1050	108.72
	426×9	163.5	37800	15.2	1430	128.9
用∟100×100×10 角钢加强	159×4.5	98.6	4324	6.6	243	77.63
	219×7	123.9	9186	8.6	557	97.23
	273×8	144.7	15380	10.3	800	112.76
	325×8	156.5	23656	12.3	1050	123.02
	377×8	169.3	33380	14	1350	133.28
	426×9	194.3	46960	15.5	7720	153.03

▣ 能力训练项目

① 识别和运用常用简单起重机具。

② 千斤顶维护与保养。

③ 链条葫芦的使用和保养。

④ 卷扬机维护与保养。

⑤ 滑车组的穿绕。

■ 思考与练习

4-1　简述常用的简单起重机具的名称、种类及用途。

4-2　试述液压千斤顶工作原理及使用注意事项。

4-3　简述机械螺旋千斤顶的构造与工作原理。

4-4　试述链条葫芦的构造与工作原理。

4-5　绘制二一走三、二二走五滑车组简图并说明其含义。

5

□ 起重安装的捆绑方法

捆绑方法就是在起重安装作业中，捆绑绳和重物的连接方法。由于重物形状、机械配备、施工环境条件、设备吊装工艺和技术要求的不同，所以，捆绑绳、捆绑点的选择和捆绑方法的选用也就有所不同。在起重安装作业中，捆绑方法正确与否，直接关系到起重安装施工安全和设备吊装能否顺利进行。

本章的任务是介绍捆绑绳和捆绑点的选择、捆绑方法的选用，以及在使用这些捆绑方法时的注意事项。过去，这些捆绑方法没有统一的称谓，本章为了叙述的方便，给每种捆绑方法起了一个名称，以便于施工作业时相互联系和交流。

5.1　捆绑绳与捆绑点

5.1.1　捆绑绳

捆绑绳是起吊重物时，用来接在吊钩和重物之间的索具。因捆绑绳是连接吊钩与重物的纽带，亦称之为"带子绳"。又因常用的捆绑绳是等长、等径的一对，故又可称它为"对子绳"。由于捆绑绳多为钢丝绳，其强度高，抗拉力大，习惯上也有把它称为"千斤绳"的。常用的捆绑绳的样式如图 5.1(a) 所示，根据吊装的需要捆绑绳的样式也有一些变化，例如，为了防止捆绑绳在吊钩上窜动，在绳的两端编制出一个专为挂钩用的绳圈；施工中需要很粗、而又很短的捆绑绳时，由于这种绳不易或根本无法编制两个绳扣，所以，往往编制成一个绳圈，如图 5.1(b) 所示。

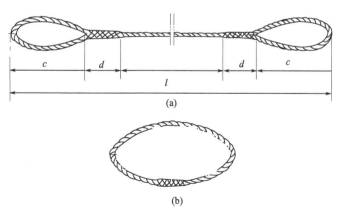

图 5.1　常用的捆绑绳样式

l—绳全长；d—编插段；c—绳扣

捆绑绳有通用与专用的区别。通用捆绑绳的绳经和绳圈大小都有一定的变化规律。专用捆绑绳则不然，完全是根据实际需要专门编制的。例如：起吊汽轮机转子的捆绑绳；捆绑倒链和导向滑车的捆绑绳；发电厂锅炉组合件吊装时使用的捆绑绳等，都属于专用捆绑绳。

捆绑绳可以是钢丝绳，也可以是麻绳、尼龙绳。在建筑安装单位使用的捆绑绳，几乎全部是钢丝绳。因此，在以后各章节中出现的捆绑绳，除特别说明者外，均指钢丝绳。

5.1.1.1 捆绑绳的选择

在起吊重物时，捆绑绳和吊钩垂直线之间的夹角愈大，捆绑绳受力也愈大；反之，夹角愈小，捆绑绳受力也就愈小。图 5.2 为捆绑绳吊装重物受力示意图，图（a）中的夹角 α_1 大于图（b）中的夹角 α_2，若所吊的物体重量相等，则图（a）中的捆绑绳受力就要大于图（b）中的捆绑绳受力。因此，在起吊重量相同的重物时，夹角不等，所选用的捆绑绳也就不一样。

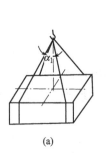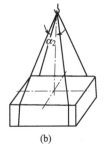

图 5.2　捆绑绳吊装重物受力示意图

应根据物体的重量及捆绑绳与吊钩垂直线间的夹角大小来选择捆绑绳。在条件允许的情况下，起吊重物应尽量缩小捆绑绳与吊钩垂直线间的夹角，通常此夹角以不大于 45°为宜。

表 5.1 列出了用于 6×37＋1 钢丝绳，抗拉强度为 1700MPa，安全系数 8 倍以上，起吊重物时所选用的捆绑绳直径的数据。

表 5.1　一般吊装用捆绑绳选用

起吊重量/t	选用捆绑绳直径 d/mm											
	α=15°			α=30°			α=45°			α=60°		
	使用捆绑绳根数 n											
	2	4	8	2	4	8	2	4	8	2	4	8
1	11	8.7	—	11	8.7	—	11	8.7	—	13	11	—
2	13	11	—	15	11	—	15	11	—	19.5	13	—
3	15	13	8.7	17.5	13	8.7	19.5	13	11	21.5	15	13
5	21.5	15	11	21.5	15	11	24	17.5	13	28	19.5	15
7	24	17.5	13	26	19.5	13	28	19.5	15	—	24	17.5
10	30	21.5	15	30	21.5	15	34.5	26	17.5	—	28	21.5
15	—	26	17.5	39	28	19.5	43	30	21.5	—	34.5	26

5.1.1.2 捆绑绳的编制

在起重安装工作中，需要多种直径和长度的捆绑绳，这些捆绑绳的绳扣是用人工编制的。编制方法有一进一、一进二、一进三等五种。常用的编制方法是一进三。

（1）编制绳扣的工具

穿针（猛刺）是用 φ15～25mm、长 300～400mm 的圆钢锻造制成的。它的一端锻打成扁锥形，另一端焊接一根横向圆钢作为手柄，如图 5.3 所示。

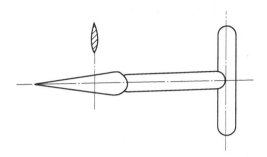

图 5.3 穿针的结构

穿针的主要作用是插入钢丝绳股缝内，并能在扭转方向的过程中将钢丝绳股缝撑大，使钢丝绳的一股绳头能通过。在使用时，一手握着手柄（用力的手），另一手扶正穿针扁锥端顺钢丝绳股缝插入并注意让开绳芯。利用手柄将穿针旋转 90°，钢丝绳股缝即被撑大，把某一股绳头穿过，然后，在穿针回转拔出的同时将绳股用力拉紧。类似进行数十次即可完成绳扣的编制工作。

（2）捆绑绳各部分尺寸的确定

编制捆绑绳时，首先要截取一定长度的短钢丝绳。图 5.4 为捆绑绳各部分尺寸关系。

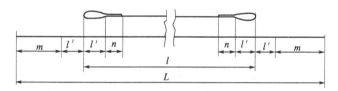

图 5.4 捆绑绳各部分尺寸关系

根据吊装工作需要确定捆绑绳长度 l，由钢丝绳直径 d 在表 5.2 中查出破头长度 m 和绳扣长度 l'，然后利用下式可求得所要截取的钢丝绳总长度 L。

$$L = l + 2l' + 2m$$

表 5.2 捆绑绳各部分尺寸   mm

钢丝绳直径 d	破头长度 m	绳扣长度 l'	编插长度 n
8.7	400	200	200
11～13	450	250	250
15.5～17.5	500	300	300
19.5	600	350	400
21.5	800	400	450
24～26	900	450	500
28～30	1000	500	750
32.5～39	1100	600	850
52	2100	900	1050

编制捆绑绳时，其各部分的长度除查表 5.2 外，也可采用经验法确定截取尺寸：编插长度 n 为钢丝绳直径的 20～24 倍，即 $n = (20～24)d$；破头长度为钢丝绳直径的 45～48 倍，

即 $m=(45\sim48)d$；绳扣的长度为钢丝绳直径的 18～24 倍，而 $l'=(18\sim24)d$，另外，绳扣的长度也可根据不同的用途确定。

（3）捆绑绳的一进三编制法

一进三编制法主要是指被编插的钢丝绳起头的第一缝分别插入破头 1、2、3 股钢丝绳绳头，即为一进三。同理，分别插入破头 1、2 股或 1、2、3、4 股即称一进二或一进四编制法。

① 编制绳扣的准备工作　将割断的钢丝绳分别在 m 和 l' 及 l' 和 n 的分界线上画好记号，并在 m 和 l' 分界线上用细铁丝绑扎牢；把 m 长度钢丝绳各股破开，在其顶端用黑胶布包扎好以防钢丝松散；l' 和 n 分界线即作为编制时的起点（第一锥），如图 5.5 所示，各钢丝绳缝和破开的各个绳头分别加以编号。

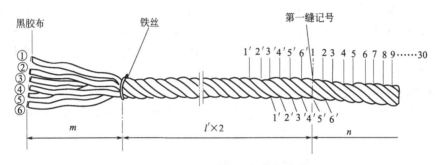

图 5.5　钢丝绳编制绳扣前的编号

② 编制过程　分为起头编制、中间编制和收尾编制三步。

a. 起头编制　为了便于叙述，现将破头股的编号以①、②、③、④、⑤、⑥来代表；钢丝绳绳缝的编号以 1、2、3、4、5、6（1'、2'、3'、4'、5'、6'）来代表，起头编制共需穿插六次。

第一次从 1 缝插入 4' 缝穿出破头股①。

第二次从 1 缝插入 5' 缝穿出破头股②。

第三次从 1 缝插入 6' 缝穿出破头股③。

以上三次参见图 5.6(a) 和（b）中所示的缝与股的编号。

第四次从 2 缝插入 1 缝穿出破头股④［见图 5.6(a) 和（c）］。

第五次从 3 缝插入 2 缝穿出破头股⑤［见图 5.6(a) 和（d）］。

第六次从 4 缝插入 3 缝穿出破头股⑥［见图 5.6(a) 和（d）］。

通过六次穿插第一步起头编制结束。

b. 中间编制　共需穿插 18 次。在这 18 次穿插中有两种形式：一种为将穿插的破头股在相邻的前一缝插入，向后相隔六分之一的钢丝绳节距在原来的钢丝绳缝中穿出，即每个破头股绕单股钢丝转三圈；另一种为将穿插的破头股在相邻的前两缝插入，向后相隔三分之一的钢丝绳节距在原来的钢丝绳缝中穿出，即每个破头股绕两股钢丝转两圈。不论哪种形式，它们的起头编制和收尾编制完全相同。下面分别介绍两种中间编制的形式。以下编号均和图 5.6(a) 的编号方位相同。

第一种形式：

第一次从 5 缝插入 4 缝穿出破头股①。

第二次从 6 缝插入 5 缝穿出破头股②。

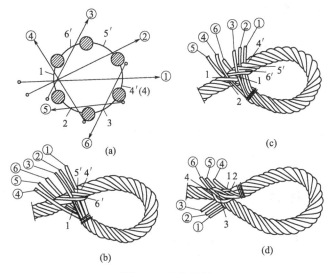

图 5.6 起头编制

第三次从 1 缝插入 6 缝穿出破头股③。

第四次从 2 缝插入 1 缝穿出破头股④。

第五次从 3 缝插入 2 缝穿出破头股⑤。

第六次从 4 缝插入 3 缝穿出破头股⑥。

按次序插穿 18 次完成中间编制工作，如图 5.7(a) 所示。

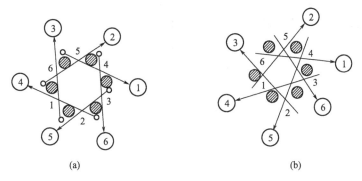

图 5.7 中间插接的两种方法

第二种形式：

第一次从 6 缝插入 4 缝穿出破头股①。

第二次从 1 缝插入 5 缝穿出破头股②。

第三次从 2 缝插入 6 缝穿出破头股③。

第四次从 3 缝插入 1 缝穿出破头股④。

第五次从 4 缝插入 2 缝穿出破头股⑤。

第六次从 5 缝插入 3 缝穿出破头股⑥。

按次序插穿 18 次完成中间编制，如图 5.7(b) 所示。

c. 收尾编制　只需编制三次，其中第①、③、⑥破头股不插穿，只穿插②、④、⑤破头股。

第一次从 6 缝插入 5 缝穿出破头股②。

第二次从 2 缝插入 1 缝穿出破头股④。

第三次从 4 缝插入 3 缝穿出破头股⑤。

以上经过起头编制、中间编制和收尾编制三步共 27 次穿插后，完成了一进三的绳扣编制工作。

5.1.2 捆绑点

重物的捆绑点是指重物在吊装中捆绑绳与重物相接触部分集中受力的点。捆绑点都是为重物起吊而设定的，也称为吊点。

(1) 捆绑点的确定

设备和钢筋混凝土制成的构件，一般在加工制造时就配制了吊耳（吊环、吊孔等），装箱设备一般也都有明显的捆绑点标记。这些都是确定的捆绑点，称为指定捆绑点。重物上没有指定捆绑点时，分以下三种情况来确定捆绑点的位置。

① 对于外形复杂、挠性较大、体积较大的重物，如锅炉组合件的捆绑点，必须经过计算来确定。

② 对于外形简单和经常吊装的重物，按有关规定来选择捆绑点。例如：框架类重物的捆绑点必须在杆件的结点上；钢筋混凝土构件的捆绑点，必须使主要受力钢筋面朝下；捆绑点在构件的两端。

③ 那些需要起重安装施工人员自己确定的捆绑点，称为自选捆绑点，自选捆绑点的选择和使用，必须遵循以下原则。

a. 因捆绑点是应力集中的地方，所以重物的捆绑点必须满足强度的要求。

b. 捆绑点的选择应保证重物具有足够的刚度，即重物经捆绑起吊后不得产生残余变形。

c. 捆绑点之间的受压杆件要有足够的稳定性，防止重物因杆件失稳遭到破坏。

d. 捆绑点对捆绑绳不得有切割或其他损坏捆绑绳的现象。

e. 捆绑绳不得在捆绑点处发生窜动或滑动的现象。

在起重安装施工中，只有按照上述原则并根据具体情况进行捆绑点选择，才可以保证起重安装作业的安全。

(2) 捆绑点受力的方向性

重物上的捆绑点受力也是有方向性的，如果不注意这个问题，往往会使捆绑点的强度减弱或遭到破坏。例如：预制构件上供吊装使用的钢筋吊耳，是制成环形的钢筋预埋在构件内的，钢筋吊耳的抗拉强度很高，能够满足吊装的需要，但是，如果捆绑绳夹角太大，会使吊耳受较大的水平分力而产生弯曲变形，甚至还会把吊耳周围的混凝土挤坏；另有一些设备上的吊耳向上受力时能够满足其强度要求，若使该吊耳水平受力时就会使吊耳产生弯曲力矩。因此，重物上的吊耳和自选的捆绑点，在使用时都必须注意方向性。

(3) 捆绑点的加固

由制造厂装配的设备吊耳，已经过周密的设计和计算，一般无需加固；需加固的通常是自选捆绑点，捆绑点的加固有以下两种形式。

① 扩大受力面积 若设备或加工件捆绑点处局部承载能力太弱，则以扩大该点处受力面积的办法，来减小捆绑点处的局部应力。例如：薄壁类设备——灰斗、烟风道、箱罐等，都在捆绑点处加焊一块较厚且面积较大的钢板。

② 支撑加固 有的重物在吊装中，受到捆绑绳的挤压有发生变形的可能。为了防止重

物变形，可用支撑加固。例如：开口的箱形设备在起吊时，由于捆绑绳间的水平压力可能会使设备变形，因此在设备受挤压处用支撑加固，如图5.8所示。

在吊装风道时，采用图5.9的方法，就可以改变捆绑点的受力方向，防止风道在吊装过程中受到捆绑绳水平分力的作用而产生变形或受损。

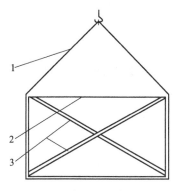

图5.8 风道吊装示意图（一）

1—捆绑绳；2—风道；3—加固剪刀撑

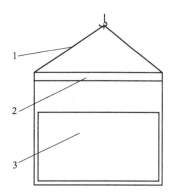

图5.9 风道吊装示意图（二）

1—捆绑绳；2—支撑扁担；3—风道

5.2 兜绳捆绑法

把捆绑绳兜在重物的两端或底部的捆绑起吊方法，称为兜绳捆绑法。此法操作简单，容易掌握，适用范围广，是起重安装作业中最常用的捆绑方法之一，特别是在设备、材料的装卸车和倒运中，该法得到了广泛的应用。

5.2.1 对子绳兜绳捆绑法

将对子绳的四个单头挂在吊钩上，将捆绑绳的中段兜在重物的两端或底部的方法称为对子绳兜绳捆绑法。

图5.10是用对子绳起吊带斜角托板的设备箱。对子绳兜绳捆绑法适用于装箱设备、无吊耳的钢筋混凝土构件、带钢托架的或外形比较规则的设备捆绑。

5.2.2 环绳兜绳捆绑法

有指定捆绑点的装箱设备捆绑时，如果捆绑点不在设备箱的两端，而是在设备箱托板偏里边的地方，如图5.11所示，虽然可以用对子绳兜绳捆绑法，但在捆绑重物时，需把捆绑绳头从吊钩上摘下，再从设备箱底部捆绑点处穿过后挂在吊钩上，才能捆绑起吊重物。在设备倒运施工中，有些设备箱的托板由于停放时间过久。

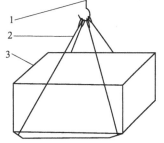

图5.10 对子绳兜绳捆绑法

1—吊钩；2—捆绑绳；3—设备箱

其木质托板的强度已不可靠，为了避免托板在起吊过程中断裂，也是把绳头从托板底下穿过后再挂钩。

这种需将绳头穿过托板再进行捆绑的操作，每进行一次都得把吊钩下降到施工人员便于操作的高度，特别是对子绳很长或这种施工操作较频繁时，吊钩的大起大落要耽误很多时间。为了提高效率、便于操作，兜绳捆绑法就以图5.11所示的形式出现。

图 5.11 所示的捆绑方法，是把对子绳的中段挂于吊钩上，其绳头分别从重物底部穿过，再把同一根带子绳用卡环对接起来，这种兜绳捆绑法，称为环绳兜绳捆绑法。

为了操作方便和尽可能少地起落吊钩，卡环连接的位置应放在捆绑绳受力后，便于施工人员操作的高度上。

环绳兜绳捆绑法不仅可以在托板下穿绳头，而且也可以像对子绳兜绳捆绑法那样，兜挂设备箱托板的斜角。这种方法系解容易，省时省力，使用起来灵活方便。

但是，环绳兜绳捆绑法在使用中，如不注意被捆绑重物的特点也容易出问题。因为捆绑绳在吊钩上存在着窜动趋势。如图 5.12 所示，用环绳兜绳捆绑法捆绑重心横向偏心的重物时，尽管吊钩与重物重心在同一条垂直线上，但由于吊钩两边的绳股串通，且受力大小不等，因此，受力小的绳股就存在向受力大的绳股窜动的趋势。

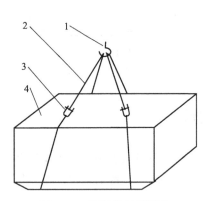

图 5.11 环绳兜绳捆绑法
1—吊钩；2—捆绑绳；3—卡环；4—设备箱

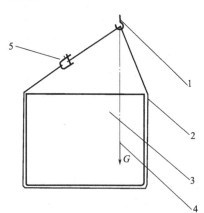

图 5.12 环绳兜绳捆绑（重心横向偏心）
1—吊钩；2—捆绑绳；3—设备箱；
4—重心位置；5—卡环

5.2.3 单绳兜绳捆绑法

用一根带子绳，把带子绳的中间和两个单头都挂在吊钩上，用吊钩上垂下的两个绳圈兜挂捆绑重物，这种方法称为单绳兜绳捆绑法，如图 5.13(a) 所示。

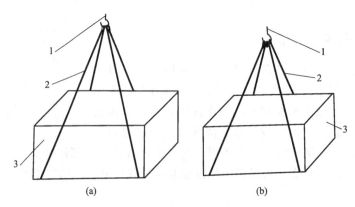

图 5.13 单绳兜绳捆绑法
1—吊钩；2—捆绑绳；3—设备箱

两根不等长的带子绳用卡环连接起来，当作一根捆绑绳用，进行兜绳捆绑重物的方法，也属于单绳兜绳捆绑法。在进行起重安装施工时，习惯上把绳的中间和两个绳头同时挂在吊钩上的方法称为挂三个头，并把绳的中间称为双头，以区别两个编制有绳扣的单头。

单绳兜绳捆绑法，可以把带子绳的两个单头放在双头的两边，也可以先挂双头，再把两个单头挂于双头的同一侧。为了方便挂钩，以后一种挂绳法为好。

单绳兜绳捆绑法，由于受力的绳股互相串通，一旦吊钩两侧的捆绑绳受力不均，且差值大于捆绑绳在吊钩上的摩擦力时，捆绑绳就会在吊钩上窜动，为此把捆绑绳的中间在吊钩上绕一圈（称为空圈）。在一般情况下，空圈所产生的摩擦力，可以防止捆绑绳在吊钩上窜动，如图 5.13（b）所示。

在特殊情况下，吊钩上的空圈所产生的摩擦力，抵消不掉捆绑绳股间的受力差值，捆绑绳仍在吊钩上窜动。如果重物只需要吊离地面少许后作短距离水平移动，可采用压绳法，让捆绑绳在吊钩上的摩擦力增大到足以防止捆绑绳的窜动。

压绳法使捆绑绳在吊钩上产生的摩擦力的大小，与操作者的技巧和吊钩与钢丝绳间的摩擦情况有关。压绳法的操作，是把张力大的绳股压在张力小的绳股之上，捆绑绳受力前，靠人力把绳拉紧，使捆绑绳的空圈贴附于吊钩周围表面。压绳法适用于绳径较小的捆绑绳。由于压绳法的安全性差，因此，重物需吊离地面较高时，禁止使用压绳法进行起重安装作业。单绳兜绳捆绑法与对子绳兜绳捆绑法相比较。无论是安全可靠性，还是兜绳操作，后者均优于前者，因此，不提倡用单绳兜绳捆绑法捆绑起吊重物。

5.2.4 空圈兜绳捆绑法

把对子绳的四个单头挂在吊钩上，每根绳的中间在重物上打一个空圈来捆绑起吊重物的方法，称为空圈兜绳捆绑法。

前面介绍了空圈的作用，在于增加捆绑绳与被缠绕物体之间的摩擦力，以避免捆绑绳在物体上滑动。空圈兜绳捆绑法中所以要打一空圈，也是为了防止捆绑绳在重物上滑动而采取的措施。

在电站施工现场进行顶棚大梁的装车吊运时，由于该设备长 19m，捆绑点相距很近；在发电机穿转子作业中第一次穿吊捆绑时，转子和接长轴的总长度有 11m 多，为了第一次多穿进一些，捆绑点相距更近，仅有 300mm。在起重吊装实践中知道，较长的重物在作水平吊运时，两捆绑点相距越近，其摆动的幅度就越大，捆绑绳在重物上滑动的危险性也就越大。为了防止重物在大幅度的摆动中滑绳，吊运此类设备时常用空圈兜绳捆绑法，如图 5.14 所示。

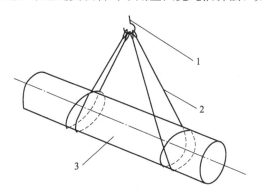

图 5.14 空圈兜绳捆绑法
1—吊钩；2—捆绑绳；3—重物

5.2.5 兜绳捆绑法的使用注意事项

① 各种兜绳捆绑法，要按其适用的范围来使用。

② 兜绳捆绑法捆绑重物托板的斜角，其斜面与水平面的夹角应在 15°～45° 之间。如果该角度过大，捆绑绳在托板斜角处有滑脱的危险。此时应将捆绑绳兜挂于斜角台内，如图5.15 所示。

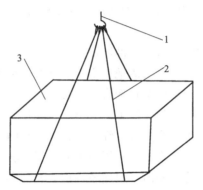

图 5.15　捆绑绳兜挂于斜角台内

1—吊钩；2—捆绑绳；3—设备箱

③ 使用对子绳兜绳捆绑法时，当捆绑绳与重物为钢与钢的摩擦时，两根捆绑绳所组成的两个平面的夹角应控制在 30°以内。

④ 兜绳捆绑法起吊弹性变形较大的钢板、钢筋等重物时，不宜用对子绳兜绳捆绑法，必须用空圈绳捆绑法。这是因为当捆绑点相距较远时，重物变形如图 5.16(a) 所示，捆绑绳有从重物两端头滑脱的危险；当捆绑点相距较近时，重物变形如图 5.16(b) 所示，捆绑绳又有向中间滑动的可能，所以，不宜用对子绳兜绳捆绑法捆绑起吊这类重物。

⑤ 兜绳捆绑法起吊重物，在下列两种情况下必须在捆绑绳与重物间垫以软物或焊制半圆管，以防止捆绑绳滑移或被割伤：其一是当捆绑点处为锐利的棱角时；其二是当捆绑绳与重物间是钢与钢的摩擦，捆绑绳平面间的夹角大于 30°时。

⑥ 使用环绳和单绳兜绳捆绑法捆绑起吊重物时，必须注意物体的重心是否有偏心现象，以防止捆绑绳在吊钩上窜绳。

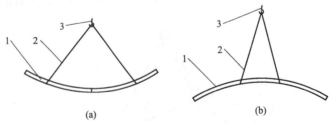

(a)　　　　　　　　　　　　　　(b)

图 5.16　兜绳捆绑法起吊弹性变形较大的重物

1—钢板；2—捆绑绳；3—吊钩

5.3　卡绳捆绑法

用卡环把捆绑绳卡出一个绳圈，用这个绳圈捆绑起吊重物的方法，称为卡绳捆绑法。卡绳捆绑重物的操作程序，一般是把捆绑绳头从重物的底下穿过，然后，用卡环把单头与中段卡接起来，如图 5.17 所示。

卡绳捆绑法的特点是捆绑绳在卡环中可以自由窜动，当捆绑绳受力后，绳圈在捆绑点上对重物有一个束紧力，使捆绑绳与重物表面的摩擦力增大。束紧力所产生的摩擦力很大，即使重物倾斜到竖直的程度，捆绑绳在重物表面也不会产生滑动现象，如图 5.18（a）所示。在施工中，为了保证安全。当捆绑绳直径与物体重量匹配较差、绳径偏大时，把捆绑绳的单头在重物的捆绑点处绕一个空圈，再用卡环卡接捆绑重物，这种方法称为空圈卡绳捆绑法，如图 5.18（b）所示。

空圈卡绳捆绑法不仅可以获得比卡绳捆绑法更大的束紧力，而且可以使捆绑绳的垂直高度缩短。所以，当吊装机械的钩下高度有限，捆绑绳又较长时，可以在捆绑点处打两个或三个空圈，从而把重物的起吊高度增加到能够满足需要的程度。另外，卡环可以固定在重物捆绑点横向表面的任何位置上，而不受捆绑绳受力方向的制约，如图 5.19 所示。

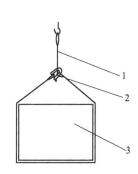
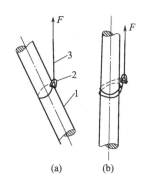
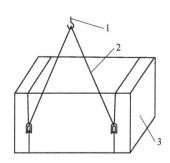

图 5.17 卡绳捆绑法　　　　图 5.18 卡绳捆绑法（一）　　　图 5.19 卡绳捆绑法（二）
1—捆绑绳；2—卡环；3—重物　　1—重物；2—卡环；3—捆绑绳　　1—吊钩；2—捆绑绳；3—重物

根据卡绳捆绑法的上述特点，卡绳捆绑法就成了控制捆绑绳在捆绑点处滑动时的有效手段。根据不同的重物、捆绑绳情况以及不同的吊装需要，卡绳捆绑法可分为以下几种。

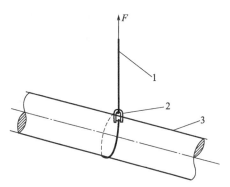

图 5.20 "三单"卡绳捆绑法
1—捆绑绳；2—卡环；3—重物

5.3.1 单绳、单点、单股受力卡绳捆绑法

该方法简称为"三单"卡绳捆绑法，如图 5.20 所示，用一根带子绳，把带子绳的一个单头挂在吊钩上，另一个单头用卡环卡接于重物的捆绑点处。

因为是一个捆绑点，所以，这个捆绑点与重心在同一条垂线上；又因为是单股受力，所以当捆绑绳受力后必然使捆绑绳发生松股现象。捆绑绳松股会有以下三种情况：

① 重物未吊离地面前，或重物吊离地面有人扶持的情况下，吊钩可能旋转。

② 重物吊离地面后无人扶持的情况下，重物可能产生旋转。

③ 起吊时钢丝绳伸长，卸载后捆绑绳可能产生扭结。

由于捆绑绳松股会造成卸载后迅速回转，严重的会使绳扭成麻花样，因此在施工中一般不采用"三单"卡绳捆绑法。

5.3.2　单绳、单点、双股受力卡绳捆绑法

该方法简称"两单一双"卡绳捆绑法，如图 5.21 所示。用一根带子绳，把带子绳的中间（双头）挂在吊钩上，把两个单头用卡环卡接在同一个捆绑点上。

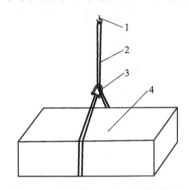

图 5.21　"两单一双"卡绳捆绑法
1—吊钩；2—捆绑绳；3—卡环；4—重物

与"三单"卡绳捆绑法相比，它的特点是：

① 不会发生松股现象。

② 起吊同样的重物，捆绑绳单股受力减少一半，安全系数可以提高一倍。

"两单一双"卡绳捆绑法要求捆绑绳的中间（双头）挂在吊钩上有以下几个原因：

① 捆绑绳在吊钩上的弯曲半径，比在卡环轴销上的弯曲半径大得多，捆绑绳受弯后对其起重能力影响较小。

② 绳的中间在吊钩上受力后引起的塑性变形，比在卡环轴销上受力后引起的塑性变形要小得多。

③ 特别是空圈卡绳捆绑法，捆绑绳在捆绑点处容易造成重叠挤压，引起受力的两绳股受力不均，降低了捆绑绳的实际安全储备。而双头挂于吊钩上，就可以避免这种现象。

"三单"和"两单一双"卡绳捆绑法多用于重量较轻的设备吊装、倒钩等起重安装作业中。例如，在管道安装的过程中，都是采用这两种卡绳捆绑法进行捆绑吊装的，因为这个"单点"刚好捆绑在重心之上，施工人员只需扶住重物的一头，就可以使重物随心所欲地上下倾斜和水平旋转。

5.3.3　单绳两点卡绳捆绑法

把一根带子绳的中间挂于吊钩上，把两个绳头等距离地卡接于重物重心的两侧，这种卡

绳捆绑法称为单绳两点卡绳捆绑法，如图 5.22 所示。

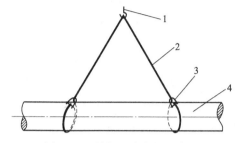

图 5.22　单绳两点卡绳捆绑法

1—吊钩；2—捆绑绳；3—卡环；4—重物

单绳两点卡绳捆绑法的使用安全注意事项：

① 水平吊装重物，两个捆绑点要与重物的重心对称等距，必须把捆绑绳的正中间挂在吊钩上。

② 带子绳的两个绳头应从重物纵轴的同一侧穿过重物，以便起吊后把重物束紧。

③ 捆绑起吊散放的重物，如平堆在地上的钢筋、角铁等型钢时，卡环的轴销应与绳头相连，以避免绑绳在卡环内窜动时，使轴销被旋出造成事故或轴销被旋得太紧，导致拆卸困难。

④ 禁止把带子绳的一个单头穿到另一个单头中代替卡环进行捆绑起吊重物。因为在绳圈受力对重物束紧的过程中，钢丝绳会因摩擦而产生严重损伤。

⑤ 用于多根管子同时捆绑水平起吊时，必须使用空圈卡绳捆绑法，重物在吊离地面前应不断摇动空圈，以使捆绑绳尽可能束紧。

5.3.4　双绳两点卡绳捆绑法

把对子绳的两个单头挂在吊钩上，另外两个单头用卡环分别卡接在重物的捆绑点处，这种捆绑起吊重物的方法称为双绳两点卡绳捆绑法，如图 5.23(a) 所示。

当重物的重量较大，对子绳长度允许的情况下，两股受力改为四股受力，如图 5.23(b) 所示，这样，捆绑绳不变就可以把它的承载能力提高近一倍。捆绑挂绳时，和"两单一双"卡绳捆绑法一样，把带子绳的双头挂于吊钩上。

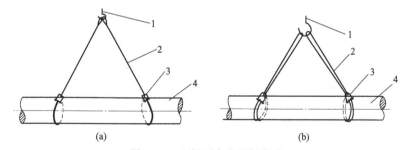

(a)　　　　　　　　　　　　　　　　　(b)

图 5.23　双绳两点卡绳捆绑法

1—吊钩；2—捆绑绳；3—卡环；4—重物

5.3.5　双绳四点卡绳捆绑法

双绳四点卡绳捆绑法，是把对子绳的中间挂于吊钩上，四个绳头分别卡在四个捆绑点处进行重物吊装的方法，如图 5.24 所示。

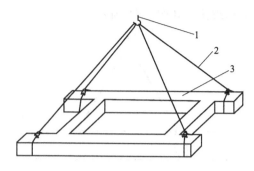

图 5.24　双绳四点卡绳捆绑法

1—吊钩；2—捆绑绳；3—重物

在起重安装施工中使用双绳四点卡绳捆绑法，多为吊装桁架结构的重物，四个捆绑点与重心等距离。例如，龙门起重机大梁的吊装，发电机定子专用吊笼的吊装，都是采用双绳四点卡绳捆绑法。

双绳三点卡绳捆绑法，实际是根据重物的具体情况，把对子绳中一根绳的两个单头卡在同一个捆绑点上。例如，卷扬机的起吊捆绑，把对子绳中一根绳的两个单头，卡接在托架同一端的两个角处，另一根绳的两个单头卡接于卷扬机卷筒上，就是这种情况。

5.3.6　卡绳捆绑法的使用安全注意事项

① 卡绳捆绑法，必须是绳头与卡环的轴销相连，捆绑绳在 U 形环内窜动。

② 用单点空圈卡绳捆绑法捆绑多根细长重物并垂直起吊时，所捆绑重物的数量不宜多于 3 根，因为这样可以使捆绑绳与重物间有较好的接触，从而避免重物竖直后产生滑脱坠落。

③ 用空圈卡绳捆绑法捆绑重物时，必须确认捆绑点处的捆绑绳在没有叠压的情况下，方可将重物吊离地面。

5.4　卡环连接捆绑法

用卡环把捆绑绳的单头和重物上的吊环、吊耳连接起来，进行起吊重物的捆绑方法，称为卡环连接捆绑法。

重物上如果有丝杆吊环、预埋在钢筋混凝土构件内的钢筋吊环、焊接于钢结构上的吊耳和钢筋吊环及其他形式的吊耳时，就应采用卡环连接捆绑法，如图 5.25 所示。

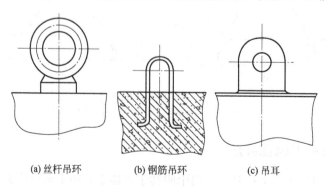

(a) 丝杆吊环　　　　(b) 钢筋吊环　　　　(c) 吊耳

图 5.25　常用吊环的形式

根据重物上所设吊点的数量，以及施工中使用捆绑绳的情况，卡环连接捆绑法可分为"三单"、"两单一双"、"单绳两点"、"双绳两点"、"双绳两点四股受力"和"双绳四点"六种捆绑方法。

5.4.1 "三单"和"两单一双"卡环连接捆绑法

把一根带子绳的一个单头挂于吊钩上，另一个单头用卡环连接于吊环（或吊耳）上，这种捆绑起吊重物的方法，称为"三单"卡环连接捆绑法，如图5.26(a)所示。

把一根带子绳的中间挂在吊钩上，把两个单头用一个卡环连接于同一个吊环（或吊耳）上，这种捆绑起吊重物的方法，称为"两单一双"卡环连接捆绑法，如图5.26(b)所示。

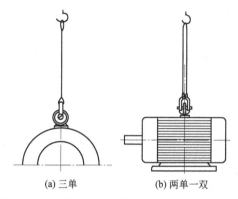

(a) 三单   (b) 两单一双

图5.26 "三单"和"两单一双"卡环连接捆绑法

这两种捆绑方法，适用于吊装同一类重物。例如，汽轮机和汽轮发电机的转子轴瓦、轴承盖的吊装捆绑，电动机以及汽轮机缸体上的大螺栓、辅机设备上的一些壳、罩、盖等小件重物的吊装捆绑，一般都使用这两种捆绑方法。

5.4.2 "单绳两点"和"双绳两点"卡环连接捆绑法

把捆绑绳的中间（双头）挂在吊钩上，把带子绳的两个单头用卡环分别连接在两个吊环上，这种方法称为单绳两点卡环连接捆绑法，如图5.27所示。

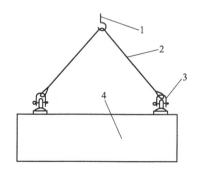

图5.27 单绳两点卡环连接捆绑法

1—吊钩；2—捆绑绳；3—卡环；4—重物

把对子绳中每根绳的一个单头挂在吊钩上，把另一个单头分别用卡环连接在两个吊环上，这种方法称为双绳两点卡环连接捆绑法（图略）。

这两种捆绑方法除用绳不同和挂钩的方法不同外，再找不出不同点，它们都适用于设有两个吊点可供卡环连接的重物。但是，单绳两点卡环连接捆绑法需将带子绳的中间在吊钩上打一空圈，这样不仅使带子绳的中间受弯变形，而且绳的中点掌握不好，使吊钩两侧的绳长不等，重物吊起后就会倾斜而不利于安装就位。所以，双绳两点卡环连接捆绑法优于单绳两点卡环连接捆绑法。

5.4.3 "双绳两点四股受力"和"双绳四点"卡环连接捆绑法

把对子绳的中间（双头）挂于吊钩上，把同一根带子绳的两个单头，用卡环连接在同一个吊耳上的捆绑方法，称为双绳两点四股受力卡环连接捆绑法，如图5.28(a) 所示。

把对子绳的中间挂在吊钩上，四个单头分别用卡环连接于四个吊耳上来起吊重物的方法，称为双绳四点卡环连接捆绑法，如图5.28(b) 所示。

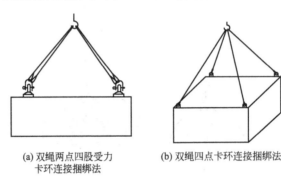

(a) 双绳两点四股受力　　　　　　(b) 双绳四点卡环连接捆绑法
卡环连接捆绑法

图5.28　双绳两点四股受力和双绳四点卡环连接捆绑法

5.4.4 卡环连接捆绑法的使用安全注意事项

① 在同一吊点上有两股绳受力时，必须把捆绑绳的中间（双头）挂在吊钩上，把两个单头用卡环连接于吊耳上。

② 凡用双绳四点卡环连接捆绑法捆绑重物时，必须把同一根带子绳的两个单头用卡环连接在重物纵向同一端头的两个吊耳上。

③ 在使用丝杆吊环时必须注意，应将吊环丝杆的丝扣上满，以免丝杆螺纹破坏或丝杆受弯变形。

④ 使用钢筋吊环和板式吊耳时，由于它们都有较强的方向性，即抗拉性能较好，抗弯性能较差，因此捆绑绳间的夹角应控制在较小的范围以内。

5.5　缠绕捆绑法

缠绕捆绑法是把吊钩（滑车攀或其他专用工具）和设备本身（设备上的吊耳），用钢丝绳缠绕捆绑起来，进行起重吊装的捆绑方法。

缠绕捆绑法所使用的捆绑绳，是两头不编插绳扣的绳段。其直径的大小和长度，要根据捆绑绳的受力大小、受力股数和捆绑点的具体情况，经过计算确定。缠绕捆绑法，按吊装时的需要，可分为松缠和紧缠两种。重物的捆绑需要紧缠时，应在吊钩与重物间打紧木楔。

缠绕捆绑法适用于那些重量大，以卷扬机为吊装动力，以滑车组来牵引提升的设备吊装。例如，20×10^4 kW 汽轮发电机组设备中146t 的发电机静子、230t（充满油时）的主变压器以及 94t 的锅炉大汽包等设备的吊装。

缠绕捆绑法的特点是：可以用较小的捆绑绳捆绑起吊较重的设备，用增加受力股数的办法，解决钢丝绳抗拉强度不足的问题；捆绑绳的垂直高度调节幅度较大，可以有效地缩短吊钩与重物的距离，以解决重物起吊高度不足的问题。

根据设备的吊耳和起重机的吊钩（或滑车攀）所在平面的不同，缠绕捆绑法的缠绕形式，可分为顺绕捆绑法和交绕捆绑法。

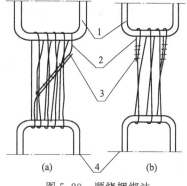

图 5.29　顺绕捆绑法

1—卡环（或吊钩、滑车攀）；

2—捆绑绳；3—绳夹；4—吊耳

5.5.1　顺绕捆绑法

顺绕捆绑法就是钢丝绳在平行于同一个平面的方向上，缠绕捆绑重物的方法，如图 5.29 所示。它适用于吊钩平面（或滑车攀）与吊耳轴线（或设备本身）基本在同一平面的设备起吊捆绑。

① 当吊钩与吊耳的间距较远时，顺绕捆绑绳段的两头对接后用绳夹夹紧（简称对接卡固）。尽管对接卡固的绳段要压在其他受力绳股上，但是，由于吊钩与吊耳相距较远，可以不考虑捆绑绳在吊钩侧面叠压而产生绳股受力不均的问题，如图 5.29(a) 所示。

② 当吊钩（卡环、滑车攀）与吊耳的间距很小时，捆绑绳的两个单头对接卡固，就容易使卡绳段与捆绑绳叠压而使各股受力不均。另外，由于吊钩与吊耳间距太近，不允许在很短的距离内卡固很多的绳夹。因此，两个绳头用绳夹卡固它们的回头，这种卡固方法简称回头自卡，如图 5.29(b) 所示。

由于回头自卡顺绕捆绑法一般不会产生绳股间的重叠挤压，容易达到各段受力均匀，所以，只要条件许可应尽量采用回头自卡的方法。

③ 起吊滑车组的定滑车用顺绕捆绑法固定于较宽的吊挂梁上，且定滑车与吊挂梁很近时，不宜用回头自卡的方法固定捆绑绳的两个单头。因为，两个绳头分别从梁的两侧垂下，若回头自卡于滑车攀上，定滑车受力后绳头将产生较大的水平分力，而且这两个水平分力的方向相反，滑车必定扭转一个角度，使滑车组的有效钩下高度减少。所以，在上述情况下固定滑车，仍然采用对接卡固，只是在进行捆绑时要特别注意各股绳受力的均匀问题。

5.5.2　交绕捆绑法

当吊钩的平面与设备吊耳的轴线互成 90°时，应采用交绕捆绑法。交绕捆绑法是指任意一受力绳股和与它相邻并串通的两股绳，所组成的两个竖直平面互成 90°的缠绕捆绑法。

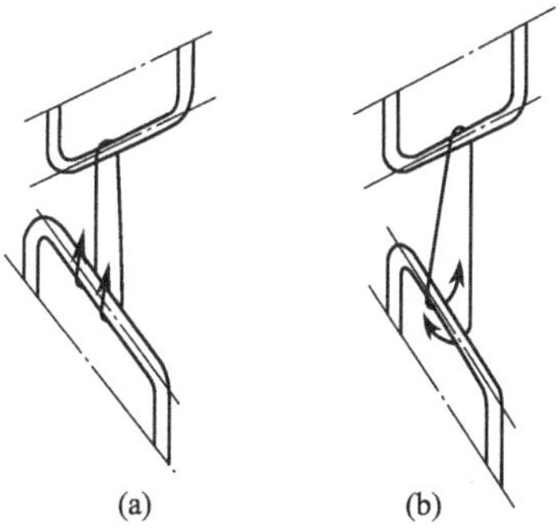

交绕捆绑法与顺绕捆绑法一样，绳头的固定方式也分为对接卡固和回头自卡两种。采取哪一种方法来固定绳头，与顺绕捆绑法的条件相同。但是，交绕捆绑法在使用中，捆绑绳的中间搭在吊钩或滑车攀上后，两个绳头一般不从吊耳的同一侧进行缠绕，如图 5.30(a) 所示，而应分别从吊耳的两侧进行缠绕，如图 5.30(b) 所示。

图 5.30　交绕捆绑法

5.5.3 缠绕捆绑法的使用注意事项

① 进行缠绕捆绑操作时，各受力绳股间不得有重叠挤压现象，使各股绳受力均匀。

② 缠绕捆绑法捆绑起吊重物时，受力绳股一般均在 16 股以上，因此，捆绑绳的安全系数不得低于 10。

③ 因为捆绑绳的受力股数越多，捆绑绳受力不均匀系数就越大，所以，用缠绕捆绑法捆绑重物时，应尽可能地选用绳径较大的钢丝绳，以减少受力绳股数。

④ 捆绑绳在捆绑点处有滑动趋势时，必须对捆绑绳采取防滑措施。例如，用木楔将捆绑绳楔紧，或在捆绑绳有滑动趋势的方向上焊接限位装置。

⑤ 捆绑绳与棱角接触的地方必须垫好木板或焊接半圆管。

5.6 调绳捆绑法

通过调节捆绑绳的长度，来满足某种吊装位置角度需要的捆绑方法，称为调绳捆绑法。不同的设备根据吊装的工艺要求，有特殊的捆绑法。例如，汽轮机转子在检修中，从缸内吊出或吊进缸内；电动机穿转子等许多设备的吊装，都必须使设备起吊后很平（其水平度甚至要用水平尺作两个方向的找平）。又如，主变压器上斜向吊装的高压套管，则需要将其水平或垂直起吊后，在空中调整成倾斜状态就位。这些设备的吊装捆绑均属于调绳捆绑法。

根据设备的不同，吊装的工艺要求不同，调绳捆绑法可分为以下几种。

5.6.1 移绳调平法

利用捆绑绳在捆绑点处或吊钩上的移动，来改变捆绑点的位置或改变受力绳股的长度，使重物调平的方法，称为移绳调平法。

一般梁、管道类细长重物，在两点捆绑的水平吊装中，当重物吊离地面发现倾斜时，根据绳的长度和捆绑点的位置不同，可以分别采用改变捆绑点的位置或改变受力绳股长度的方法使重物吊平。

① 当使用一根带子绳，捆绑点位置不能进行再选择时，可用改变捆绑绳受力绳股长度的方法，对重物进行调平作业，如图 5.31(a) 所示。

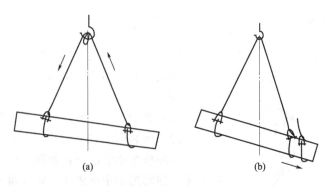

图 5.31 移绳调平法示意图

② 在捆绑点可以进行再选择的情况下，用改变捆绑点位置的方法对重物进行调平作业，如图 5.31(b) 所示。

图 5.31 中箭头所示的方向为捆绑绳的调整方向，捆绑绳的调整应在不受力的情况下进行。对于梁、钢管之类的重物吊装，其水平度要求不高，所以移绳调平法可以满足吊装的需要。

5.6.2 丝杆、花篮螺栓调绳法

将丝杆或花篮螺栓串联于吊钩和重物之间的捆绑绳中，通过调整捆绑绳的长度，来调整重物的水平度的方法，称为丝杆、花篮螺栓调绳法。

对于水平度要求较高的吊装工作，如发电机穿转子，因为汽轮发电机转子护环与静子气封处的间隙只有 6mm，转子要在很平的情况下穿吊。通过调整丝杆、花篮螺栓的长度可以精确地调整转子的水平度。在电站设备吊装中，凡串联有丝杆或花篮螺栓的捆绑索具，一般均为设备制造厂提供的专用吊装工具。

5.6.3 倒链调绳捆绑法

把倒链串联于捆绑绳中，通过调节捆绑绳的长度，来调整重物水平度，满足吊装要求的方法，称为倒链调绳捆绑法。

用丝杆或花篮螺栓，调整重物的水平度时，需要在空负荷情况下调整。而且要反复多次，若用倒链代替丝杆、花篮螺栓，可在捆绑绳受力的情况下，完成重物调平的工作。因此，倒链调绳捆绑法成了施工现场进行重物调平工作的重要手段。

当重物有两个捆绑点时，倒链调绳捆绑所使用的捆绑绳为一根带子绳和两根短绳头，倒链串联在两个短绳头中间，作为一根带子绳使用。图 5.32 所示是用倒链调绳捆绑法进行电动机穿转子的吊装。

当重物有四个捆绑点时，应使用"一长两短"的三绳捆绑法，即把一根长带子绳的双头挂在吊钩上，两个单头连接到重物纵向同一端的两个捆绑点上，把两根短绳（串联倒链的捆绑绳）连接到另外两个捆绑

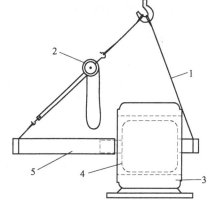

图 5.32 电动机穿转子的吊装

1—捆绑绳；2—倒链；3—电动机定子；4—电动机转子；5—接长假轴

点上。这样可以避免产生对角捆绑绳受力过大和吊装过程中的窜绳。

倒链调绳捆绑法在施工现场的广泛应用，不仅表现在重物的调平上，还用于重物的倾斜吊装中。

如图 5.33 所示，是某变压器厂生产的 SFP240000/330 型双卷变压器高压套管用倒链调绳捆绑法倾斜吊装的过程。

由于套管在吊装前都是水平搁置，因此要将套管先水平吊起，如图 5.33（a）所示，当套管吊离地面一定高度后，再用倒链调整捆绑绳的长度，使高压套管在空中旋转倾斜到吊装就位所需的角度，如图 5.33（b）所示。

高压套管用倒链调绳法倾斜吊装时，应注意以下几个问题：

① 吊装过程中设备的下部不得触地受力。

② 倒链在调绳操作时应缓慢，手拉链条不得与瓷件剧烈碰撞。

③ 高压套管在倾斜就位过程中，必须设专人监护套管在套筒中降落的情况，并及时调

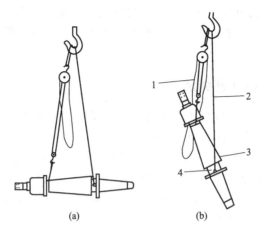

图 5.33　高压套管倾斜吊装

1—倒链；2—带子绳；3—高压套管；4—吊环

整倒链使其倾斜度符合吊装的要求。

5.6.4　调绳捆绑法在吊装作业中的应用实例

(1) 偏心设备组合件的倒链调绳捆绑法

电站锅炉设备的吊装中，为了提高安装效率，减少高空作业，及时发现并处理设备的缺陷，在吊装机械额定负荷的范围以内，设备应尽量在地面组合。在设备的组合件中，有一部分是外形复杂而且重心不对称的组件，顶棚大梁组件的安装就是这种情况。

由于组件外形复杂，重心偏移，使各捆绑点到吊钩的距离不等，各捆绑点的受力也不等，因此通用的捆绑绳无法满足吊装的需要。为了使重心不对称组件起吊后能保证水平，方便安装，故采用倒链调绳捆绑法，如图 5.34 所示。

重心不对称设备组合件调绳捆绑的注意事项：

① 由于重心不对称，设备组件各捆绑点到吊钩的距离不等，所以捆绑绳的长度应经过计算确定。

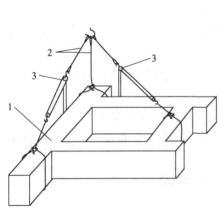

图 5.34　顶棚大梁组件的吊装

1—顶棚大梁组件；2—捆绑绳；3—倒链

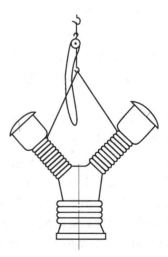

图 5.35　油开关的吊装

② 由于重心不对称设备组件各吊点的捆绑绳互不串通，捆绑绳实际受力与计算值误差较大，所以捆绑绳使用安全系数应取 10 以上。

③ 使用四绳调绳捆绑法时，在捆绑绳已经受力，但组件尚未吊离地面时，应使用倒链调整各捆绑绳的受力大小。

（2）设备吊装就位时的倒链调绳捆绑法

使用起升速度较快的起重机械吊装带瓷件的户外油开关时，为了保证设备就位平稳，瓷件不被损坏，稳妥、安全的办法就是在吊钩和捆绑绳间串联一个倒链，利用倒链起升速度缓慢、可进行微调的特点使设备顺利就位，如图 5.35 所示。

5.7 重心高于捆绑点的重物的捆绑法

在工程安装施工现场，重心高于捆绑点的重物很多，如塔式起重机的起重臂、主变压器、联络变压器、循环水泵电动机、大型变压器上的高压套管等设备，都是重心高于捆绑点的重物。这些捆绑点一般为指定捆绑点，常见的指定捆绑点形式有：浇铸的实心吊耳，如图 5.36(a) 所示；焊接的管式吊耳，如图 5.36(b) 所示；焊接的钩式吊耳，如图 5.36(c) 所示。

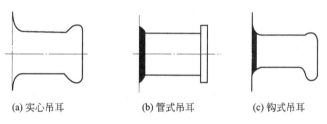

(a) 实心吊耳　　　(b) 管式吊耳　　　(c) 钩式吊耳

图 5.36　常见捆绑点的形式

根据设备上指定捆绑点的形式以及重物的结构特点，重心高于捆绑点的重物的捆绑常使用以下几种捆绑方法。

5.7.1　四绳捆绑法

用四根等长的带子绳，每根带子绳的一个单头挂在吊钩上，另一个单头分别用卡环连接到（或卡于或套于）四个吊点上的捆绑方法，称为四绳捆绑法，如图 5.37 所示。

在电站的设备和构件中，如钟罩式大型变压器、钢筋混凝土预制板等重物的吊装，常用四绳捆绑法。四绳捆绑法的突出优点在于捆绑绳在吊钩处不产生窜绳，缺点是四绳捆绑法捆绑起吊重物时，会造成四根带子绳的受力不等，对角捆绑绳受力过大。

鉴于上述原因，在使用四绳捆绑法时应注意以下事项：

① 捆绑绳编制时要尽量使四根绳的长度相等。

② 捆绑绳的安全系数应大于 10。

③ 重物四个吊点的高度要基本处在同一水平面内。

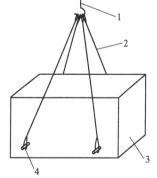

图 5.37　四绳捆绑法

1—吊钩；2—捆绑绳；

3—重物；4—吊耳

5.7.2 三绳捆绑法

用一根长带子绳和两根等长的短带子绳（长绳的长度为短绳长度的两倍），捆绑重心高于捆绑点的重物的方法，称为三绳捆绑法。三绳捆绑法在捆绑重物时，把两根短绳捆绑在重物纵向同一端的两个吊耳上，长绳的中间挂于吊钩上，两个单头捆绑在另外两个相邻的吊耳上，如图5.38所示。

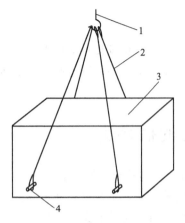

图5.38 三绳捆绑法
1—吊钩；2—捆绑绳；
3—重物；4—吊耳

三绳捆绑法最显著的特点是在重物的纵向不存在窜绳问题，两根短绳和长绳之间的平衡，可以通过吊钩与吊钩滑轮的连接轴来调节。在重物的横向，即使两根短绳编制时长度有少许误差，使重物产生少许倾斜，但两根绳间不会产生窜绳。而长带子绳由于是绳的中间挂于吊钩上，它将随着重物的少许倾斜而有少许窜绳现象。由此可见，在重物的横向，两根短绳制约着长绳在吊钩上的窜动，长绳反过来又调节了两根短绳的受力，避免了短绳间的受力不均。三绳捆绑法克服了四绳捆绑法捆绑绳受力不均的弱点，普遍地适用于一般重心高于捆绑点的重物。

5.7.3 双绳捆绑法

双绳捆绑法使用的都是对子绳。把对子绳的中间挂在吊钩上，同一根带子绳的两个单头捆绑于重物纵向的同一端，这种捆绑方法称为双绳捆绑法。用双绳捆绑法捆绑起吊的重物，捆绑绳在重物的重心上部必须和重物有接触，这样才能使重物在吊装过程中始终保持平衡和稳定，如图5.39所示。

从图5.39中可以看出，在重物的纵向是两根绳，不存在窜绳的可能；在重物的横向，由于捆绑绳与重物重心的上部有接触，捆绑绳水平方向的约束力制约了重物在空中旋转，所以双绳捆绑法吊装重物是安全可靠的。

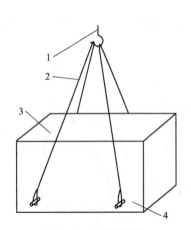

图5.39 双绳捆绑法
1—吊钩；2—捆绑绳；
3—重物；4—吊耳

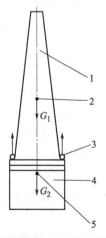

图5.40 配重法吊装重心高于捆绑点的重物
1—重物；2—重物的重心；3—捆绑点；
4—配重；5—组合体的重心

5.7.4 配重法

在重物的下部加上适当的配重，使重物和配重的组合体重心，降到捆绑点之下，然后捆绑起吊组合体的方法，称为配重法，如图 5.40 所示。

5.7.5 反向拖拉法

在重物起升的反方向，施加一个牵引力，以保证重物在吊装过程中保持平衡的吊装方法称为反向拖拉法，如图 5.41 所示。

反向拖拉法是一种不常见的吊装方法，但却能够在吊装作业中解决具体的困难。例如，一台塔式起重机 30m 长的起重臂是用两根 18m 长的扒杆进行吊装的，由于起重臂必须头朝斜上方起吊，而且扒杆比起重臂短得多，起吊的捆绑点在起重臂重心之下，为了保证起重臂在吊装中的平衡，在起重臂下部设一拖拉滑车组，使起重臂在吊装中始终保持倾斜状态，直

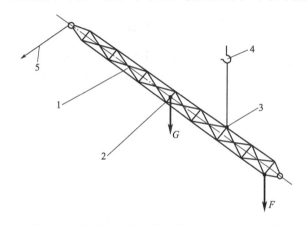

图 5.41　用反向拖拉法吊装塔式起重机的起重臂

1—起重臂；2—重心位置；3—捆绑点；4—吊钩；5—溜绳；F—反向牵引力；G—重力

至将起重臂安装好。

反向拖拉法的使用注意事项：

① 反向拖拉重物所需的牵引力必须经过计算确定，并据此选择起重机具。

② 反向拖拉绳的定滑轮、导向滑轮、地锚，必须牢固可靠。

③ 提升和拖拉两套滑车组的速度力求一致，当速度不同时（这是避免不了的）要密切注意调整，绝不允许两套滑车组产生对拉。

5.7.6 重心之上固定法

在重物的重心之上，用索具把捆绑绳和重物绑扎固定，起吊重心高于捆绑点的重物的方法，称为重心之上固定法。

用另外的索具把捆绑绳和重物在重心之上绑扎固定，使重物在倾翻时，受到捆绑绳在重心之上水平力的约束，重物在吊装作业中便可以保持稳定状态。

5.7.7 捆绑点上移法

对于不宜采用配重法和反向拖拉法捆绑起吊的重心高于捆绑点的重物，在起重机械的起

升高度及重物本身条件许可的情况下，把捆绑点移到重心之上，这种方法称为捆绑点上移法。

例如，一台有指定吊点的卷扬机，当卷筒上缠满钢丝绳时，重心不但较高，而且较偏。在它的捆绑起吊中常常出现捆绑绳在吊钩上窜动的现象，即使捆绑绳在吊钩上打上空圈，仍然止不住窜绳。此时，最好的解决办法就是将靠近卷筒的两个吊点处的捆绑绳移到卷筒上，使各捆绑点所在平面移到了重物重心之上。

5.8 其他捆绑方法

以上介绍了各种重物进行起重安装作业时常用的、比较正规的捆绑方法。施工一线的工程技术人员，经过多年的生产实践还总结出了一些简单、省时省力、安全实用的捆绑方法。

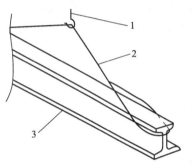

图 5.42 绳头套挂捆绑法
吊装工字钢

1—吊钩；2—捆绑绳；3—钢轨

5.8.1 绳头套挂捆绑法

大型的建设工地一般都有施工专用铁路和有轨起重机，还有用工字钢搭设的管道或其他锅炉设备的组合平台。这些钢轨和工字钢在吊装铺设时，数量多而且又是单根起吊，为了捆绑和解绳方便，常把一根带子绳或对子绳的绳头套挂在钢轨两端头的上翼缘（以此上翼缘作为自选捆绑点）进行捆绑吊装。这种捆绑方法称为绳头套挂捆绑法，如图 5.42 所示。

绳头套挂捆绑法的使用注意事项：

① 捆绑绳的夹角一般应在 90°左右。夹角太小，绳头有可能从重物端头滑出；夹角过大，绳头又会受到较大的水平力和重物端头锋利棱角的切割。

② 若使用一根带子绳时，带子绳的中间必须在吊钩上打空圈，以防止因窜绳而造成的重物坠落。

③ 起重机的动作应平稳，重物移动的方向，应尽量与重物的纵轴相垂直。

④ 重物吊离地面后移动时，离地高度应尽可能低。因为该方法捆绑的重物在其吊装作业中，稳定性较差。所以禁止使用绳头套挂捆绑法进行长距离的垂直运输。

⑤ 绳头套挂捆绑法，由于仅适用于细长的钢轨、工字钢的吊装捆绑，且捆绑绳夹角较大使重物成为压杆，因此，重物过长或捆绑绳太短时不得使用绳头套挂捆绑法。

5.8.2 穿绳兜挂捆绑法

没有指定捆绑点的设备、部件，当它的上面有孔洞，可以将捆绑绳头穿过孔洞，再将绳头挂在吊钩上的捆绑方法，称为穿绳兜挂捆绑法。图 5.43 所示是吊装车轮的捆绑方法。

穿绳兜挂捆绑法的捆绑点为自选捆绑点，在使用时应注意以下几个问题：

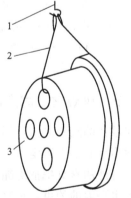

图 5.43 穿绳兜挂捆绑
法吊装车轮

1—吊钩；2—捆绑绳；
3—车轮

① 重物上的孔洞边缘多有锋利的棱角，利用孔洞作为捆绑点，必须注意保护捆绑绳，必要时加以衬垫避免割坏捆绑绳。

② 由于孔洞不是指定捆绑点，必须确认其强度或刚度可靠后方可使用。

③ 因为穿绳兜挂捆绑法捆绑重物时，一般均是带子绳的中间段与孔洞接触，钢丝绳在捆绑点处的弯曲半径往往较小，所以捆绑绳安全系数应大于 10。

5.8.3 别绳捆绑法

用钢管、钢筋或其他细长的物体，别住绳头并主要由它受力，来捆绑起吊重物的方法称为别绳捆绑法。在工程施工现场，水平放置的钢丝绳盘、电缆盘类重物的起吊捆绑，常把带子绳的两个单头穿过盘的中心孔，再把一根钢管穿进绳扣，而后把带子绳的双头挂于吊钩上，当吊钩起升时，钢管别住绳头并托住重物起升，如图 5.44 所示。

还有一种别绳捆绑法。例如，捆绑绳较长，用绳头套挂捆绑法起吊单根钢轨时，由于捆绑绳间夹角远远小于 90°，绳头有从钢轨端头滑脱的危险。所以，用一根钢筋穿过钢轨端头的鱼尾板连接孔，在钢轨两侧别住绳头，阻止绳头滑脱，保证吊装安全，如图 5.45 所示。

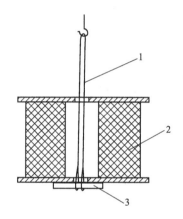

图 5.44　用别绳捆绑法起吊电缆盘

1—捆绑绳；2—电缆盘；3—别绳钢管

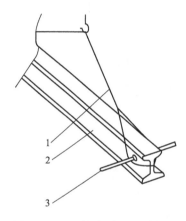

图 5.45　用别绳捆绑法起吊钢轨

1—捆绑绳；2—钢轨；3—别绳钢筋

别绳捆绑法的使用安全注意事项：

① 由于穿过绳头的孔洞直径不同，别绳物体的受力有时主要受弯矩，有时主要受剪力，它们必须有足够的强度和刚度。

② 别绳所用物体若为有棱角的型钢时，应在棱角处垫以木板等材料，以防止割绳。

5.8.4 压绳挂钩法

把带子绳的一个绳头与重物相连接，带子绳的中段在吊钩上缠绕 1~2 圈，然后把受力的绳段压在不受力绳段的正上方，这种挂钩的方法称为压绳挂钩法，如图 5.46 所示。不受力绳段靠着受力绳段的压力，以及自身在吊钩上（缠绕 1~2 圈后）的摩擦力，在吊钩上不产生窜绳现象。

压绳挂钩法，一般适用于以下几种作业：

① 在设备卸车或倒运中，当重物已经放下，一个绳头被压在重物下人力拉不动时，采取压绳挂钩，用机械抽出绳头。

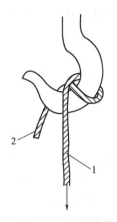

图 5.46 压绳挂钩法
1—受力绳段；
2—不受力绳段

② 偶尔起吊一些很轻的重物，又没有带子绳时，可以用压绳挂钩法。

③ 用起重机械的吊钩作为牵引力（通过导向滑车），拖拉重物作水平移动时，若拖拉绳较长，重物水平移动的距离较远，吊钩起升一次无法满足施工需要的情况下，用压绳挂钩法倒绳。

压绳挂钩法的使用安全注意事项：

① 压绳挂钩操作时，在受力绳股受力前，应用人力将不受力绳股拉紧，受力绳股受力后，当确认捆绑绳在吊钩上不会产生窜绳时，吊钩方可继续起升。

② 用压绳挂钩法进行抽绳作业，应在确认绳头不会因重物的挤压而造成严重变形的情况下，才允许使用。

③ 用压绳挂钩法起吊重物，重物不得离开地面过高，严禁用压绳挂钩法进行垂直运输和吊装。

④ 用压绳挂钩法起吊重物作水平吊运时，重物运输的距离不能过长，并且在运输过程中，重物应平稳、缓慢，以避免重物在剧烈的摆动中使捆绑绳窜动脱钩。

5.8.5 附加临时吊点捆绑法

立放的电缆盘、钢丝绳盘起吊捆绑时，常在盘的中心孔横穿一根钢管，让钢管露出盘的两端一段长度，把捆绑绳头套挂在露出的钢管头上进行起吊，如图 5.47 所示，这种方法称为附加临时吊点捆绑法，图中的钢管就是临时附加吊点。

临时附加吊点捆绑法的使用安全注意事项：

① 附加的临时吊点，要保证有足够的长度，以防止捆绑绳滑脱。

② 捆绑绳头套挂在临时附加吊点上时应尽可能地靠近重物。

③ 重物吊离地面后要有足够的水平度，以免滑绳。

④ 当作临时附加吊点的钢管，要有足够的强度和刚度。

⑤ 禁止用临时附加吊点捆绑法起吊重物进行长距离的水平运输和垂直运输。

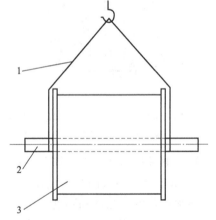

图 5.47 附加临时吊点捆绑法
1—捆绑绳；2—钢管；3—电缆盘

应当说明，这些捆绑法只能根据具体的重物、吊装条件和要求来使用，有很大的局限性，如果在使用中超出了它的允许范围，就有可能发生安全事故。

▣ 能力训练项目

① 兜绳捆绑法及运用。

② 卡绳捆绑法和卡环连接捆绑法及运用。

③ 重心高于捆绑点的重物的捆绑法及运用。

④ 缠绕捆绑法和调绳捆绑法及运用。

思考与练习

5-1　什么是捆绑绳、捆绑点？

5-2　试述常用捆绑法的定义及应用。

5-3　试述重心高于捆绑点的捆绑方法有哪些。

5-4　简述绳头套挂、别绳捆绑法和压绳挂钩的使用安全注意事项。

6

□ 常用的起重安装作业法

起重安装作业法是指设备的吊装就位、装卸运输、起板竖立等起重安装作业方法的总称。在工程施工现场，根据各施工单位配备的起重机械不同，对同一设备的吊装方法也不一样。即使是同样的设备，对不同的施工单位、不同的施工现场，也会有不同的吊装作业方法。例如，94t 的大汽包吊装作业，现场内有百吨塔式起重机的，可用塔式起重机单机吊装就位；现场内没有大吨位起重机的，可用两台起重机抬吊的方法吊装就位。本章主要介绍几种常用的起重安装作业法。

6.1　双机抬吊作业法

用两台起重机械（或一台起重机的大、小钩）起吊同一设备，进行安装作业的作业方法，称为双机抬吊作业法。该方法是比较复杂的起重安装作业法，在制定作业方案时，要考虑到两台起重机的站车位置、捆绑点的位置和参与抬吊机械的负荷分配等问题，该方法施工规模大，参与人员多，工作效率低，只有在以下三种情况下才使用双机抬吊作业法：

① 重物的重量超过一台起重机的额定起重能力。例如，汽包、发电机静子、主变压器等大型设备的吊装。

② 设备的外形尺寸很大，一台起重机械额定起重量虽能满足需要，但钩下高度或幅度有限而不能用单机起吊。例如，在锅炉组合场内，两台龙门吊抬吊梯子平台、水冷壁等组件的起重安装作业。

③ 设备翻身时，因工艺的要求，一台起重机无法完成该设备翻身任务。

6.1.1　起重机械的负荷分配

两台起重机抬吊同一重物时，每台起重机应承担的负荷，称为双机抬吊作业中的机械负荷分配。

① 两台起重性能基本相同的起重机，抬吊外形规则的重物时，其负荷应平均分配。例如，用 60t 塔式起重机和 60t 门座起重机进行汽包的抬吊时，每台起重机承担汽包重量的一半。

② 参与抬吊的两台起重机起重性能不同，或重物的外形比较复杂对抬吊作业有特殊要求时，需要根据实际情况，确定每台起重机的负荷，并依此来选择捆绑点的位置。例如，用 90t 和 70t 两台汽车吊进行汽包的卸车抬吊时，要根据两台起重机的实际负荷来确定捆绑点的位置。

6.1.2　起重机械负荷的变化规律

重物的重心与捆绑点的相对位置即重心高于捆绑点、重心低于捆绑点和重心与捆绑点在同一个平面内。当重物在抬吊过程中发生倾斜时，重心与捆绑点的相对位置对起重机械负荷分配会产生不同的影响。

（1）重心高于捆绑点

在工程施工现场，需要双机抬吊的重心高于捆绑点的重物比较常见。如图 6.1 所示，设重物的重力为 G，重心横轴到捆绑点的垂直高度为 h，重心竖轴到捆绑点的距离为 l_1 和 l_2，重物倾斜时横轴与水平面的夹角为 α，参与抬吊的两台机械的负荷为 P_1 和 P_2。

经分析两台起重机的负荷分别为

$$P_1 = \frac{G(l_2\cos\alpha + h\sin\alpha)}{(l_1+l_2)\cos\alpha} = \frac{G}{l_1+l_2}(l_2 + h\tan\alpha)$$

$$P_2 = \frac{G(l_2\cos\alpha - h\sin\alpha)}{(l_1+l_2)\cos\alpha} = \frac{G}{l_1+l_2}(l_1 - h\tan\alpha)$$

当 $l_1 = l_2 = 1$ 时，有

$$P_1 = \frac{G}{2}(1 + h\tan\alpha) \tag{6.1}$$

$$P_2 = \frac{G}{2}(1 - h\tan\alpha) \tag{6.2}$$

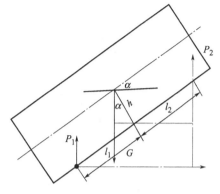

图 6.1 重心高于捆绑点的
重物受力分析

由式（6.1）和式（6.2）可以看到：双机抬吊重心高于捆绑点的重物，重物倾斜的角度越大，$\tan\alpha$ 值也越大，抬吊重物较低的一头的起重机负荷（P_1）增加越多，抬吊重物较高一头的起重机负荷（P_2）减少越多。双机抬吊 h/l 值不同的重物时，当重物倾斜角度 α 不变时，h/l 的值越大，P_1 的增加越多，P_2 的减少越多。

（2）重心低于捆绑点

在施工现场抬吊重心低于捆绑点的重物，如图 6.2 所示，两台起重机的负荷分别为

$$P_1 = \frac{G(l_2\cos\alpha - h\sin\alpha)}{(l_1+l_2)\cos\alpha} = \frac{G}{l_1+l_2}(l_2 - h\tan\alpha)$$

$$P_2 = \frac{G(l_2\cos\alpha + h\sin\alpha)}{(l_1+l_2)\cos\alpha} = \frac{G}{l_1+l_2}(l_1 + h\tan\alpha)$$

当 $l_1 = l_2 = 1$ 时，有

$$P_1 = \frac{G}{2}(1 - h\tan\alpha) \tag{6.3}$$

$$P_2 = \frac{G}{2}(1 + h\tan\alpha) \tag{6.4}$$

从式（6.3）和式（6.4）可以看出：对于重心低于捆绑点的重物进行双机抬吊，重物倾斜的角度越大，$\tan\alpha$ 值越大，起吊重物较低的一头的起重机负荷 P_1 减少越多，抬吊重物较高的一头的起重机负荷 P_2 增加越多。当重物倾斜的角度不变时，h/l 的值越大，P_1 减少越多，P_2 增加也越多。

（3）重心与捆绑点在同一平面上

重心与捆绑点在同一平面上的重物被抬吊倾斜后，如图 6.3 所示，两台起重机的负荷分别为

$$P_1 = \frac{Gl_2\cos\alpha}{(l_1+l_2)\cos\alpha} = \frac{Gl_2}{l_1+l_2}$$

$$P_2 = \frac{Gl_1 \cos\alpha}{(l_1 + l_2)\cos\alpha} = \frac{Gl_1}{l_1 + l_2}$$

当 $l_1 = l_2 = 1$ 时，有

$$P_1 = P_2 = G/2 \tag{6.5}$$

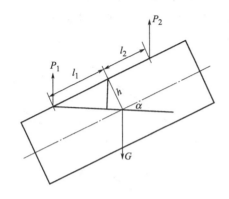 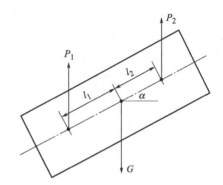

图 6.2　重心低于捆绑点的重物受力分析　　图 6.3　重心与捆绑点在同一平面上的重物受力分析

由式(6.5)可以看出：双机抬吊重心与捆绑点在同一平面上的重物，重物的倾斜对参与抬吊的起重机械的负荷分配，不产生任何影响。

上面介绍了重物的重心与捆绑点在三种相对位置不同的情况下，重物倾斜后对起重机负荷分配的影响。从这个变化中，把图 6.1 和图 6.2 所示的情况加以比较就不难看出：重物重心高于捆绑点和低于捆绑点的，在重物发生倾斜时，对参与抬吊的起重机械负荷分配的影响（或增加、或减少）截然相反。

设备双机抬吊时的水平度是相对的，其不平却是绝对的。特别是使用起重性能不同的起重机进行双机抬吊时，重物几乎始终在两端高低交替中起升，起重机的负荷也始终在一定幅度内变化。两台起重性能不同的起重机在双机抬吊作业中，为了调整重物的水平度，起升速度较快的起重机由于启启停停造成的惯性力，也给起重机的负荷带来较大的影响。另外，在双机抬吊时，无论两台起重抓的吊钩速度是否相同，重物都不可能同时吊离两个（或两个以上）支承点，重物被首先吊离支承点一头的起重机的负荷将增加很多。由于上述因素的影响，使双机抬吊中的起重机负荷与理论计算值产生较大差值，这个差值往往又是无法避免的，所以参与双机抬吊的起重机械其负荷不得超过起重机额定起重量的百分之八十。

6.1.3　双机抬吊法的使用安全注意事项

① 双机抬吊中的起重机进行走车或回转动作时，也会因两台起重机械的相互牵扯而增加起重机械的负荷。为了避免使起重机械负荷增加的各种因素同时发生，一台起重机不得同时进行两个机构的操作；两台起重机同时动作时，要进行同样性质的动作，而且动作应缓慢、平稳、一致。

② 双机抬吊的捆绑点，在设备轴向为三点以上时，起吊两个以上捆绑点的起重机，必须在其所吊的捆绑点间设捆绑绳受力平衡机构。

③ 双机抬吊作业中的指挥及信号：

a. 双机抬吊作业的指挥信号，必须是旗语信号与口笛信号联合使用。

b. 双机抬吊作业前，指挥人员必须明确每种色旗所代表的起重机械。

　　c. 指挥人员必须站在两台起重机械司机都能看到的地方，而且应尽可能地靠近重物，以便于亲自掌握起吊情况。

　　d. 双机抬吊作业的指挥是非常重要的工作，因此必须由经验丰富的起重技术人员担任。

6.2　重物的起扳和翻身

　　在工程建设施工现场，进行重物的起扳、竖立和翻身的起重安装作业是很频繁的。例如，现场内的配电杆和厂房立柱的吊装，都需将其起扳后再吊离地面；锅炉组合件中大多数需竖立后再吊装就位；机房内汽缸的检修，汽包吊装前要对其就位方向进行横向旋转调整，现场配制分离器支架、循环水管道等，都需对其进行翻身作业。

　　对重物绕定点进行旋转小于或等于 90°的起重安装作业称为重物的起扳（竖立）。重物绕其任意一条平行于地面的轴线旋转 180°的起重安装作业，称为重物的翻身。重物起扳（竖立）和翻身可分为人力起扳和翻身、重物的单钩起扳和翻身、重物的抬吊翻身三大类。

6.2.1　重物的人力起扳和翻身

　　用人力使重物起扳或翻身的方法，称为重物的人力起扳和翻身。由于人的力量很小，所以重物的人力翻身只适用于那些重量较轻的重物。人力进行重物的起扳和翻身，尽管有时比较费劲，但由于其简便易行，方便快捷，所以力所能及时，仍是常被采用的一种重物起扳和翻身法。

6.2.2　重物的单钩起扳和翻身

　　用一个吊钩进行重物起扳和翻身的方法，称为重物的单钩起扳和翻身。根据不同的重物、不同的施工条件和不同的工艺要求，重物的单钩起扳和翻身方法，可分为旋转起扳法、滑移起扳法、滚动翻身法、旋转翻身法、倾倒翻身法、提升翻身法、支垫翻身法、斜拉翻身法等。

6.2.2.1　旋转起扳法

　　起扳细长重物，是将捆绑绳捆绑在重物的上部，吊钩起升时，使重物绕其触地点旋转，这种起扳重物的方法称为旋转起扳法。

　　现场内的配电杆、机房钢管配制的立柱等的起扳，一般都采用旋转起扳法，如图 6.4 所示。

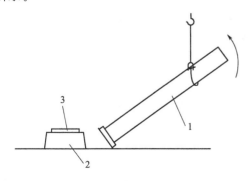

图 6.4　旋转起扳法

1—钢管立柱；2—柱子基础；3—基础上的预埋钢板

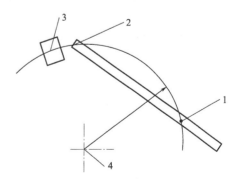

图 6.5　"三点一弧"旋转起扳法

1—捆绑点；2—柱子触地点；3—基础中心点；

4—起重机的回转中心

对于数量较多、工作量较大的厂房柱子的起板吊装，为了提高吊装效率，在摆放柱子时，将柱子的捆绑点、触地点和基础的中心点，放在以起重机回转中心为圆心，以其幅度为半径的圆弧上，起重机在吊装时只需要起升和回转即可完成吊装工作，这种旋转起扳法简称为"三点一弧"旋转起扳法，如图 6.5 所示。

6.2.2.2　滑移起扳法

细长的重物在起扳时，吊钩只作垂直起升，而重物根部的触地点随着吊钩的起升，向重物就位的基础滑行，这种方法称为滑移起扳法。如图 6.6 所示，是用"人"字扒杆起扳吊装配电杆的施工实例。

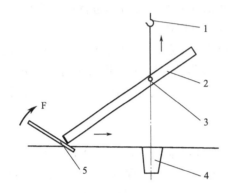

图 6.6　滑移起扳法
1—吊钩；2—配电杆；3—捆绑点；
4—基础坑；5—重物滑行用撬杠

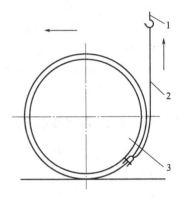

图 6.7　滚动翻身法
1—吊钩；2—捆绑绳；3—管道

滑移起扳法的使用注意事项：

① 由于"人"字扒杆在重物起吊后不能移动，所以，重物的摆放和扒杆竖立时，应使吊钩、重物捆绑点和基础坑内的重物就位中心点，尽可能地在同一条垂直线上。

② 采用滑移起扳法起扳重量较大的柱子时，应在地面设供滑行用的托板和滚杠。

6.2.2.3　滚动翻身法

圆形截面的重物，在有足够大的场地上，用吊钩的起升使重物产生滚动而翻身的方法，称为滚动翻身法。图 6.7 所示是大口径的循环水管道现场配制时滚动翻身焊接的示意图。

用卡绳捆绑法并使捆绑绳的卡绳点置于重物的侧面，通过吊钩的起升来实现管道的翻身，这种翻身法适用于重物进行小角度的翻身（不足 90°的重物翻身称为小角度翻身）。如果对重物进行大角度的翻身（大于或等于 90°的重物翻身称为大角度翻身），例如用滚动翻身法进行大汽包的卸车，就需把绳头在重物上缠绕若干圈后挂于吊钩上。缠绕圈数的多少根据实际情况决定。

利用滚动翻身法使重物翻身时，重物一旦发生滚动，由于惯性力的作用，可能超过实际需要的翻身角度。为此在重物滚动的前进方向上设置制动物体，制动物体设放的位置应通过计算确定。

滚动翻身法的使用注意事项：

① 重物的滚动应缓慢平稳。

② 制动物的高度要合适。制动物过高时会被推移，过低时重物可能越过制动物继续滚动。

③ 为了尽可能地减小吊钩起升力，重物的滚动摩擦面应平滑清洁，捆绑卡绳点在重物

圆截面中心的高度以下。

6.2.2.4 旋转翻身法

能够使圆形截面的重物，在不离开地面的情况下原地旋转翻身的方法，称为旋转翻身法。旋转翻身法所使用的捆绑方法，和滚动翻身法一样，所不同的是，制动物放置的位置不是留有一段距离，而是紧靠着重物的表面。当吊钩起升时，重物的表面与制动物产生滑动，使重物达到原地旋转的目的。

圆形截面的重物，在没有可供滚动的场地翻身时，可采用旋转翻身法。例如，循环水管道在其沟内的对口焊接中，常用旋转翻身法把管道底部的焊缝翻转到上面来进行焊接，如图 6.8 所示。

汽轮机转子和发电机转子的翻身，是将转子置于带滚轮的马凳上进行的。因为滚轮内装有轴承，制动物——滚轮与转子轴的摩擦为滚动摩擦，所以，转子翻身所需的驱动力很小，如图 6.9(a) 所示。

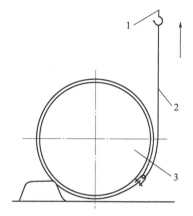

图 6.8 滚动翻身法（一）

1—吊钩；2—捆绑绳；3—管道

汽包吊装前往往需要对其进行小角度的翻身调整。汽包的翻身方法，是将汽包置于带圆弧的枕木上，汽包与枕木之间加一块涂油的薄钢板，以减少汽包翻身时的滑动摩擦力，如图 6.9(b) 所示。

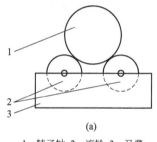
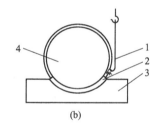

(a)   (b)

1—转子轴；2—滚轮；3—马凳 1—捆绑绳；2—涂油钢板；3—枕木；4—汽包

图 6.9 滚动翻身法（二）

旋转翻身法所用制动物的选择应注意：

① 重物与制动物间为滑动摩擦，重物与制动物间的摩擦因数越小，重物旋转所需的提升力也就越小，因此制动物多为钢或石质的物体。

② 制动物除有合适的高度外，还必须有足够的与地面接触的面积和长度，以免制动物受压后扎入地下或被重物推倒。

6.2.2.5 倾倒翻身法

通过吊钩的垂直起升而使重物倾倒翻身的方法称为倾倒翻身法，如图 6.10 所示。

进行倾倒法翻身所使用的捆绑方法多为卡绳捆绑法。倾倒翻身法适用于截面为矩形、重量较大、不怕摔碰的重物，翻身的角度为每次 90°。

倾倒翻身法的使用注意事项：

① 重物受吊钩起升力的作用转动到如图 6.10(b) 所示的情况时，重心与支承点 A 在同一条垂直线上，此时处于重物倾倒的临界状态。吊钩若再稍加起升，使重心的垂直线超过支承点 A，由于重力和吊钩的提升力对 A 点之矩同向，重物迅速倾倒。重物在倾倒的瞬间产

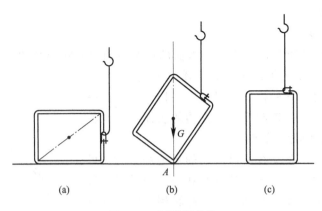

图 6.10 倾倒翻身法

生较大的冲击力。所以，用倾倒翻身法翻身的重物必须是不怕摔碰的重物，所用起重机的额定起重量应足够大。

② 捆绑点位置的确定。由于重物倾倒的瞬间产生较大的冲击力，且重物倾倒完成时，其顶面标高刚好是重物横截面的高度。所以，重物处于其倾倒的临界状态时，捆绑点的高度若大于重物横截面的高度，吊钩将承受重物倾倒时的冲击力。为了避免这种情况的发生，重物用倾倒翻身法翻身时的捆绑点应设置在尽可能靠近地面的地方。

③ 重物处于倾倒临界状态时，吊钩的起升应采用"少许"动作。

④ 如果矩形截面的重物棱角比较锋利，捆绑时应在棱角处垫以软物。

6.2.2.6 提升翻身法

把捆绑点设在重物矩形截面竖轴的一侧，当吊钩的起升使重物旋转成图 6.11(a) 所示的位置，即重物的重心与支承点 O 在同一条垂线上的倾倒临界状态时，吊钩继续起升，并把重物吊离地面，如图 6.11(b) 所示。重物在空中晃动停止后吊钩下降，如图 6.11(c) 所示，重物在重力的作用下继续向前翻转 $90°$，这种重物翻身的方法，称为提升翻身法。

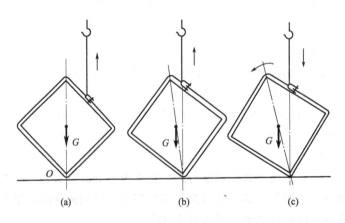

图 6.11 提升翻身法（一）

用提升翻身法翻身的重物，一般是重量较轻的矩形截面的重物，如箱型结构梁、柱子等构件。提升翻身法所使用的捆绑方法，常为卡环连接捆绑法和卡绳捆绑法。每次重物旋转翻身的角度为 $90°$。

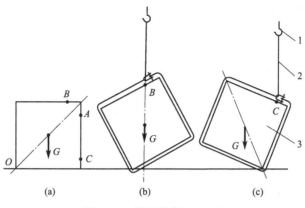

图 6.12　提升翻身法（二）

1—吊钩；2—捆绑绳；3—重物

为了使重物提升后既能按预想的情况进行旋转翻身，又要尽可能减少重物倾倒时产生的冲击力，卡绳点应放在重物触地旋转时的支承点 O 到重物重心直线延长线之下的位置上，如图 6.12(a) 所示。

如果把卡绳点分别选在高于或低于延长线的 B、C 点的位置时，重物的旋转会出现两种不同的结果。当卡绳点在 B 点处，重物被提升离地后，重物不会产生较大的晃动。但把重物放下时，如图 6.12(b) 所示，重物将回旋转成图 6.12(a) 所示的原状。当卡绳点在 C 点处，重物被提升至倾倒临界状态时，由于吊点的高度还大于重物翻身后的垂直边长，于是发生倾倒法翻身时的情况，如图 6.12(c) 所示，重物被摔碰。

提升翻身法的使用注意事项：

① 吊钩的起升力应始终处于垂直方向，以减轻重物吊离地后的晃动。

② 重物倾倒时，吊钩不得停止起升，即指挥人员发出的信号应该是大起信号，但重物不能起升过高，以刚离开地面为准。

③ 因重物吊离地面后会晃动，故其附近不得有其他物品，以免相互碰撞。

6.2.2.7　支垫翻身法

水平放置的重心高于捆绑点的重物用单钩进行翻身，如图 6.13 所示，当重物已接近倾倒临界状态时，在重物翻身起吊捆绑点与重心连线延长线的上部，选择一点 B，用道木支垫于 B 点，如图 6.13(a) 所示。这样吊钩不断起升时，重物的触地旋转点由点 A 逐渐转移到

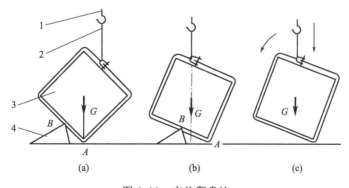

图 6.13　支垫翻身法

1—吊钩；2—捆绑绳；3—重物；4—支垫物

点 B，直至捆绑点与重心在同一条垂直线上，并把重物吊起，如图 6.13(b) 所示。然后在落钩时，重物产生旋转并完成 90°翻身，如图 6.13(c) 所示。

支垫翻身法的使用注意事项：

① 支垫物必须稳固，以防止受力后损坏或倾倒。

② 不易设支垫物的重物翻身应考虑用双机抬吊翻身。

③ 吊钩的起升力必须始终处于垂直方向，以防止重物在支承点受到水平力的作用而滑移。

6.2.2.8　斜拉翻身法

当吊钩起升到捆绑绳刚被拉直时停止起升，然后进行走车或回转起重臂将重物拉倒，如图 6.14(a) 所示，再落钩让重物缓慢放下的翻身方法，称为斜拉翻身法。斜拉翻身法适用于重物底面宽度不大，易于被拉倒的重物。捆绑点应在重物的最上方，起重机的落钩动作应在重物被拉倾倒并把吊钩钢丝绳调整到垂直状态后进行，如图 6.14(b) 所示。

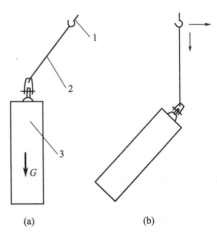

(a)　　　　　　(b)

图 6.14　斜拉翻身法
1—吊钩；2—捆绑绳；3—重物

6.2.3　重物的抬吊翻身

用两台起重机械或一台起重机械的大、小钩在空中进行重物翻身的方法，称为重物空中抬吊翻身法。凡需抬吊翻身的重物有两个特点：设备翻身时不允许与地面接触；设备的柔度较大，不允许单钩起吊。

(1) 重物抬吊翻身的基本步骤

① 用双机抬吊的方法将重物水平抬吊一定的高度。

② 一个吊钩（主钩）继续起升，另一个吊钩（副钩）进行落钩或水平调整。

③ 主钩承担重物的全部重量后，将副钩全部松掉。重物若为 90°翻身，抬吊翻身作业就此结束。

④ 当重物为 180°翻身时，将重物水平旋转 180°，副钩进行空间换点捆绑。

⑤ 两个吊钩相互配合将重物吊平后同时落钩，此时重物 180°翻身作业结束。

(2) 起重机械负荷分配的变化规律

在 6.1 节中，介绍了重心与捆绑点的相对位置，在重物倾斜时对参与抬吊作业的起重机械负荷分配的影响。这种倾斜是双机抬吊作业中不可避免的。在本节中介绍的是重物从水平起吊开始，人为地使重物在空中旋转翻身，因此参与抬吊翻身的起重机械的负荷变化就更大。

① 重心高于捆绑点的重物，翻转到如图 6.15 所示的位置时，重物已翻转的角度为

$$\alpha = \arctan \frac{1}{h}$$

$$\tan\alpha = \frac{1}{h}$$

根据式(6.1) 和式(6.2) 可知：

$$P_1 = \frac{G}{2}\left(1 - \frac{h}{l}\tan\alpha\right) = \frac{G}{2}(1-1) = 0$$

$$P_2 = \frac{G}{2}\left(1 + \frac{h}{l}\tan\alpha\right) = \frac{G}{2}(1+1) = G$$

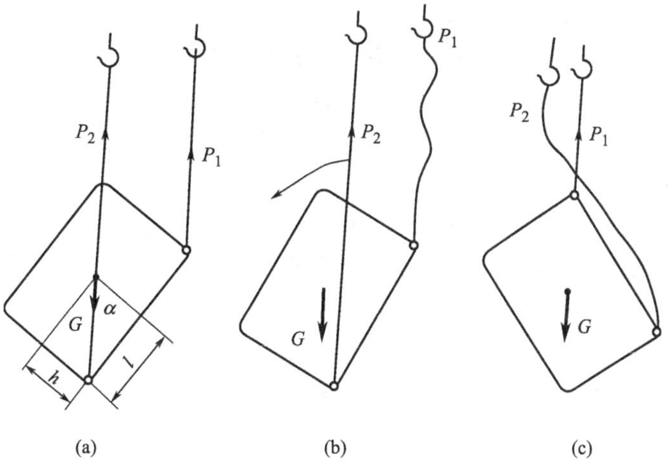

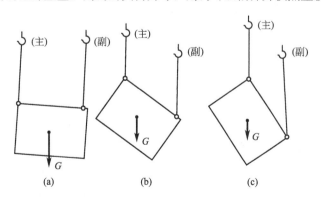

图 6.15　重心高于捆绑点的重物的翻身过程

当重物翻转到 $\alpha = \arctan\dfrac{l}{h}$ 角度时，副钩 P_2 承担了重物的全部重量，而主钩 P_1 的负荷为零。问题在于，如果此时主钩 P_1 再起升一点（或副钩再降落一点），重心的垂直线与 P_2 之间哪怕只产生一段微小的距离，就会使捆绑点全部置于重心的同一侧，如图 6.15(b) 所示，重物就会在空中失去平衡而迅速旋转，旋转的结果使主钩及其捆绑点与重心在同一条垂直线上。此时，两吊钩负荷的变化为：$P_1 = G$、$P_2 = 0$。P_1 和 P_2 的负荷，分别由零增加到 G 和由 G 减少至零，是在一瞬间发生的，这就必然使主钩受到巨大的冲击力。

② 重心低于捆绑点的重物进行抬吊翻身时，主副钩负荷的变化如图 6.16 所示。图 6.16(a) 所示为重物被水平吊离地面时的情况。当主钩起升，副钩降落使重物翻转了一定的角度，如图 6.16(b) 所示，主钩负荷逐渐增大，副钩负荷 P_2 逐渐减小。当重物翻转成如图 6.16(c) 所示情形时，主钩承担了重物的全部重量，副钩的负荷为零，副钩可以松掉并换点重新捆绑。

图 6.16　重心低于捆绑点的重物的翻身过程

(3) 重物抬吊翻身时捆绑点的选择和起重机械的选择原则

从抬吊翻身作业中重物的旋转使主、副钩负荷变化的规律中可以看到：重心高于捆绑点时（见图 6.15），重物在空中翻转到一定角度后，将发生突然倾倒并给主钩带来巨大的冲击力。重心低于捆绑点时，重物在空中就可以顺利地旋转而没有任何危险。因此，重物抬吊翻身时的副钩捆绑点，必须设在主钩捆绑点与重心连线的延长线上方，并且与主钩捆绑点分别在重心的两侧。主钩的起重能力必须是单机能承担重物的全部重量，副钩的起重能力应根据具体的重物翻身全过程的需要来选择。

(4) 重物空中抬吊翻身和竖立在工程施工中的应用实例

① 抬吊竖立　DG670t/h悬吊式锅炉组合件，如水冷壁、包墙管、围挡管排、集中降水管等的吊装，都是把组合件由水平组合位置抬吊起来，在空中旋转90°竖立后再进行垂直吊装的。这些组合件的外形厚度一般都比较小，因此捆绑点也都略高于重心。组件抬吊竖立时的捆绑点，根据不同的组件情况有所区别。例如，水冷壁、蛇形管排和部分包墙管抬吊竖立时都有加固桁架，这类组件抬吊竖立时的吊点都在加固桁架上。没有加固桁架的组件，如围挡管排、集中降水管等的捆绑点，则在设备组件的联箱、刚性梁，或临时附加的捆绑点上。组件抬吊竖立的捆绑方法，一般用卡绳捆绑法。

图6.17所示为锅炉前包墙抬吊空中竖立示意图。由于其柔度较大，故捆绑点取8个，采用卡绳捆绑法捆绑。主钩的四个吊点中，上面两个卡于组件的上联箱，下面两个卡于对组件有横向加固作用的附加吊点上。副钩的四个吊点中，上面两个吊点设在刚性梁上，下面两个吊点设于包墙组件的下联箱上。由于主、副钩各起吊四个吊点，重物在空中旋转竖立过程中，捆绑绳受力各股的长度不断变化，所以，在捆绑绳间设置受力平衡装置。

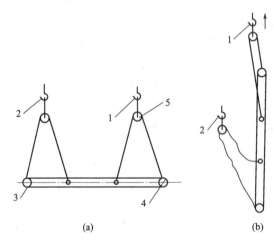

图6.17　锅炉前包墙抬吊空中竖立

1—主钩；2—副钩；3—上联箱；4—下联箱；5—平衡滑车

② 空中换点180°翻身法　如图6.18所示，重物空中换点180°翻身法，是将重物抬吊离开地面，主钩起升副钩降落，使重物一次翻转成图6.18(b)所示的角度（第一次翻转角度，已超过90°），把副钩摘掉，用人力使重物水平旋转180°，副钩的捆绑点由B点换至C点进行第二次捆绑；副钩起升、主钩配合把重物抬吊平，然后主、副钩相互配合下降，将重物放到地面，至此重物完成了180°的翻身。上述重物翻身的方法，称为空中换点180°翻身法。重物被抬吊并在空中翻身180°的过程中，不会在空中发生突然倾倒的情况。

③ 空中一次180°翻身法　重物被抬吊离开地面后，主钩可以不停地起升，副钩配合下落，使重物不间断地在空中一次完成180°翻身的方法，称为空中一次180°翻身法。图6.19

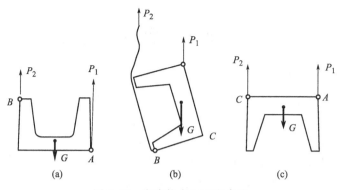

图 6.18 空中换点 180°翻身法

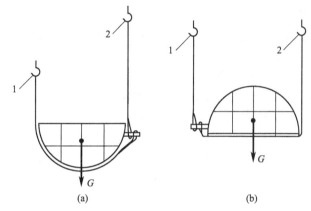

图 6.19 空中一次 180°翻身法

1—主钩；2—副钩

所示是 30×10^4 kW 机组汽轮机低压外上缸用空中一次 180°翻身法翻缸的过程。其捆绑方法为套绳捆绑法，因缸体翻身的需要，把主钩捆绑绳从缸体下面穿过后与副钩捆绑绳套挂于同一个吊耳上。

从缸体翻身的全部过程中可以看到：捆绑绳的作用点始终在重心的两侧。因此，缸体在 180°翻身过程中的受力始终能够保持平衡，不会发生在空中突然倾倒的情况。

(5) 抬吊翻身作业的安全注意事项

① 用卡绳捆绑法捆绑重物进行翻身作业，捆绑点必须是圆滑的，且必须有阻止捆绑绳沿重物捆绑点表面横向滑绳的措施。

② 在重物旋转使捆绑绳受力方向不断变化时，不得对捆绑绳有切割或严重磨损。

③ 重物的捆绑点必须满足重物翻转过程中，在各个方向上都有足够的强度和刚度。

④ 空中换点 180°翻身作业中，主钩必须具备单独起吊该重物的能力。

⑤ 空中一次 180°翻身法，只适用于外形规则重物，每个吊钩上的两根捆绑绳，在重物翻转过程中，绕在重物上的绳长必须相等，且不会有滑绳的危险。

⑥ 空中一次 180°翻身的重物，在重物不断翻转、副钩捆绑绳与重物接触受力点不断增加时，对捆绑绳有切割的受力点，必须及时垫以软物，同时防止主钩捆绑绳在各受力点上预先垫的软物掉下砸人。

⑦ 空中一次 180°翻身法，为了使重物能在主钩捆绑绳间顺利旋转，捆绑绳夹角较大时，应在捆绑绳上设置支撑扁担。

6.3　捆绑绳受力平衡法

在吊装作业中，能够使捆绑绳受力均匀而采取的方法，称为捆绑绳受力平衡法。在捆绑绳受力平衡法中，有自然平衡法、平衡扁担平衡法、平衡绳平衡法、平衡滑车平衡法等。

要求捆绑绳受力平衡的目的在于：对捆绑绳本身而言，可以保证其使用安全系数，提高索具在吊装作业中的安全性；对被捆绑的设备来讲，可以保证各捆绑点上的受力相等，从而使吊装中的设备受力后的变形控制在允许的范围之内。捆绑绳受力平衡所要达到的这两个目的，具有同等重要的意义。因此，设计和施工人员对捆绑绳受力平衡问题，必须予以重视。

6.3.1　自然平衡法

把捆绑绳的中间套挂于管式吊耳或吊钩上，捆绑绳受力时能够自然地在吊钩或吊耳的表面窜动，以达到捆绑绳受力均匀的方法，称为自然平衡法。

（1）一般的捆绑绳受力自然平衡法

在两单一双卡绳和卡环连接捆绑法中，强调把捆绑绳的中间（双头）挂于吊钩上，利用带子绳在吊钩上可以窜动的性质，使捆绑绳的各股达到自然受力平衡的目的。自然平衡法的基本要求是：吊钩或吊耳上的捆绑绳不能有重叠挤压，要使捆绑绳在逐渐受力的过程中，使串通的绳股通过窜动而达到绳股的受力平衡。自然平衡法一般适用于重物上设四个以下吊点的捆绑绳间的平衡。

（2）三绳六股受力自然平衡法

直径为 8m 的油罐，在其圆形基础上进行吊装组合作业。吊点设在油罐最上面，并在圆周六等分的各点上焊接钢筋吊环。因为油罐未封底之前，如果捆绑绳受力不均，在其组合吊装中就非常容易变形，并影响对口焊接。为了使六个捆绑点受力一致，有效地控制油罐在吊装中变形，用三根等长的带子绳，把它们的中间都挂在吊钩上，每根带子绳的两个单头用卡环连接于相邻的两个吊环上，这种方法称为三绳六股受力自然平衡法，如图 6.20 所示。

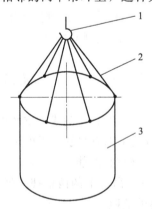

图 6.20　三绳六股受力吊装油罐

1—吊钩；2—捆绑绳；3—油罐

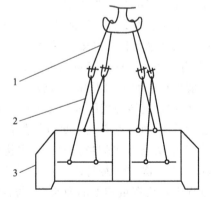

图 6.21　平衡绳平衡法吊装空气预热器定子

1—平衡绳；2—捆绑绳；3—预热器定子

6.3.2　平衡绳平衡法

图 6.21 是空气预热器定子吊装的捆绑示意图。

定子周围有八个固定的捆绑点。于是用卡环连接捆绑法，将四根较小的等长带子绳的单头捆绑在八个吊点上。如果像四绳捆绑法那样就可能造成对角两根绳受力过大的情况。所以，用另外一对直径较大的对子绳挂在吊钩上，并把对子绳的四个单头分别用卡环与四根等长带子绳的双头连接起来。

用四根等长带子绳和吊钩之间相连接的这一对子绳（称为平衡绳）来平衡各捆绑绳之间的受力，这种方法称为平衡绳平衡法。

有了平衡绳，即便被平衡的捆绑绳间长度相差较大，也不会造成对角捆绑绳受力过大的情况。因为，每根带子绳受力的两股通过卡环得到了自然平衡。连接于相邻两根带子绳的平衡绳，又通过吊钩得到了自然平衡，这就是平衡绳的平衡原理。

6.3.3 平衡扁担平衡法

利用对索具的受力有平衡作用的扁担进行吊装作业的方法，称为平衡扁担平衡法。75/20t 行车大钩绳为等长的两根，每根绳的一个单头用压板卡固于卷筒上，另两个单头则用鸡心环固定于平衡扁担上，如图 6.22 所示。

由图 6.22 可知，平衡扁担的平衡原理吊钩绳的合力作用点在平衡扁担的中心轴与支座接触点上。平衡扁担发生倾斜后，两根吊钩绳的受力仍然相等，这样平衡扁担起到了平衡两根吊钩绳受力的作用。

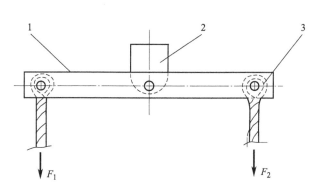

图 6.22 平衡扁担平衡法
1—平衡扁担；2—扁担支座；3—鸡心环

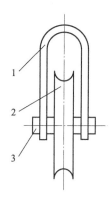

图 6.23 单门平衡滑车
1—吊环；2—滑轮；3—轮轴

吊钩绳之所以要采用平衡扁担加以平衡，是因为吊钩绳在下料和绳头固定时可能产生两根绳长度不等，借助扁担加以调整，既平衡了两根绳的受力，又避免了由于两绳的长度不等而引起吊钩倾斜。

6.3.4 平衡滑车平衡法

利用滑车来平衡捆绑绳受力的方法称为平衡滑车平衡法。在施工现场吊装重量较轻的柱子时，常用自制的单门滑车作为捆绑绳的受力平衡工具，以达到柱子垂直起吊便于安装的目的。单门平衡滑车如图 6.23 所示，是由吊环、滑轮和轮轴三部分组成的。单门平衡滑车的额定负荷量，一般根据现场的需要进行设计和加工，需要注意的是滑轮槽底的直径要大于被吊柱子的厚度。

在重物抬吊翻身的实例中，如锅炉组合件 90°竖立垂直吊装，当挂在吊钩上的捆绑绳在重物长度方向的捆绑点为两个时，这两个捆绑点到吊钩的距离，在重物由 0°到竖立成 90°的过程中，是不断变化的。为了使变化中的捆绑绳股间受力始终保持平衡，减少捆绑绳在窜动中的磨损，均采用平衡滑车平衡法（参见图 6.17 锅炉前包墙竖立的过程）。

吊装如果不用平衡滑车，而把捆绑绳直接挂于吊钩上，让捆绑绳在重物空中旋转过程中与吊钩摩擦滑动，那么，不仅由于捆绑绳在吊钩上的弯曲半径小于在滑轮上的弯曲半径，使捆绑绳的强度减弱，而且，捆绑绳和吊钩都将受到较严重的磨损。

6.4　倒钩吊装法

重物在吊装过程中，需要由一个吊钩交给另一个吊钩，或者需要将重物临时搁置、吊挂一次，空钩越过障碍物再挂钩起吊，才能使重物就位的施工方法，称为倒钩吊装法。在电站施工现场的多层平台下，以及机房 10m 运转层以下的大部分管道吊装，都是用倒钩吊装法来完成的。倒钩吊装法有以下几种形式：平地支承倒钩、平地滑移倒钩、空中吊挂倒钩、空中接力倒钩和混合式倒钩等。

6.4.1　平地支承倒钩法

重物能够在支承面上临时搁置，再倒钩吊装就位的方法，称为平地支承倒钩法。用 75/20t 行车在汽轮机基础纵梁下吊装复水器，就是用平地支承倒钩法吊装的。施工步骤如下（见图 6.24）：

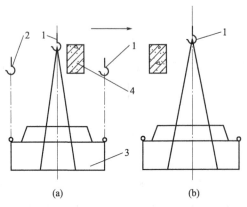

图 6.24　平地支承倒钩法吊装复水器
1—大钩；2—小钩；3—复水器；4—现浇梁

① 复水器用兜绳捆绑法起吊，并在汽轮机基础现浇纵梁下穿行，当捆绑绳碰到梁后，将复水器放在地面上搁置一次。在进行这一步吊装时，为了让复水器能多穿行一点距离，要使兜绳吊点的间距尽可能地靠近。

② 行车进行第一次倒钩（复水器第二次捆绑），将行车的大钩和小钩分别置于纵梁的两侧，为了增加穿行的距离，两捆绑点的距离尽可能地远一些（如图中点画线所示），大、小钩配合吊起复水器向前移动，直至大钩捆绑绳碰到梁后，再将复水器放在地面上第二次搁置。

③ 行车进行第二次倒钩（第三次进行复水器捆绑），其捆绑点与第一次捆绑相同，用行车的大钩起吊就位。

6.4.2 平地滑移倒钩法

吊装过程中重物在被吊着的情况下牵引滑移，使重物的重心位置进入滑道一段距离后再倒钩，并配合滑移就位的方法，称为平地滑移倒钩吊装法。

省煤器下的调煤挡板的吊装，是在省煤器及其以上设备全部吊装完毕的情况下进行的。调煤挡板组件无法一次吊装就位，所以在炉架 10m 层设一滑道，用平地滑移倒钩法吊装，其施工步骤如下：

① 重物用调绳捆绑法捆绑，吊运到炉后，使吊钩捆绑绳靠在 K_4 大梁外侧，重物起吊高度稍高于滑道。在靠近 K_4 大梁一侧的两根捆绑绳中串联两个倒链，如图 6.25(a) 所示。

② 将重物轻轻地放在滑道上，要保证重物有足够的水平度，便于牵引滑移。

③ 在重物牵引滑移的同时，放松两个倒链，直至倒链不受力。这时重心位置进入滑道一段距离，吊钩捆绑绳仍然靠着 K_4 大梁外侧，吊钩吊着重物后部的两下吊点。在重物滑行时，吊钩必须相应调整，使重物的后部始终稍高于前部，以便于牵引滑移，如图 6.25(b) 所示。

④ 在滑移牵引绳受力的情况下，慢慢放松吊钩绳，直至解掉捆绑绳进行倒钩作业。

⑤ 倒钩后的吊点选在重物托架的后部，如图 6.25(c) 所示，当重物后部被吊钩吊起少许后继续滑行，直至吊钩捆绑绳再次碰到 K_4 大梁外侧，松掉捆绑绳并把重物拖运到垂直起吊的位置。

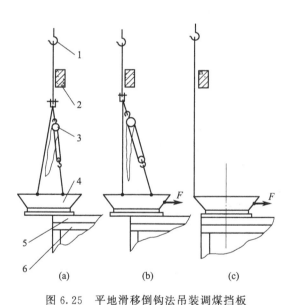

图 6.25 平地滑移倒钩法吊装调煤挡板

1—吊钩；2—K_4 大梁；3—倒链；4—调煤挡板组件；5—滑道；6—支承平台

滑移倒钩吊装的设备，在倒钩时由于重心进入滑道端头不多，此时重物悬臂部分较长，所受弯矩较大。因此对于不同的重物，要确认其有足够的抗弯强度，才能采用平地滑移倒钩法。

6.4.3 空中吊挂倒钩法

重物用一个吊钩起吊后无法重新置于地面，且需在障碍物下穿行吊装时，把重物在障碍物上临时吊挂一次，然后把吊钩倒到障碍物的另一侧，再挂上捆绑绳进行重物吊装就位的方法，称为空中吊挂倒钩法。

锅炉的一些组合件，如包墙、水冷壁，省煤器等设备吊装，在只有一台起重机的情况下，都是采用空中吊挂倒钩法吊装的。现以包墙吊装为例，说明吊挂倒钩法施工的具体步骤。

① 在 K_4 大梁的吊挂点上预挂捆绑绳。

② 为了空中倒钩时操作方便，在包墙捆绑绳的双头上卡接两个大卡环（一个卡环与吊钩上的连接捆绑绳相连，另一个卡环备用）。

③ 起重机将包墙吊运到吊钩上的连接捆绑绳紧靠在 K_4 大梁外侧。

④ 把吊挂点上的预挂捆绑绳与包墙捆绑绳上的备用卡环相连接，并缓慢落钩使预挂捆绑绳受力，如图 6.26(a) 所示。

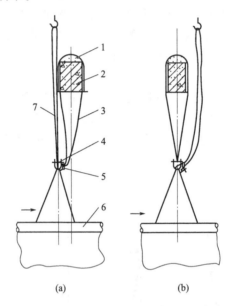

图 6.26 空中吊挂倒钩法吊装锅炉左包墙
1—垫木；2—K_4大梁；3—预挂捆绑绳；4—卡环；5—备用卡环；6—包墙；7—连接捆绑绳

⑤ 把钩下连接捆绑绳从卡环中取出，吊钩带着捆绑绳越过 K_4 大梁。

⑥ 把吊钩上的连接捆绑绳再与卡环相连接，缓慢起钩使连接捆绑绳受力，直到预挂捆绑绳完全不受力为止，如图 6.26(b) 所示。

⑦ 拆掉预挂捆绑绳，起重机将包墙吊装到安装位置。

空中吊挂倒钩吊装作业的安全注意事项：

① 吊挂绳在倒钩受力过程中将会在吊挂点上产生窜绳，而吊挂点又是棱角锋利的顶棚大梁，所以，在吊挂点上必须垫木块。

② 空中吊挂倒钩作业的备用卡环必须预先卡在重物的捆绑绳上。

③ 起重机的吊钩应始终在吊挂点之上，以避免吊钩或起重机的钢丝绳与障碍物摩擦。

④ 空中吊挂倒钩作业系高空作业，因此在倒钩处应设倒钩操作平台和上下走道，以保证操作人员的安全。

6.4.4 空中接力倒钩法

重物在空中由一个吊钩交给另一个吊钩来接替完成吊装作业的方法，称为空中接力倒钩法。空中接力倒钩习惯上称夺钩，其首要的条件是倒钩时必须有两台起重机械或两个吊钩。一般的接力倒钩只倒一次，在个别的情况下也有倒两次、三次的，无论接力倒钩的次数多少，倒钩的方法都是一样的。在施工现场，空中接力倒钩从两、三个倒链倒钩吊装各种管道，到起重机和卷扬机、起重机和起重机之间倒钩吊装锅炉组合件或其他设备，都采用了空中接力倒钩法。因此，空中接力倒钩法是应熟练掌握的一种吊装方法。

空中接力倒钩法分为以下两种形式：重物近距离水平移运时的接力倒钩和重物穿越障碍物时的接力倒钩。

（1）重物近距离水平移运时的接力倒钩

在建筑物内安装设备时，使用的倒钩机械大多是倒链、滑车组或卷扬机。由于其吊挂位置是固定的，倒一次钩要挪动一次吊挂位置（或是挪动卷扬机的导向滑车），为了让重物倒一次钩能有较长的移运距离，一般将两个吊挂点放在尽可能远的地方，此时倒链的链条或卷扬机钢丝绳被拉得很斜。因此应注意两个问题：两个吊钩到各自吊挂点连线的夹角一般不得大于120°；倒链的吊挂点受到较大的水平分力，因此倒链的吊挂绳应有防止滑移的措施。

（2）空中接力倒钩用于穿越障碍物的重物吊装

吊装时，吊钩绳应在障碍物以上并保持垂直状态，需倒钩的重物多为悬吊式锅炉组件，其重量较大，倒钩所过的障碍物多为有棱角的顶棚梁。所以，障碍物与捆绑绳有接触的地方应采用焊制半圆管的方法防止捆绑绳的损坏。另外，倒钩的地方四周都没有操作平台，所以，必须预先安装倒钩作业的安全设施。为了减少高空作业，应预先把倒钩捆绑绳挂在重物上，挂钩的绳头放在便于倒钩人员操作的地方，并加以临时固定。

6.4.5 混合式倒钩法

把前面介绍的四种倒钩方法中的任意两种方法联合使用，进行重物吊装作业，称为混合式倒钩法。

6.4.6 其他形式的倒钩

根据设备吊装的具体条件和需要，倒钩形式除上述几种常用的以外，还有其他一些形式。例如，带着吊装桁架的水冷壁在组合场地竖立后，用门座式起重机吊运到锅炉吊装区交给塔式起重机进行吊装就位的倒钩，是连同卸掉吊装桁架同时进行的；为了便于工作人员爬到水冷壁联箱上挂绳，常把水冷壁下联箱轻轻触地，以减轻或阻止水冷壁的摆动。这是不同于前面所述的各种形式的倒钩作业。

6.4.7 倒钩吊装法的使用安全注意事项

① 倒钩绳挂好后，两台起重机械的起落钩操作应缓慢平稳。

② 倒钩作业多为高空作业，又往往是在重物晃动的情况下进行的，因此倒钩作业必须严格遵守高空作业安全施工规程。

③ 在起重臂头部带有鹰嘴的两台起重机之间进行倒钩时，必须事先考虑好两台起重机的站车位置，以避免倒钩时起重臂相碰。

④ 接钩的捆绑绳应在确认可靠的情况下，方可进行倒钩作业。

⑤ 倒钩作业应用机械多，参与人员多，施工过程中应由经验丰富的技术人员统一指挥，各工种密切配合。

能力训练项目

① 双机抬吊作业。

② 重物起扳、翻身及运用。

③ 捆绑绳受力平衡及运用。

④ 倒钩吊装作业。

思考与练习

6-1 常用起重作业方法定义、种类及用途。

6-2 试述起重机械的负荷变化规律。

6-3 试述抬吊作业法的安全注意事项。

6-4 试述倒钩吊装法的安全注意事项。

7

□ 一般机械的装配与安装

7.1　一般机械的装配工艺过程

将机械零件或零部件按规定的技术要求组装成机器部件或机器，实现机械零件或部件的连接通常称为机械装配。机械装配是机器制造和修理的重要环节。机械装配工作的质量对于机器的正常运转、设计性能指标的实现以及机械设备的使用寿命等都有很大影响。装配质量差会使载荷分布不均匀、产生附加载荷、加速机械磨损甚至发生事故损坏等。对机械修理而言，装配工作的质量对机械的效能、修理工期、使用的劳力和成本等都有非常大的影响。因此，机械装配是一项非常重要而又十分细致的工作。

组成机器的零件可以分为两大类：一类是标准零部件，如轴承、联轴器、键销、螺栓等，它们是机器的主要组成部分；另一类是非标准件。

零部件的连接分为固定连接和活动连接。固定连接是指连接在一起的零部件之间不存在任何相对运动。固定连接分为可拆的固定连接如螺纹连接、键销连接及过盈连接等；不可拆的固定连接如铆接、焊接、胶合等。活动连接是指连接起来的零部件能实现一定性质的相对运动，如轴与轴承的连接、齿轮与齿轮的连接、柱塞与套筒的连接等。无论哪一种连接都必须按照技术要求和一定的装配工艺进行，这样才能保证装配质量，满足机械的使用要求。

7.1.1　机械装配的共性知识

机器的性能和精度是在机械零件加工合格的基础上，通过良好的装配工艺实现的。机器装配的质量和效率在很大程度上取决于零件加工的质量。机械装配又对机器的性能有直接的影响，如果装配不正确，即使零件加工的质量很高，机器也达不到其设计的使用要求。不同的机器其机械装配的要求与注意事项各不同，但机械装配需注意的共性问题通常有以下几个方面。

(1) 保证装配精度

保证装配精度是机械装配工作的根本任务。装配精度包括配合精度和尺寸精度。

① 配合精度　在机械装配过程中大部分工作是保证零部件之间的正常配合。为了保证配合精度，装配时要保证公差要求。目前，常采用的保证配合精度的装配方法有以下几种。

a. 完全互换法　即相互配合零件公差之和小于或等于装配允许偏差，零件完全互换。对零件不需挑选、调整或修配就能达到装配精度要求。该方法操作方便，易于掌握，生产率高，便于组织流水作业，但对零件的加工精度要求较高。适用于配合零件数较少，批量较大的场合。

b. 分组选配法　这种方法零件的加工公差按装配精度要求的允许偏差放大若干倍，对加工后的零件测量分组，对应的组进行装配，同组可以互换。零件能按经济加工精度制造，配合精度高,但增加了测量分组工作。适用于成批或大量生产,配合零件数少,装配精度较高的场合。

c. 调整法 选定配合副中一个零件制造成多种尺寸作为调整件,装配时利用它来调整到装配允许的偏差;或采用可调装置如斜面、螺纹等改变有关零件的相互位置来达到装配允许偏差。零件可按经济加工精度制造,能获得较高的装配精度。但装配质量在一定程度上依赖操作者的技术水平。调整法可用于多种装配场合。

d. 修配法 在某零件上预留修配量,在装配时通过修去其多余部分达到要求的配合精度。这种方法零件可按经济加工精度加工,并能获得较高装配精度。但增加了装配过程中的手工修配和机械加工工作量,装配时间长,且装配质量在很大程度上依赖工人的技术水平。适用于单件小批生产,或装配精度要求高的场合。

上述四种装配方法,分组选配法、调整法、修配法过去采用得比较多,完全互换法采用得较少。但随着科学技术的进步,生产的机械化、自动化程度不断提高,零件较高的加工精度已不难实现,以及为适应现代化生产的大型、连续、高速等特点,完全互换法已在机械装配中日益广泛地被采用,是机械装配的发展方向。

② 尺寸链精度 机械装配过程中,有时虽然各配合件的配合精度满足了要求,但是累积误差所造成的尺寸链误差可能超出设计范围,影响机器的使用性能。因此,装配后必须进行检验,当不符合设计要求时,应重新进行选配或更换某些零部件。

图 7.1 所示为某装配尺寸链,四个尺寸 A_0、A_1、A_2、A_3 构成了装配尺寸链。其中 A_0 是装配过程中最后形成的环,是尺寸链的封闭环,当 A_1 为最大,A_2、A_3 为最小时,A_0 最大;反之,当 A_1 为最小,A_2、A_3 为最大时,A_0 最小。A_0 值可能超出设计要求范围,因此,必须在装配后进行检验,使 A_0 符合规定。

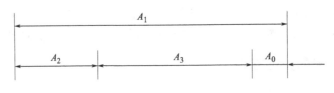

图 7.1 装配尺寸链

(2) 重视装配工作的密封性

在机械装配过程中,如果密封装置位置不当、选用密封材料和预紧程度不合适,或密封装置的装配工艺不符合要求,都可能造成机械设备漏油、漏水、漏气等现象。这种现象轻则造成能量损失,降低或丧失工作能力,造成环境污染;重则可能造成严重事故。因此在装配工作中,对密封性必须给予足够重视。要恰当地选用密封材料,严格按照正确的工艺过程合理装配,要有合理的装配紧度,并且压紧要均匀。

7.1.2 机械装配的工艺过程

机械装配的工艺过程一般是机械装配前的准备工作、装配、检验和调整。

(1) 机械装配前的准备工作

熟悉装配图样及有关技术文件,了解所装机械的用途、构造、工作原理、各零部件的作用、相互关系、连接方法及有关技术要求;掌握装配工作的各项技术规范;制定装配工艺规程、选择装配方法、确定装配顺序;准备装配时所用的材料、工具、夹具和量具;对零件进行检验、清洗、润滑，重要的旋转体零件还需进行静、动平衡试验，特别是对于转速高、运转平稳性要求高的机器，其零部件的平衡要求更为严格。

（2）装配

按照装配工艺过程，认真、细致地进行。装配的一般步骤是：先将零件装成组件，再将零件、组件装成部件，最后将零件、组件和部件总装成机器。装配应从里到外，从上到下，以不影响下道工序的原则进行。

（3）检验和调整

机械设备装配后需对设备进行检验和调整。检验的目的在于检查零部件的装配工艺是否正确，检查设备的装配是否符合设计图样的规定。凡检查出不符合规定的部位，都需进行调整。以保证设备达到规定的技术要求和生产能力。

7.1.3 机械装配工艺的技术要求

机械装配工艺的技术要求如下：

① 在装配前，应对所有的零件按要求进行检查。在装配过程中，要随时对装配零件进行检查，避免全部装好后再返工。

② 零件在装配前，不论是新件或已经清洗过的旧件都应进一步清洗。

③ 对所有的配合件和不能互换的零件，要按照拆卸、修理或制造时所做的记号，成对或成套地进行装配，不允许混乱。

④ 凡是相互配合的表面，在安装前均应涂上润滑油脂。

⑤ 保证密封部位严密，不漏水、不漏油、不漏气。

⑥ 所有锁紧止动元件，如开口销、弹簧、垫圈等必须按要求配齐，不得遗漏。

⑦ 保证螺纹连接的拧紧质量。

7.2 典型零部件的装配

7.2.1 固定连接件的装配

固定连接件的装配主要是过盈配合的装配、螺纹连接的装配和销键连接的装配。

（1）过盈配合的装配

过盈配合的装配是将较大尺寸的被包容件（轴件）装入较小尺寸的包容件（孔件）中。过盈配合能承受较大的轴向力、扭矩及动载荷，应用十分广泛，如齿轮、联轴器、飞轮、带轮、链轮与轴的连接，轴承与轴承套的连接等。它是一种固定连接，装配时要求有正确的相互位置和紧固性，还要求装配时不损伤机件的强度和精度，装入简便迅速。过盈配合要求零件的材料应能承受最大过盈所引起的应力，配合的连接强度应在最小过盈时得到保证。常用的装配方法有常温下的压装配合、热装配合、冷装配合、液压无键连接装配等。

① 常温下的压装配合　常温下的压装配合适用于过盈量较小的几种静配合，操作方法简单，动作迅速，是最常用的一种方法。根据施力方式不同，压装配合分为锤击法和压入法两种。锤击法主要用于配合面要求较低、长度较短，采用过渡配合的连接件。压入法加力均匀，方向易于控制，生产效率高，主要用于过盈配合，过盈量较小时可用螺旋或杠杆式压入工具压入，过盈量较大时用压力机压入。

压装的装配工艺为：验收装配机件、计算压入力、装入。

a. 验收装配机件　机件的验收主要应注意机件的尺寸和几何形状偏差、表面粗糙度、倒角和圆角是否符合图样要求，是否有毛刺等。机件的尺寸和几何形状偏差超出允许范围，可能造成装不进、机件胀裂、配合松动等后果；表面粗糙度不符合要求会影响配合质量；倒角不符合要求或有毛刺，在装配过程中不易导正和可能损伤配合表面；圆角不符合要求，可能使机件装不到预定的位置。

机件尺寸和几何形状的检查，一般用千分尺或 0.02mm 的游标卡尺，在轴颈和轴孔长度上 2 个或 3 个截面的几个方向进行测量，而其他内容靠样板和目视进行检查。

机件验收的同时，也就得到了相配合机件实际过盈的数据，它是计算压入力、选择装配方法等的主要依据。

b. 计算压入力　压装时压入力必须克服轴压入孔时的摩擦力，该摩擦力的大小与轴的直径、有效压入长度和零件表面粗糙度等因素有关。由于各种因素很难精确计算，所以在实际装配工作中，常采用经验公式进行压入力的估算。

当孔、轴件的材质均为钢时：

$$P = \frac{28\left[\left(\frac{D}{d}\right)^2 - 1\right]il}{\left(\frac{D}{d}\right)^2} \tag{7.1}$$

当轴件的材质为钢、孔件的材质为铸铁时：

$$P = \frac{42\left(\frac{D}{d} + 0.3\right)il}{\frac{D}{d} + 6.35} \tag{7.2}$$

式中　P——压入力，kN；

　　　D——孔件内径，mm；

　　　l——配合面的长度，mm；

　　　i——实测过盈量，mm；

　　　d——轴件外径，mm。

一般应根据上式计算出的压入力再增加 20%～30% 选用压入机械为宜。

c. 装入　首先应使装配表面保持清洁，并涂上润滑油，以减少装入时的阻力和防止装配过程中损伤配合表面；其次应注意均匀加力，并注意导正，压入速度不可过急过猛，否则不但不能顺利装入，而且还可能损伤配合表面，压入速度一般为 2～4mm/s，不宜超过 10mm/s；另外，应使机件装到预定位置方可结束装配工作。用锤击法压入时，还要注意不要打坏机件，为此常采用软垫加以保护。装配时如果出现装入力急剧上升或超过预定数值时，应停止装配，必须在找出原因并进行处理之后方可继续装配。其原因常常是检查机件尺寸和几何形状偏差时不仔细，键槽有偏移、歪斜或键尺寸较大，以及装入时没有导正等。

② 热装与冷装配合

a. 热装配合　热装的基本原理是：通过加热包容件（孔件），使其直径膨胀增大到一定数值，再将与之配合的被包容件（轴件）自由地送入包容件中，孔件冷却后，轴件就被紧紧地包住，其间产生很大的连接强度，达到压装配合的要求。其工艺过程为：

ⅰ. 验收装配机件　热装时装配件的验收和测量过盈量与压入法相同。

ⅱ. 确定加热温度 热装配合孔件的加热温度常用下式计算：

$$t = \frac{(2 \sim 3)i}{k_a d} + t_0 \tag{7.3}$$

式中 t——加热温度，℃；

t_0——室温，℃；

i——实测过盈量，mm；

k_a——孔件材料的线胀系数，℃$^{-1}$；

d——未加热时孔的公称直径，mm。

ⅲ. 选择加热方法 常用的加热方法有以下几种，具体操作时可根据实际工况选择。

• 热浸加热法。加热均匀、方便，常用于加热轴承。其方法是将机油放在铁盒内加热，再将需加热的零件放入油内即可。对于忌油连接件，则可采用沸水或蒸汽加热。常用于尺寸及过盈量较小的连接件。

• 氧-乙炔焰加热法。多用于较小零件的加热，这种加热方法简单，但易于过烧，故要求具有熟练的操作技术。

• 固体燃料加热法。该方法可根据零件尺寸大小临时用砖砌一加热炉或将零件用砖垫上用木柴或焦炭加热。适用于结构比较简单，要求较低的连接件。为了防止热量散失，可在零件表面盖一与零件外形相似的焊接罩子。此法简单，但加热温度不易掌握，零件加热不均匀，而且炉灰飞扬，易引起火灾，最好慎用。

• 煤气加热法。此法操作简单，加热时无煤灰，且温度易于掌握。对大型零件只要将煤气烧嘴布置合理，也可做到加热均匀。

• 电阻加热法。用镍-铬电阻丝绕在耐热瓷管上，放入被加热零件的孔里，对镍-铬电阻丝通电便可加热。为了防止散热，可用石棉板做一外罩盖在零件上，这种方法只用于精密设备或有易爆易燃的场所。

• 电感应加热法。利用交变电流通过铁芯（被加热零件可视为铁芯）外的线圈，使铁芯产生交变磁场，在铁芯内与磁力线垂直方向产生感应电动势，此感应电动势以铁芯为导体产生电流。这种电流在铁芯内形成涡流现象，称为涡电流，在铁芯内电能转化为热能，使铁芯变热。此外，当铁芯磁场不断变动时，铁芯被磁化的方向也随着磁场的变化而变化，这种变化将消耗能量而变为热能使铁芯热上加热。此法操作简单，加热均匀，无炉灰，不会引起火灾，最适合于装有精密设备或有易爆易燃的场所，还适合于特大零件的加热。

ⅳ. 测定加热温度 在加热过程中，利用红外线温度测试仪测定温度。

ⅴ. 装入 装入时应去掉孔表面上的灰尘、污物；必须将零件装到预定位置，并将装入件压装在轴肩上，直到机件完全冷却为止；不允许用水冷却机件，避免造成内应力，降低机件的强度。

b. 冷装配合 当孔件机体尺寸较大而压入的零件机体尺寸较小时，采用加热孔件既不方便又不经济，甚至无法加热；或有些孔件不允许加热时，可采用冷装配合，即用低温冷却的方法使被压入的零件尺寸缩小，然后迅速将其装入到带孔的零件中去。

冷装配合的冷却温度可按下式计算：

$$t = \frac{(2 \sim 3)i}{k_a d} - t_0 \tag{7.4}$$

式中 t——冷却温度，℃；

i——实测过盈量，mm；

k_a——被冷却材料的线胀系数，℃$^{-1}$；

d——被冷却件的公称尺寸，mm；

t_0——室温，℃。

常用冷却剂及冷却温度见表7.1。

表 7.1　常用冷却剂及冷却温度

冷凝剂	冷却温度
固体二氧化碳加酒精或丙酮	-75℃
液氨	-120℃
液氧	-180℃
液氮	-190℃

冷却前应将被冷却件的尺寸进行精确测量，并按冷却的工序及要求在常温下进行试装演习，目的是为了准备好操作和检查的必要工具、量具及冷藏运输容器，检查操作工艺是否合适。

冷却装配要特别注意操作安全，预防冻伤操作者。

③ 液压无键连接装配　液压无键连接装配是一种先进技术，它对高速重载、拆装频繁的连接件具有操作方便、使用安全可靠等特点。国外普遍应用于重型机械的装配，国内随着加工技术的提高和高压技术的进步，也将得到推广。

a. 液压无键连接的原理　液压无键连接是利用高压油的压力使相互配合的孔件和轴件分别产生弹性膨胀与收缩，然后将孔件与轴件进行装配，装配到预定位置后，卸去油压力，孔件和轴件恢复原形，即获得过盈配合。下面以轧钢机万向联轴器的装配为例，简述液压无键装配过程，如图7.2所示。

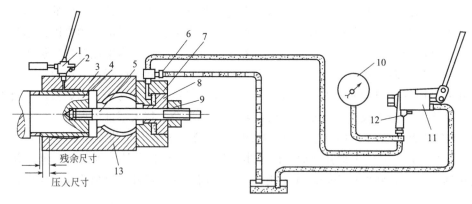

图 7.2　轧钢机万向联轴器液压无键连接

1—膨胀油泵；2，6—放气孔；3—锥套；4—轴；5—螺杆；7—缸体；8—活塞；
9—螺母；10—压力表；11—压入油泵；12—放气阀；13—联轴器

万向联轴器13与轴4之间有一个过渡锥套3。锥套3的内孔与轴4的配合是圆柱面滑动配合，膨胀油泵1的高压油进入锥套3与联轴器13的配合面之间，使联轴器13的内孔弹性膨胀，同时锥套3产生弹性压缩，紧箍在轴4上，这时开动压入油泵11，使联轴器13受轴向推力，产生轴向移动，直至联轴器装到预定位置。当膨胀油泵卸荷时，联轴器失去油压，产生弹性收缩，紧紧箍在锥套上，并使锥套弹性收缩，紧紧箍在轴上。同样道理，拆卸也十分方便。

b. 液压无键连接的装配与拆卸工艺过程

ⅰ. 装配前的准备工作

• 检查室温，最好在 16℃ 以上。

• 检查连接件的尺寸和几何形状偏差，锥面一定要光滑清洁，油眼、油沟不能有毛刺。

• 锥套、轴颈和联轴器内孔必须用非常干净的油清洗，用干净布擦净，不得用破布或毛织物擦洗。

• 用砂布去掉锐棱。

• 用红丹粉检查配合锥面的接触程度，接触面应达 60%～70%，大头可略差些，但小头一定要保证接触点良好。装配完后，接触面应从 70% 提高到 80%。

• 采用过渡中间锥套时，要按图样公差要求检查锥套孔和轴之间的间隙。

ⅱ. 压入

• 在锥套外锥面、联轴器或轴承的内锥面涂以极少许的油，以减少摩擦阻力。

• 用人力将联轴器锥面轻轻推到锥套的外锥面上，并用游标卡尺检查残余尺寸是否与图样相符。

• 接通膨胀油泵出油管，启动压入油泵，从放气孔压出空气，开始压入时，压入长度很小，此时从配合面有极少量的油（或油泡沫）渗出，可继续升压，如油压已达到规定值而行程尚未到达时，应稍停压入，待包容件逐渐扩大后，继续压入，直到规定行程。

• 达到规定行程后，卸荷膨胀油泵，等待一段时间，再取下压入工具，以防止被包容件弹出而造成事故。等待时间与室温有关，室温越低，等待时间越长，一般室温在 0～15℃，等待 10min 以上；天气寒冷时，等待 30min 以上。

• 最后拆出各种油管接头，用塞头把油孔堵塞。

c. 拆卸

ⅰ. 拆卸时的油压比压入时低，每拆卸一次再压入时，压入行程一般稍增加，增加量与配合面锥度及加工精度有关。

ⅱ. 拆卸时使用同样的膨胀工具，应在拆卸工具端面与联轴器端面间垫一块厚度约 20mm 的橡胶，以防止联轴器自动飞出。

(2) 螺纹连接的装配

螺纹连接结构简单、连接可靠、拆卸方便迅速，广泛应用在各种不同的机器上。螺纹连接还可以传递运动和动力，简单地将旋转运动转化为直线运动。

螺纹传动的装配质量主要通过连接零件的加工质量来保证，这就要求螺纹传动零件的各项加工偏差在公差范围内，具有良好的互换性，另外还要特别注意装配时的正确预紧和防松。

① 螺纹连接的预紧与防松

a. 螺纹连接的预紧　正确地拧紧螺栓或螺母，使螺纹连接有一定的预紧力和在预紧力作用下连接件的弹性变形，是保证螺纹连接可靠性和紧密性的主要因素。预紧力太小，在工作载荷的作用下会使螺纹连接失去紧固性和严密性；预紧力过大，则会使螺纹连接零件所受的力超过其强度所允许的数值，进而使螺纹连接损坏。

受轴向载荷螺纹连接的预紧力 P_0 可由下式确定：

$$P_0 = K_0 P \qquad (7.5)$$

式中　P——工作载荷；

　　　K_0——预紧系数。

预紧系数 K_0 根据连接情况和重要程度由表 7.2 选取。

表 7.2　预紧力 K_0 值

连接情况		K_0 值	连接情况		K_0 值
紧固	静载荷	1.2～2.0	紧密	软垫	1.5～2.5
	变载荷	2.0～4.0		金属成型垫	2.5～3.5
				金属平垫	3.0～4.5

为了达到正确的预紧目的，可采用以下几种方法控制预紧力。

ⅰ. 用专门的装配工具　如测力扳手、定力矩扳手等。

ⅱ. 测量螺栓伸长量　螺栓伸长量可按下式计算：

$$\lambda_0 = \frac{P_0 L}{E_1 A_1} \qquad (7.6)$$

式中　λ_0——螺栓伸长量，mm；

　　　P_0——预紧力，kN；

　　　L——螺栓有效长度，mm；

　　　E_1——螺栓材料的弹性模量，GPa；

　　　A_1——螺栓的截面积，mm^2。

ⅲ. 测量螺母的旋转角度　从螺母开始与零件表面贴合时起，一边旋紧螺母，一边测量旋转的角度。其值按下式计算：

$$\alpha = P_0 \frac{360}{t}\left(\frac{L}{E_1 A_1} + \frac{L_2}{E_2 A_2}\right) \qquad (7.7)$$

式中　α——旋紧的角度，(°)；

　　　P_0——预紧力，kN；

　　　t——螺距，mm；

　　　L——螺栓的有效长度，mm；

　　　L_2——被连接零件的高度，mm；

E_1、E_2——螺栓材料和被连接零件材料的弹性模量，GPa；

A_1、A_2——螺栓和被连接零件的截面面积，mm^2。

b. 螺纹连接的防松　螺纹连接一般都具有自锁性，在工作温度变化不大、承受静载荷时，不会自行松动；但在冲击、振动或交变载荷作用下以及工作温度变化很大时，自锁性就会受到破坏，为保证可靠的连接，必须采取有效的防松措施。

防松装置按其工作原理分为机械防松装置和摩擦防松装置。常见的防松方法见表 7.3。

② 螺纹装配工艺

a. 双头螺栓的装配要点

ⅰ. 将双头螺栓涂上润滑油，其目的是防止螺栓拧入时卡死，便于拆卸和重复安装。

ⅱ. 双头螺栓轴心线必须与机体表面垂直。装配时用角尺检查，若轴心线与机体表面有少量倾斜时，可用丝锥校正螺孔，或用装配的双头螺栓校正；若倾斜较大，不得强力校正，以防止螺栓连接的可靠性受到破坏。

表 7.3 螺纹连接的防松办法

	锁紧方法及应用	装配注意事项
增大摩擦力	靠弹簧垫圈压紧后产生的弹力增大螺纹之间的摩擦力。结构简单,但由于弹力不够,不十分可靠,多用于不太重要的连接	①左旋与右旋螺纹不能用斜口方向相同的弹簧垫圈,斜口方向为防止松动的方向 ②拆卸后,使用过的弹簧垫圈应更换 ③弹簧垫圈不允许用普通垫圈代替
	利用双螺母拧紧后的对顶作用产生附加摩擦力。用于低速重载或较平稳的场合,振动大的机器中不够可靠	在高速、振动大的机器中必须经常进行检查和紧固
机械方法	花螺母配以开口销。防松可靠,但螺栓上的销孔不易与螺母最佳位置的槽口吻合,装配较难。用于变载、振动易松动处	开口销必须与孔径选配,不能用铁丝代替,在拆卸修理时,应更换开口销
	普通螺母配开口销,为便于装配,销孔待螺母拧紧后配钻。适用于单件生产的重要连接	开口销必须与孔径选配,不能用铁丝代替,在拆卸修理时,应更换开口销
	用带有两个或几个凸耳的垫圈装在螺母下边。装配时,一个凸耳放入螺栓的缺口中,另一个凸耳则紧贴螺母的切口	凸耳不可反复折曲
	用钢丝锁紧一组螺母	钢丝的缠绕方向应是使螺母拉近的方向
	利用斜楔楔入螺栓横孔压紧螺母。防松良好。一般用于大直径螺栓连接	斜楔楔入深度根据计算的螺栓伸长量
	用焊接的方法防松。只用于受较大冲击载荷的螺栓连接。一般情况下避免采用	焊接要使螺栓与螺母不能发生相对运动,且不损坏连接零件

ⅲ. 为保证螺栓和机体连接的配合足够紧固,螺栓紧固端采用过渡配合,具体可采用台肩形式或利用最后几圈较浅螺纹使配合紧固。

b. 螺母与螺钉的装配要点

ⅰ. 螺母或螺钉与被紧固件贴合表面要光洁、平整。

ⅱ. 严格控制拧紧力矩,过大的拧紧力矩会使螺栓或螺钉拉长甚至折断,或引起被连接件严重变形。拧紧力矩不足时,使连接容易松动,影响可靠性。

ⅲ. 螺母拧紧后,弹簧垫圈要在整个圆周上同螺母和被连接件表面接触。螺纹露在螺母外边的长度不得少于两扣。

ⅳ. 拧紧成组螺母时,需按一定顺序进行,逐步分次拧紧,否则会使螺栓或机体受力不均产生变形。拧紧长方形布置的成组螺母时,应从中间开始,逐步向两侧扩展;拧紧圆形或方形布置的成组螺母时,必须对称拧紧,如图 7.3 所示。

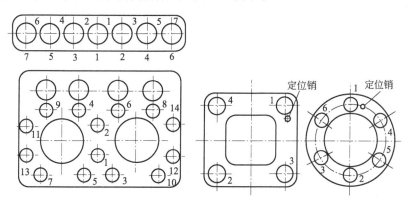

图 7.3 拧紧螺母的顺序

(3) 销、键连接的装配

① 销连接的装配

a. 圆柱销的装配　圆柱销主要用于定位，也可用于连接，它依靠过盈量固定在被连接零件的孔中，因此对销孔尺寸、形状、表面粗糙度要求都较高，所以在装配之前销孔必须进行铰制。通常是将两个被连接件进行配钻、铰，并使孔壁表面粗糙度 Ra 值不大于 $1.6\mu m$，装配时应在销的表面涂以全损耗系统用油，然后用铜棒将销子轻轻打入孔中。拆卸时，可用一个直径小于销孔的金属棒将销用锤子击出。圆柱销装入后尽量不要拆，以防影响定位精度和连接的可靠性。

b. 圆锥销的装配　圆锥销的定位精度高，并且可以多次装拆，可用于定位、固定零件和传递动力。它与被连接件的配合处有 1∶50 的锥度，在装配时，两个被连接件的销孔应进行配钻、铰，钻孔时按圆锥销小头直径选择钻头，钻孔后用 1∶50 锥度的铰刀铰孔。为了保证销与销孔有足够的配合过盈量，可在铰孔时用试装法控制孔径，以销能自由地插入其全长的 80%～90% 为宜。用锤子敲入后，销的大小端可稍露出被连接件的表面。

拆卸圆锥销时，可从小头向外敲出；有螺尾的或有内螺纹的圆锥销可以旋出，或是用拔销器拔出。

② 键连接的装配

根据结构特点和用途，键连接可分为松键连接、紧键连接和花键连接三大类。

a. 松键连接的装配　松键连接所用的键有普通平键、半圆键、导向平键和滑键等。它们的共同特点是靠键的侧面来传递转矩，其对中性好，能保证轴与轴上零件有较高的同轴度，但只能对轴上零件进行周向固定，而不能承受轴向力。

松键连接的装配技术要求及装配要点如下：

ⅰ. 应保证键与键槽的配合要求。普通平键的两侧面与键槽必须有较高的配合精度，键与轴槽采用 P9/h9、H9/h9 或 N9/h9 配合，键与毂槽采用 Js9/h9、D10/h9 或 P9/h9 配合。

导向平键与轴槽采用 H9/h9 配合，并用螺钉将键固定在轴上，键与轮毂的键槽两侧面则应形成间隙配合 D10/h9，以使轴上零件能在轴上灵活移动。滑键连接的键固定在轮毂槽中（过渡配合），而键与轴槽两侧面需达到精确的间隙配合，使轴上零件能带键在轴上移动。

ⅱ. 键与键槽应具有较小的表面粗糙度值，装配时还应注意清理键及键槽上的毛刺。

ⅲ. 键装入轴槽中应与槽底贴紧，键在长度方向与轴槽之间应有 0.1mm 的间隙，同时键的顶面和轮毂槽之间有 0.3～0.5mm 的间隙。

ⅳ. 对于普通平键和导向平键，可以用键的头部与轴槽试配，键的头应能较紧地嵌在轴槽中，装配时在配合面上应涂上全损耗系统用油，然后用铜棒或台虎钳将键压装在轴槽中，使它与槽底接触良好。

b. 紧键连接的装配　紧键连接又称楔键连接，键的侧面与键槽间有一定间隙，而键的上表面与轮毂槽上表面有 1∶100 的斜度。装配时，需用力将键打入，传递转矩和承受单侧轴向力，装配精度不高，对中性差。装配时用涂色法检查键的斜面与轮毂槽的斜面是否有相同的斜度，斜度不同将导致孔件歪斜。键的上、下工作表面应与轴槽和轮毂槽底部贴紧，两侧面应留有间隙。

装配钩头楔键时，为便于拆卸，应使钩头不贴紧孔件端面，必须留出一定间隙。对于切向键，两斜面应吻合，打入孔件时方向应正确，紧度适当，工作面应采用涂色法检验，使之紧密贴合，不得松动，键与键槽两侧面间均不得接触。

　　c. 花键连接的装配　花键连接具有传递转矩大、对中性和导向性好、强度高等优点，但成本高。按花键齿廓的特点，可将花键分为矩形、渐开线形和三角形三种。按花键的配合方式可分为外径定心、内径定心、齿侧定心三种。按花键连接方式可分为固定连接花键和滑动连接花键两种。

　　ⅰ. 固定连接的花键装配　由于被连接件应在花键轴上固定，所以有少量的过盈。在装配时可用铜棒轻轻敲入，但不得过紧，以免拉伤配合表面。若过盈量较大，可将被连接件加热到 80～120℃ 后进行装配。

　　ⅱ. 滑动连接的花键装配　装配前应进行试装，装配后要求被连接件在花键轴上能灵活移动，没有卡涩、阻滞现象，但也不应过松，用手扳动被连接件，不应感觉有明显的周向间隙。

　　拉削后进行热处理的内花键，内孔因热处理会产生微量的缩小变形，此时可用花键推刀修整，或用涂色法显示阻滞位置，用锉刀或刮刀修整，以达到技术要求。

7.2.2　齿轮、联轴器的装配

（1）齿轮的装配

　　齿轮传动的装配是机器检修时比较重要、要求较高的工作。装配良好的齿轮传动，噪声小、振动小、使用寿命长。要达到这样的要求，必须控制齿轮的制造精度和装配精度。

　　齿轮传动装置的形式不同，装配工作的要求也不同。

　　封闭齿轮箱且采用滚动轴承的齿轮传动，两轴的中心距和相对位置由箱体轴承孔的加工来决定。齿轮传动的装配工作只是通过修整齿轮传动的制造偏差，没有两轴装配的内容。封闭齿轮箱采用滑动轴承时，在轴瓦的刮研过程中，使两轴的中心距和相对位置在较小范围内得到适当的调整。对具有单独轴承座的开式齿轮传动，在装配时除了修整齿轮传动的制造偏差，还要正确装配齿轮轴，以保证齿轮传动的正确连接。

　　① 齿轮传动的精度等级与公差　以下仅介绍最常见的圆柱齿轮传动的精度等级及其公差。

　　a. 圆柱齿轮的精度　包括以下四个方面。

　　ⅰ. 传递运动准确性精度　指齿轮在一转范围内，齿轮的最大转角误差在允许的偏差内，从而保证从动件与主动件的运动协调一致。

　　ⅱ. 传动的平稳性精度　指齿轮传动瞬时传动比的变化。由于齿形加工误差等因素的影响，使齿轮在传动过程中出现转动不平稳，引起振动和噪声。

　　ⅲ. 接触精度　指齿轮传动时，齿与齿表面接触是否良好。接触精度不好，会造成齿面局部磨损加剧，影响齿轮的使用寿命。

　　ⅳ. 齿侧间隙　指齿轮传动时非工作齿面间应留有一定的间隙，这个间隙对储存润滑油、补偿齿轮传动受力后的弹性变形和热膨胀以及齿轮传动装置制造误差和装配误差等都是必需的。否则，齿轮在传动过程中可能造成卡死或烧伤。

　　目前我国使用的圆柱齿轮公差标准是 GB 10095—2008，该标准对齿轮及齿轮副规定了12个精度等级，精度由高到低依次为 1，2，3，…，12 级。齿轮的传递运动准确性精度、传动的平稳性精度、接触精度，一般情况下，选用相同的精度等级。根据齿轮使用要求和工作条件的不同，允许选用不同的精度等级。选用不同的精度等级时以不超过一级为宜。

　　确定齿轮精度等级的方法有计算法和类比法。多数场合采用类比法，类比法是根据以往产品设计、性能试验、使用过程中所积累的经验以及较可靠的技术资料进行对比，从而确定齿轮的精度等级。

表 7.4 列出了各种机械采用齿轮的精度等级。

表 7.4 各种机械采用齿轮的精度等级

应用范围	精度等级	应用范围	精度等级
测量齿轮	3～5	航空发动机	4～7
汽轮机减速器	3～6	拖拉机	6～10
金属切削机床	3～8	轧钢设备的小齿轮	6～10
内燃机车与电气机车	6～7	矿用绞车	8～10
轻型汽车	5～8	起重机机构	7～10
重型机车	6～9	农用机械	8～11
一般用途的减速器	6～9		

b. 圆柱齿轮公差　按齿轮各项误差对传动的主要影响，将齿轮的各项公差分为Ⅰ、Ⅱ、Ⅲ三个公差组。在生产中，不必对所有公差项目同时进行检验，而是将同一公差组内的各项指标分为若干个检验组，根据齿轮副的功能要求和生产规模，在各公差组中，选定一个检验组来检验齿轮的精度（参见 GB 10095—2008 规定的检验组）。

选择检验组时，应根据齿轮的规格、用途、生产规模、精度等级、齿轮的加工方式、计量仪器、检验目的等因素综合分析、合理选择。

圆柱齿轮传动的公差参见 GB 10095—2008《渐开线圆柱齿轮精度》。

② 齿轮传动的装配

a. 圆柱齿轮的装配　对于金属压力加工、冶金和矿山机械的齿轮传动，由于传动力大、圆周速度不高，因此齿面接触精度和齿侧间隙要求较高，而对运动精度和工作平稳性精度要求不高。齿面接触精度和适当的齿侧间隙和齿轮与轴、齿轮轴组件与箱体的正确装配有直接关系。

圆柱齿轮传动的装配过程，一般是先把齿轮装在轴上，再把齿轮轴组件装入齿轮箱。

ⅰ. 齿轮与轴的装配　齿轮与轴的连接形式有空套连接、滑移连接和固定连接三种。

空套连接的齿轮与轴的配合性质为间隙配合，其装配精度主要取决于零件本身的加工精度，因此在装配前应仔细检查轴、孔的尺寸是否符合要求，以保证装配后的间隙适当；装配中还可将齿轮内孔与轴进行配研，通过对齿轮内孔的修刮使空套表面的研点均匀，从而保证齿轮与轴接触的均匀度。

滑移齿轮与轴之间仍为间隙配合，一般多采用花键连接，其装配精度也取决于零件本身的加工精度。装配前应检查轴和齿轮相关表面和尺寸是否合乎要求；对于内孔有花键的齿轮，其花键孔会因热处理而使直径缩小，可在装配前用花键推刀修整花键孔，也可用涂色法修整其配合面，以达到技术要求；装配完成后应注意检查滑移齿轮的移动灵活程度，不允许有阻滞，同时用手扳动齿轮时，应无歪斜、晃动等现象发生。

固定连接的齿轮与轴的配合多为过渡配合（有少量的过盈）。对于过盈量不大的齿轮和轴在装配时，可用锤子敲击装入；当过盈量较大时可用热装或专用工具进行压装；过盈量很大的齿轮，则可采用液压无键连接等装配方法将齿轮装在轴上。在进行装配时，要尽量避免齿轮出现齿轮偏心、齿轮歪斜和齿轮端面未贴紧轴肩等情况。

对于精度要求较高的齿轮传动机构，齿轮装到轴上后，应进行径向圆跳动的检查和端面圆跳动检查。其检查方法如图 7.4 所示，将齿轮轴架在两顶尖上（或 V 形铁上），测量齿轮径向跳动量时，在齿轮齿间放一圆柱检验棒，将千分表测头触及圆柱检验棒上母线得出一个读数，然后转动齿轮，每隔 3～4 个轮齿测出一个读数，在齿轮旋转一周范围内，千分表读数的最大代数差即为齿轮的径向圆跳动误差；

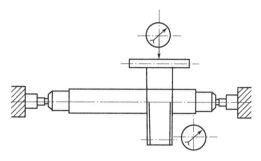

图 7.4 齿轮跳动量检查

检查端面圆跳动量时，将千分表的测头触及齿轮端面上，在齿轮旋转一周范围内，千分表读数的最大代数差即为齿轮的端面圆跳动误差（测量时注意保证轴不发生轴向窜动）。

圆柱齿轮传动装配的注意事项：

• 齿轮孔与轴配合要适当，不得产生偏心和歪斜现象；

• 齿轮副应有准确的装配中心距和适当的齿侧间隙；

• 保证齿轮啮合时，齿面有足够的接触面积和正确的接触部位；

• 如果是滑移齿轮，则当其在轴上滑移时，不得发生卡住和阻滞现象，且变换机构能保证齿轮的准确定位，使两啮合齿轮的错位量不超过规定值；

• 对于转速高的大齿轮，装配在轴上后应进行平衡试验，以保证工作时转动平稳。

ⅱ. 齿轮轴组件装入箱体　齿轮轴组件装入箱体是保证齿轮啮合质量的关键工序。因此在装配前，除对齿轮、轴及其他零件的精度进行认真检查外，对箱体的相关表面和尺寸也必须进行检查，检查的内容一般包括孔中心距、各孔轴线的平行度、轴线与基面的平行度、孔轴线与断面的垂直度以及孔轴线间的同轴度等。检查无误后，再将齿轮轴组件按图样要求装入齿轮箱内。

ⅲ. 装配质量检查　齿轮组件装入箱体后其啮合质量主要通过齿轮副中心距偏差、齿侧间隙、接触精度等进行检查。

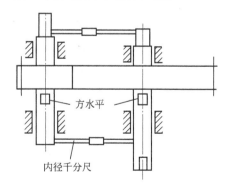

图 7.5　齿轮中心距测量

• 测量中心距偏差值　中心距偏差可用内径千分尺测量。图 7.5 为内径千分尺及方水平测量中心距示意图。

• 齿侧间隙检查　齿侧间隙的大小与齿轮模数、精度等级和中心距有关。齿侧间隙大小在齿轮圆周上应均匀，以保证传动平稳，没有冲击和噪声；在齿的长度上应相等，以保证齿轮间接触良好。

齿侧间隙的检查方法有压铅法和千分表法两种。

压铅法简单，测量结果比较准确，应用较多。具体测量方法是：在小齿轮齿宽方向上如图 7.6 所示，放置两根以上的铅丝，铅丝的直径根据间隙的大小选定，铅丝的长度以压上三个齿为好，并用干油粘在齿上。转动齿轮将铅丝压好后，用千分尺或精度为 0.02mm 的游标卡尺测量压扁的铅丝的厚度。在每条铅丝的压痕中，厚度小的是工作侧隙，厚度较大的是非工作侧隙，最厚的是齿顶间隙。轮齿的工作侧隙和非工作侧隙之和即为齿侧间隙。

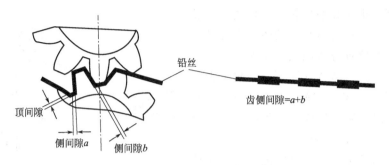

图 7.6　压铅法测量齿侧间隙

　　千分表法用于较精确的啮合。如图 7.7 所示，在上齿轮轴上固定一个摇杆 1，摇杆尖端支在千分表 2 的测头上，千分表安装在平板上或齿轮箱中。将下齿轮固定，在上下两个方向上微微转动摇杆，记录千分表指针的变化值，则齿侧间隙可用下式计算：

$$C_n = C\frac{R}{L} \tag{7.8}$$

式中　　C——千分表上读数值；

　　　　R——上部齿轮节圆半径，mm；

　　　　L——两齿轮中心线至千分表测头的距离，mm。

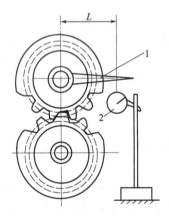

图 7.7　千分法测量齿侧间隙
1—摇杆；2—千分表

　　当测得的齿侧间隙超出规定值时，可通过改变齿轮轴位置和修配齿面来调整。

　　•齿轮接触精度的检验　评定齿轮接触精度的综合指标是接触斑点，即装配好的齿轮副在轻微制动下运转后齿侧面上分布的接触痕迹。可用涂色法检查，方法是：将齿轮副的一个齿轮侧面涂上一层红铅粉，并在轻微制动下，按工作方向转动齿轮 2～3 转，检查在另一齿轮侧面上留下的痕迹斑点。正常啮合的齿轮，接触斑点应在节圆处上下对称分布，并有一定面积，具体数值可查有关手册。

　　影响齿轮接触精度的主要因素是齿形误差和装配精度。若齿形误差大，会导致接触斑点位置正确，但面积小，此时可在齿面上加研磨剂并转动两齿轮进行研磨以增加接触面积；若齿形正确但装配误差大，在齿面上易出现各种不正常的接触斑点，可在分析原因后采取相应措施进行处理。

　　如图 7.8 所示，可根据接触斑点的分布判断啮合情况。

　　•测量轴心线平行度误差　轴心线平行度误差包括水平方向平行度误差 δ_χ 和垂直方向平行度误差 δ_y。水平方向平行度误差 δ_χ 的测量方法可先用内径千分尺测出两轴两端的中心距尺寸，然后计算出平行度误差。垂直方向平行度误差 δ_y 可用千分表法，也可用涂色法及压铅法。

　　b. 圆锥齿轮的装配

　　圆锥齿轮的装配与圆柱齿轮的装配基本相同。所不同的是圆锥齿轮传动两轴线相交，交角一般为 90°。装配时值得注意的问题主要是轴线夹角的偏差、轴线不相交偏差和分度圆锥顶点偏移，以及啮合齿侧间隙和接触精度应符合规定要求。

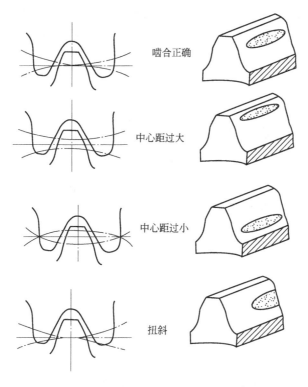

图 7.8 根据接触斑点的分布判断啮合情况

　　圆锥齿轮传动轴线的几何位置一般由箱体加工所决定，轴线的轴向定位一般以圆锥齿轮的背锥作为基准，装配时使背锥面平齐，以保证两齿轮的正确位置。圆锥齿轮装配后要检查齿侧间隙和接触精度。齿侧间隙一般是检查法向侧隙，检查方法与圆柱齿轮相同。若侧隙不符合规定，可通过齿轮的轴向位置进行调整。接触精度也用涂色法进行检查，当载荷很小时，接触斑点的位置应在齿宽中部稍偏小端，接触长度约为齿长的 2/3 左右。载荷增大，斑点位置向齿轮的大端方向延伸，在齿高方向也有扩大。如装配不符合要求，应进行调整。

　　c. 蜗轮、蜗杆的装配

　　ⅰ. 蜗杆传动的装配要求　　蜗杆传动机构装配时，要解决的主要问题是位置正确。为达到该目的，在装配时必须控制下列方面的装配误差：蜗轮和蜗杆轴心线的垂直度误差；蜗杆轴心线与蜗轮中间平面之间的偏移；蜗轮与蜗杆啮合时的中心距；蜗轮与蜗杆啮合侧隙误差；蜗轮与蜗杆的接触面积误差。

　　装配时，首先安装蜗轮，将蜗轮装配到轴上的过程和检查方法均与装配圆柱齿轮相同，装配前，应首先检查箱体孔中心线与轴心线的垂直度误差和中心距误差。

　　ⅱ. 蜗杆传动的装配步骤　　其装配步骤是：将蜗轮齿圈压装在轮毂上，并用螺钉固定；将蜗轮装配到蜗轮轴上；将蜗轮轴组件安装到箱体上；装配蜗杆，蜗杆轴心线位置由箱体孔所确定。

　　ⅲ. 装配质量检查　　蜗轮、蜗杆装配质量的检查主要包括以下几个方面：蜗轮与蜗杆轴心线垂直度检查，通常用摇杆和千分表检查；蜗轮与蜗杆中心距检查，通常用内径千分尺测量；蜗杆轴心线与蜗轮中间平面之间偏移量的检查，通常用样板法和挂线法检查，如图 7.9 所示。蜗轮与蜗杆啮合侧隙检查，可用塞尺、千分表检查，又分直接测量法和间接测量法；蜗轮与蜗杆啮合接触面积误差的检查，将蜗轮、蜗杆装入箱体后，将红铅粉涂在蜗杆螺旋面上，转动蜗杆，用涂色法检查蜗杆与蜗轮的相互位置、接触面积和接触斑点等情况。

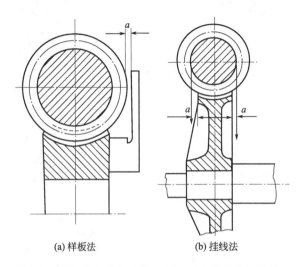

(a) 样板法　　　　　　(b) 挂线法

图 7.9　蜗杆轴心线与蜗轮中间平面之间偏移量的检查

蜗轮、蜗杆装配后出现的各种偏差，可以通过移动蜗轮中间平面的位置改变啮合接触位置来修正，也可刮削蜗轮轴瓦找正中心线偏差。装配后还应检查是否转动灵活。

（2）联轴器的装配

联轴器用于连接不同机器或部件，将主动轴的运动及动力传递给从动轴。联轴器的装配内容包括两方面：一是将轮毂装配到轴上；二是联轴器的找正和调整。

轮毂与轴的装配大多采用过盈配合，装配方法可采用压入法、冷装法、热装法及液压装配法。以下仅介绍联轴器的找正和调整。

① 联轴器装配的技术要求　联轴器装配主要技术要求是保证两轴线的同轴度。过大的同轴度误差将使联轴器、传动轴及其轴承产生附加载荷，引起机器的振动、轴承的过早磨损、机械密封的失效，甚至发生疲劳断裂事故。因此，联轴器装配时，总的要求是其同轴度误差必须控制在规定的范围内。

a. 联轴器在装配中偏差情况的分析

ⅰ. 两半联轴器既平行又同心，如图 7.10(a) 所示。这时 $S_1 = S_3$，$a_1 = a_3$，此处 S_1、S_3，a_1、a_3 表示联轴器上方（0°）和下方（180°）两个位置上的轴向和径向间隙。

ⅱ. 两半联轴器平行，但不同心，如图 7.10(b) 所示。这时 $S_1 = S_3$，$a_1 \neq a_3$，即两轴中心线之间有平行的径向偏移。

ⅲ. 两半联轴器虽然同心，但不平行，如图 7.10(c) 所示。这时 $S_1 \neq S_3$，$a_1 = a_3$，即两轴中心线之间有角位移（倾斜角为 α）。

ⅳ. 两半联轴器既不同心，也不平行，如图 7.10(d) 所示。这时 $S_1 \neq S_3$，$a_1 \neq a_3$，即两轴中心线既有径向偏移也有角位移。

联轴器处于第一种情况是正确的，不需要调整。后三种情况都是不正确的，均需要调整。实际装配中常遇到的是第四种情况。

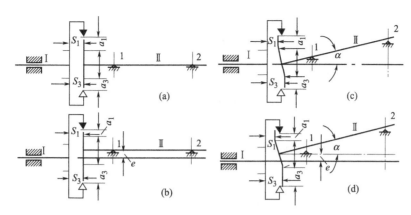

图 7.10　联轴器找正时可能遇到的四种情况

b. 联轴器找正的方法　常用的有以下几种。

ⅰ．直尺塞规法　利用直尺测量联轴器的同轴度误差，利用塞规测量联轴器的平行度误差。这种方法简单，但误差大。一般用于转速较低、精度要求不高的机器。

ⅱ．外圆、端面双表法　用两个千分表分别测量联轴器轮毂的外圆和端面上的数值，对测得的数值进行计算分析，确定两轴在空间的位置，最后得出调整量和调整方向。这种方法应用比较广泛。其主要缺点是对于有轴向窜动的机器，在盘车时对端面读数产生误差。它一般适用于采用滚动轴承、轴向窜动较小的中小型机器。

ⅲ．外圆、端面三表法　三表法与上述不同之处是在端面上用两个千分表，两个千分表与轴中心等距离对称设置，以消除轴向窜动对端面读数测量的影响。这种方法的精度很高，适用于需要精确对中的精密机器和高速机器，如汽轮机、离心式压缩机等，但此法操作、计算均比较复杂。

ⅳ．外圆双表法　用两个千分表测量外圆，其原理是通过相隔一定间距的两组外圆读数确定两轴的相对位置，以此得知调整量和调整方向，从而达到对中的目的。这种方法的缺点是计算较复杂。

ⅴ．单表法　它是近年来国外应用比较广泛的一种找正方法。这种方法只测定轮毂的外圆读数，不需要测定端面读数。操作测定仅用一个千分表，故称单表法。此法对中精度高，不但能用于轮毂直径小而轴端距比较大的机器轴找正，而且又能适用于多轴的大型机组（如高转速、大功率的离心压缩机组）的轴找正。用这种方法进行轴找正还可以消除轴向窜动对找正精度的影响。操作方便，计算调整量简单，是一种比较好的轴找正方法。

② 联轴器装配误差的测量和求解调整量　使用不同找正方法时的测量和求解调整量大体相同，下面以外圆、端面双表法为例，说明联轴器装配误差的测量和求解调整量的过程。

一般在安装机械设备时，先装好从动机构，再装主动机，找正时只需调整主动机。主动机的调整是通过对两轴心线同轴度的测量结果分析计算而进行的。

同轴度的测量如图 7.11（a）所示，两个千分表分别装在同一磁性座中的两根滑杆上，千分表 1 测出的是径向间隙 a，千分表 2 测出的是轴向间隙 S，磁性座装在基准轴（从动轴）上。测量时，连上联轴器螺栓，先测出上方（0°）的 a_1、S_1，然后将两半联轴器向同一方向一起转动，顺次转到 90°、180°、270° 三个位置上，分别测出 a_2、S_2；a_3、S_3；a_4、S_4。将测得的数值记录在图中，如图 7.11（b）所示。

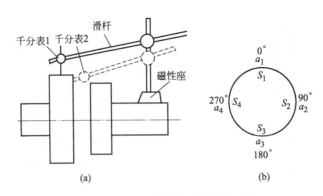

图 7.11 千分表找正及测量记录

将联轴器再向前转，核对各位置的测量数值有无变动。如无变动可用式 $a_1+a_3=a_2+a_4$、$S_1+S_3=S_2+S_4$ 检验测量结果是否正确。如实测数值代入恒等式后不等，而有较大偏差（大于 0.02mm），就可以肯定测量的数值是错误的，需要找出产生错误的原因。纠正后再重新测量，直到符合两恒等式后为止。

然后，比较对称点的两个径向间隙和轴向间隙的数值（如 a_1 和 a_3、S_1 和 S_3），如果对称点的数值相差不超过规定值（0.05～0.1mm）时，则认为符合要求，否则就需要进行调整。对于精度要求不高或小型机器，可以采用逐次试加或试减垫片，以及左右敲打移动主动机轴的方法进行调整；对于精度要求较高或大型机器，为了提高工效，应通过测量计算来确定增减垫片的厚度和沿水平方向的移动量。

现以两半联轴器既不平行又不同心的情况为例，说明联轴器找正时的计算与调整方法。在水平方向找正的计算、调整与垂直方向相同。

如图 7.12 所示，Ⅰ 为从动机轴（基准轴），Ⅱ 为主动机轴。根据找正的测量结果，$a_1>a_3$，$S_1>S_3$。

a. 先使两半联轴器平行 由图 7.12(a) 可知，欲使两半联轴器平行，应在主动机轴的支点 2 下增加 x（mm）厚的垫片，x 值可利用图中画有剖面线的两个相似三角形的比例关系算出：

$$x=\frac{b}{D}L \tag{7.9}$$

式中 D——联轴器的直径，mm；

L——主动机轴两支点的距离，mm；

b——在 0°和 180°两个位置上测得的轴向间隙之差（$b=S_1-S_3$），mm。

由于支点 2 垫高了，因此轴 Ⅱ 将以支点 1 为支点而转动，这时两半联轴器的端面虽然平行了，但轴 Ⅱ 上的半联轴器的中心却下降了 y(mm)，如图 7.12(b) 所示。y 值可利用画有剖面线的两个相似三角形的比例关系算出：

$$y=\frac{xl}{L}=\frac{bl}{D}$$

式中 l——支点 1 到半联轴器测量平面的距离。

b. 再使两半联轴器同心 由于 $a_1>a_3$，原有径向位移量 $e=(a_1-a_3)/2$，两半联轴器的全部位移量为 $e+y$。为了使两半联轴器同心，应在轴 Ⅱ 的支点 1 和支点 2 下面同时增加厚度为 $e+y$ 的垫片。

由此可见，为了使轴Ⅰ、轴Ⅱ两半联轴器既平行又同心，则必须在轴Ⅱ支点1下面加厚度为 $e+y$ 的垫片，在支点2下面加厚度为 $x+e+y$ 的垫片，如图 7.12(c) 所示。

按上述步骤将联轴器在垂直方向和水平方向调整完毕后，联轴器的径向偏移和角位移应在规定的偏差范围内。

7.2.3 轴承的装配

(1) 滚动轴承的装配

滚动轴承是一种精密器件，一般由内圈、外圈、滚动体和保持架组成。由于滚动体的形状不同，滚动轴承可分为球轴承、滚子轴承和滚针轴承；按滚动体在轴承中的排列情况可分为单列、双列和多列轴承；按轴承承受载荷的方向又可分为向心轴承（主要承受径向力，同时也能承受较小的轴向力）、向心推力轴承（既能承受较大的径向力，又能承受较大的轴向力）、推力轴承（只能承受轴向力）。

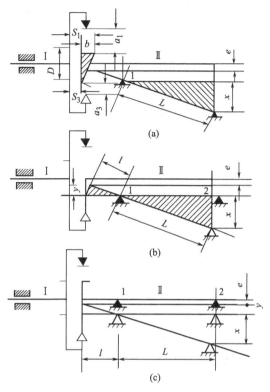

图 7.12 联轴器的调整方法

滚动轴承的装配工艺包括装配前的准备、装配、间隙调整等步骤。

① 装配前的准备 滚动轴承装配前的准备包括装配工具的准备、清洗和检查。

a. 装配工具的准备 按照所装配的轴承准备好所需的量具及工具，同时准备好拆卸工具，以便在装配不当时能及时拆卸，重新装配。

b. 清洗 对于用防锈油封存的新轴承，可用汽油或煤油清洗；对于用防锈脂封存的新轴承，应先将轴承中的油脂挖出，然后将轴承放入热机油中使残油融化，将轴承从油中取出冷却后，再用汽油或煤油洗净，并用干净的白布擦干；对于维修时拆下的可用旧轴承，可用碱水和清水清洗；装配前的清洗最好采用金属清洗剂；两面带防尘盖或密封圈的轴承，在轴承出厂前已涂加了润滑脂，装配时不需要再清洗；涂有防锈润滑两用油脂的轴承，在装配时也不需要清洗。

另外，还应清洗与轴承配合的零件，如轴、轴承座、端盖、衬套、密封圈等。清洗方法与可用旧轴承的清洗相同，但密封圈除外。清洗后擦干、涂油。

c. 检查 清洗后应进行下列项目的检查：轴承是否转动灵活、轻快自如、有无卡住的现象；轴承间隙是否合适；轴承是否干净，内、外圈及滚动体和保持架是否有锈蚀、毛刺、碰伤和裂纹；轴承附件是否齐全。此外，应按照技术要求对与轴承相配合的零件，如轴、轴承座、端盖、衬套、密封圈等进行检查。

d. 滚动轴承装配注意事项

ⅰ. 装配前按设备技术文件的要求仔细检查轴承及与轴承相配合零件的尺寸精度、形位公差和表面粗糙度；应在轴承及与轴承相配合的零件表面涂一层机械油，以利于装配。

ⅱ．装配过程中无论采用什么方法，压力只能施加在过盈配合的套圈上，不允许通过滚动体传递压力，否则会引起滚道损伤，从而影响轴承的正常运转；一般应将轴承上带有标记的一端朝外，以便观察轴承型号。

② 典型滚动轴承的装配

a．圆柱孔滚动轴承的装配　圆柱孔轴承是指内孔为圆柱形孔的向心球轴承、圆柱滚子轴承、调心轴承和角接触轴承等。这些轴承在轴承中占绝大多数，具有一般滚动轴承的装配共性，其装配方法主要取决于轴承与轴及座孔的配合情况。

轴承内圈与轴为紧配合，外圈与轴承座孔为较松配合，这种轴承的装配是先将轴承压装在轴上，然后将轴连同轴承一起装入轴承座孔中。压装时要在轴承端面垫一个由软金属制作的套管，套管的内径应比轴颈直径稍大，外径应小于轴承内圈的挡边直径，以免压坏保持架，如图 7.13 所示。

另外，装配时，要防止轴承歪斜，否则不仅装配困难，而且会使轴和轴承过早损坏。

轴承外圈与轴承座孔为紧配合，内圈与轴为较松配合，对于这种轴承的装配是采用外径轴承座孔直径的套管，将轴承先压入轴承座孔，然后再装轴。

轴承内圈与轴、外圈与轴承座孔都是紧配合时，可用专门套管将轴承同时压入轴承座孔和轴中。

对于配合过盈量较大的轴承或大型轴承可采用温差法装配。温差法又分为热装和冷装两种。热装即将轴承加热，使其内径膨胀，然后把轴承套装在轴颈上。当轴承安装于壳体孔时，可加热壳体孔。如壳体孔加热不便，也可采用冷装，即将轴承冷却，使轴承外径减小，然后将轴承装入壳体孔内。

采用温差法安装时，轴承的加热温度为 80～100℃，冷却温度不得低于−80℃。对于内部充满润滑脂的带防尘盖或密封圈的轴承，不得采用温差法安装。热装轴承的方法最为普遍。轴承加热的方法有多种，通常采用油槽加热，如图 7.14 所示。加热的温度由温度计控制，加热的时间根据轴承大小而定，一般为 10～30min。加热时应将轴承用挂钩悬挂在油槽中或用网架支起，不能使轴承接触油槽底板，以免发生过热现象。轴承在油槽中加热至100℃左右，从油槽中取出放在轴上，用力一次推到顶住轴肩的位置。在冷却过程中应始终推紧，使轴承紧靠轴肩。

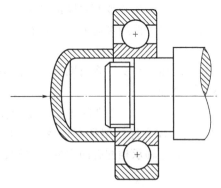

图 7.13　将轴承压装在轴上

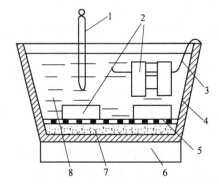

图 7.14　轴承的加热方法

1—温度计；2—轴承；3—挂钩；4—油池；5—网架；
6—电炉；7—沉淀物；8—油液

b．圆锥孔滚动轴承的装配　圆锥孔滚动轴承可直接装在带有锥度的轴颈上，或装在退卸套和紧定套的锥面上。这种轴承一般要求有比较紧的配合，但这种配合不是由轴颈尺寸公差决定的，而是由轴颈压进锥形配合面的深度决定的。配合的松紧程度，靠在装配过程中时时测量径向游隙而把握。对不可分离型的滚动轴承的径向游隙可用厚薄规测量。对可分离的圆柱滚子轴承，可用外径千分尺测量内圈装在轴上后的膨胀量，用其代替径向游隙减小量。图 7.15 和图 7.16 给出了圆锥孔轴承的两种不同装配形式。

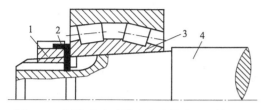 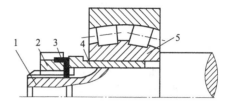

图 7.15　圆锥孔滚动轴承直接装在锥形轴颈上
1—螺母；2—锁片；3—轴承；4—轴

图 7.16　有退卸套的锥孔轴承的装配
1—轴；2—螺母；3—锁片；4—退卸套；5—轴承

③ 滚动轴承的游隙调整

滚动轴承的游隙有两种：一种是径向游隙，即内外圈之间在直径方向上产生的最大相对游动量；另一种是轴向游隙，即内外圈之间在轴线方向上产生的最大相对游动量。滚动轴承游隙的功用是弥补制造和装配偏差、受热膨胀，保证滚动体的正常运转，延长其使用寿命。按轴承结构和游隙调整方式的不同，轴承可分为非调整式和调整式两类。向心球轴承、向心圆柱滚子轴承、向心球面球轴承和向心球面滚子轴承等属于非调整式轴承，此类轴承在制造时已按不同组级留出规定范围的径向游隙，可根据不同使用条件适当选用，装配时一般不再调整。圆锥滚子轴承、向心推力球轴承和推力轴承等属于调整式轴承，此类轴承在装配及应用中必须根据使用情况对其轴向游隙进行调整，其目的是保证轴承在所要求的运转精度的前提下灵活运转。此外，在使用过程中调整，能部分地补偿因磨损所引起的轴承间隙的增大。

a. 游隙可调整的滚动轴承　由于滚动轴承的径向游隙和轴向游隙存在着正比的关系，所以调整时只调整它们的轴向间隙。轴向间隙调整好了，径向间隙也就调整好了。各种需调整间隙的轴承的轴向间隙见表 7.5。当轴承转动精度高或在低温下工作、轴长度较短时，取较小值；当轴承转动精度低或在高温下工作、轴长度较长时，取较大值。

表 7.5　可调式轴承的轴向间隙　　　　　　　　　　　　　　　　mm

轴承内径	轴承系列	轴　向　间　隙			
		角接触球轴承	单列圆锥滚子轴承	双列圆锥滚子轴承	推力轴承
≤30	轻型 轻宽和中宽型 中型和重型	0.02～0.06 0.03～0.09	0.03～0.10 0.04～0.11 0.04～0.11	0.03～0.08 0.05～0.11	0.03～0.08 0.05～0.11
30～50	轻型 轻宽和中宽型 中型和重型	0.03～0.09 0.04～0.10	0.04～0.11 0.05～0.13 0.05～0.13	0.04～0.10 0.06～0.12	0.04～0.10 0.06～0.12
50～80	轻型 轻宽和中宽型 中型和重型	0.04～0.10 0.05～0.12	0.05～0.13 0.06～0.15 0.06～0.15	0.05～0.12 0.07～0.14	0.05～0.12 0.07～0.14
80～120	轻型 轻宽和中宽型 中型和重型	0.05～0.12 0.06～0.15	0.06～0.15 0.07～0.18 0.07～0.18	0.06～0.15 0.10～0.18	0.06～0.15 0.10～0.18

　　轴承的游隙确定后，即可进行调整。下面以单列圆锥滚子轴承为例介绍轴承游隙的调整方法。

　　ⅰ．垫片调整法　利用轴承压盖处的垫片调整是最常用的方法，如图 7.17 所示。首先把轴承压盖原有的垫片全部拆去，然后慢慢地拧紧轴承压盖上的螺栓，同时使轴缓慢地转动，当轴不能转动时，就停止拧紧螺栓。此时表明轴承内已无游隙，用塞尺测量轴承压盖与箱体端面间的间隙 K，将所测得的间隙 K 再加上所要求的轴向游隙 C，$K+C$ 即是所应垫的垫片厚度。一套垫片应由多种不同厚度的垫片组成，垫片应平滑光洁，其内外边缘不得有毛刺。间隙测量除用塞尺法外，也可用压铅法和千分表法。

　　ⅱ．螺钉调整法　如图 7.18 所示，首先把调整螺钉上的锁紧螺母松开，然后拧紧调整螺钉，使止推盘压向轴承外圈，直到轴不能转动时为止。最后根据轴向游隙的数值将调整螺钉倒转一定的角度，达到规定的轴向游隙后再把锁紧螺母拧紧以防止调整螺钉松动。

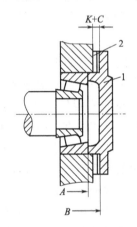

图 7.17　垫片调整法

1—压盖；2—垫片

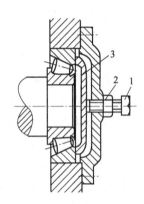

图 7.18　螺钉调整法

1—调整螺钉；2—锁紧螺母；3—止推盘

　　调整螺钉倒转的角度可按下式计算：

$$\alpha = \frac{C}{t} \times 360°$$ 　　　　　　(7.10)

式中　C——规定的轴向游隙；

　　　t——螺栓的螺距。

　　ⅲ．止推环调整法　如图 7.19 所示，首先把具有外螺纹的止推环 1 拧紧，直到轴不能转动时为止，然后根据轴向游隙的数值，将止推环倒转一定的角度（倒转的角度可参见螺钉调整法），最后用止动片 2 予以固定。

　　ⅳ．内外套调整法　当同一根轴上装有两个圆锥滚子轴承时，其轴向间隙常用内、外套进行调整，如图 7.20 所示。这种调整法是在轴承尚未装到轴上时进行的，内、外套的长度是根据轴承的轴向间隙确定的。

　　具体算法是：

　　当两个轴承的轴向间隙为零 ［见图 7.20(a)］ 时，内、外套长度为

$$L_1 = L_2 - (a_1 + a_2)$$ 　　　　　　(7.11)

式中　L_1——外套的长度，mm；

　　　L_2——内套的长度，mm；

a_1、a_2——轴向间隙为零时轴承内、外圈的轴向位移值，mm。

当两个轴承调换位置互相靠紧轴向间隙为零［见图 7.20(b)］时，测量尺寸 A、B。

$$A-B=a_1+a_2$$
$$L_1=L_2-(A-B)$$

所以为了使两个轴承各有轴向间隙 C，内、外套的长度应有下列关系：

$$L_1=L_2-(A-B)-2C \tag{7.12}$$

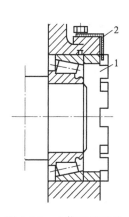

图 7.19　止推环调整法

1—止推环；2—止动片

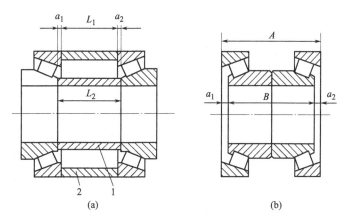

(a) (b)

图 7.20　用内、外套调整轴承轴向游隙

1—内套；2—外套

b. 游隙不可调整的滚动轴承　由于在运转时轴受热膨胀而产生轴向移动，从而使轴承的内、外圈共同发生位移，若无位移的余地，则轴承的径向游隙减小。为避免这种现象，在装配双支承的滚动轴承时，应将其中一个轴承和其端盖间留出一轴向间隙 C，如图 7.21 所示。

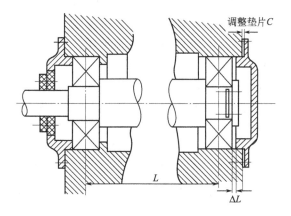

图 7.21　轴承装配的轴向热膨胀间隙

C 值可按下式计算：

$$C=\Delta L+0.15=L\alpha\Delta t+0.15 \tag{7.13}$$

式中　C——轴向间隙，在一般情况下，C 值常取 $0.25\sim0.50$mm；

　　　ΔL——轴因温度升高而发生的轴向膨胀量，mm；

　　　L——两轴承的中心距，mm；

　　　α——轴材料的线胀系数，$^\circ\!C^{-1}$；

Δt——运转时轴与轴承体的温度差，一般为 $10\sim15℃$；

0.15——轴膨胀后的剩余轴向间隙量，mm。

(2) 滑动轴承的装配

滑动轴承的类型很多，常见的主要有剖分式滑动轴承、整体式滑动轴承和油膜式滑动轴承等。装配前应修毛刺、清洗、加油，并注意轴承加油孔的工作位置。以下介绍几种不同类型的滑动轴承的装配。

① 剖分式滑动轴承的装配

剖分式滑动轴承的装配步骤是清洗、检查、刮研、装配和间隙的调整等。

a. 轴瓦的清洗与检查　首先核对轴承的型号，然后用煤油或清洗剂清洗干净。轴瓦质量的检查可用小铜锤沿轴瓦表面轻轻地敲打，根据响声判断轴瓦有无裂纹、砂眼及孔洞等缺陷，如有缺陷应采取补救措施。

b. 轴承座的固定　轴承座通常用螺栓固定在机体上。安装轴承座时，应先把轴瓦装在轴承座上，再按轴瓦的中心进行调整。同一传动轴上的所有轴承的中心应在同一轴线上。装配时可用拉线的方法进行找正，如图 7.22 所示。之后用涂色法检查轴颈与轴瓦表面的接触情况，符合要求后，将轴承座牢固地固定在机体或基础上。

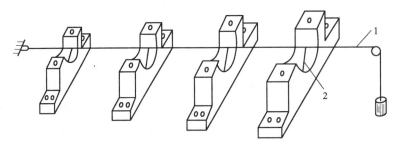

图 7.22　用拉线法检测轴承同轴度
1—钢丝；2—内径千分尺

c. 轴瓦的刮研　为将轴上的载荷均匀地传给轴承座，要求轴瓦背与轴承座内孔应有良好的接触，配合紧密。下轴瓦与轴承座的接触面积不得小于 60%，上轴瓦与轴承盖的接触面积不得小于 50%。这就要进行刮研，刮研的顺序是先下瓦后上瓦。刮研轴瓦背时，以轴承座内孔为基准进行修配，直至达到规定要求为止。另外，要刮研轴瓦及轴承座的剖分面。轴瓦剖分面应高于轴承座剖分面，以便轴承座拧紧后，轴瓦与轴承座具有过盈配合性质。

用涂色法检查轴颈与下轴瓦的接触，应注意将轴上的所有零件都装上。首先在轴颈上涂一层红铅油，然后使轴在轴瓦内正、反方向各转一周，在轴瓦面较高的地方则会呈现出色斑，用刮刀刮去色斑。刮研时，每刮一遍应改变一次刮研方向，继续刮研数次，使色斑分布均匀，直到符合要求为止。

d. 轴瓦的装配　上下两轴瓦扣合，其接触面应严密，轴瓦与轴承座的配合应适当，一般采用较小的过盈配合，过盈量为 0.01～0.05mm。轴瓦的直径不得过大，否则轴瓦与轴承座间就会出现"加帮"现象，如图 7.23 所示。轴瓦的直径也不得过小，否则在设备运转时，轴瓦在轴承座内会产生颤动，如图 7.24 所示。

为保证轴瓦在轴承座内不发生转动或振动，常在轴瓦与轴承座之间安放定位销。为了防止轴瓦在轴承座内产生轴向移动，一般轴瓦都有翻边，没有翻边的则带有止口，翻边或止口与轴承座之间不应有轴向间隙，如图 7.25 所示。

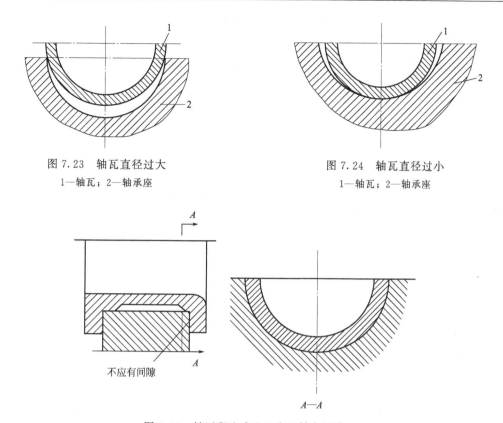

图 7.23 轴瓦直径过大
1—轴瓦；2—轴承座

图 7.24 轴瓦直径过小
1—轴瓦；2—轴承座

不应有间隙

A—A

图 7.25 轴瓦翻边或止口应无轴向间隙

　　装配轴瓦时，必须注意两个问题：轴瓦与轴颈间的接触角和接触点。

　　轴瓦与轴颈之间的接触表面所对的圆心角称为接触角，此角度过大，不利于润滑油膜的形成，影响润滑效果，使轴瓦磨损加快；若此角度过小，会增加轴瓦的压力，也会加剧轴瓦的磨损。一般接触角取为 $60°\sim 90°$。

　　轴瓦和轴颈之间的接触点与机器的特点有关：低速及间歇运行的机器，$1\sim 1.5$ 点/cm^2；中等负荷及连续运转的机器，$2\sim 3$ 点/cm^2；重负荷及高速运转的机器，$3\sim 4$ 点/cm^2。

　　e. 间隙的检测与调整

　　i . 间隙的作用及确定　　轴颈与轴瓦的配合间隙有两种：一种是径向间隙；另一种是轴向间隙。径向间隙包括顶间隙和侧间隙，如图 7.26 所示，顶间隙为 a，侧间隙为 b，轴向间隙为 S。

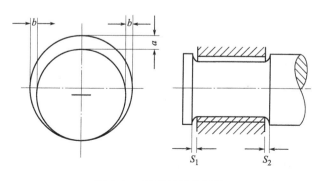

图 7.26 滑动轴承的间隙

顶间隙的主要作用是保持液体摩擦，以利于形成油膜。侧间隙的主要作用是为了积聚和冷却润滑油。在侧间隙处开油沟或冷却带，可增加油的冷却效果，并保证连续地将润滑油吸到轴承的受载部分，但油沟不可开通，否则运转时将会漏油。轴向间隙的作用是轴在温度变化时有自由伸长的余地。

顶间隙可由计算决定，也可根据经验决定。对于采用润滑油润滑的轴承，顶间隙为轴颈直径的 0.10％～0.15％；对于采用润滑脂润滑的轴承，顶间隙为轴颈直径的 0.15％～0.20％。如果负荷作用在上轴瓦时，上述顶间隙值应减小 15％。

同一轴承两端顶间隙之差应符合表 7.6 的规定。

表 7.6 滑动轴承两端顶间隙之差 mm

轴颈公称直径	≤50	>50~120	>120~220	>220
两端顶间隙之差	≤0.02	≤0.03	≤0.05	≤0.10

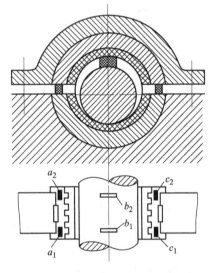

图 7.27 压铅法测量轴承顶间隙

侧间隙两侧应相等，单侧间隙应为顶间隙的 1/2～2/3。

在固定端轴向间隙不得大于 0.2mm，在自由端轴向间隙不应小于轴受热膨胀时的伸长量。

ⅱ．间隙的测量及调整 检查轴承径向间隙，一般采用压铅测量法和塞尺测量法。

• 压铅测量法 压铅法测量较为精确，测量时先将轴承盖打开，用直径为顶间隙 1.5～2 倍、长度为 15～40mm 的软铅丝或软铅条，分别放在轴颈上和轴瓦的剖分面上，如图 7.27 所示，因轴颈表面光滑，为了防止滑落，可用润滑脂粘住，然后放上轴承盖，对称而均匀地拧紧连接螺栓，再用塞尺检查轴瓦剖分面间的间隙是否均匀相等，最后打开轴承盖，用千分尺测量被压扁的软铅丝的厚度。

其顶间隙的平均值按下列公式计算：

$$A_1 = \frac{a_1 + c_1}{2} \quad A_2 = \frac{a_2 + c_2}{2} \tag{7.14}$$

$$S_{平均} = \frac{(b_1 - A_1) + (b_2 - A_2)}{2} \tag{7.15}$$

式中　　b_1、b_2——轴颈上各段铅丝压扁后的厚度，mm；

a_1、a_2、c_1、c_2——轴瓦接合面上各垫片的厚度或铅丝压扁后的厚度，mm。

按上述方法测得的顶间隙值如小于规定数值时，应在上下瓦接合面间加垫片来重新调整。如大于规定数值时，则应减去垫片或刮削轴瓦接合面来调整。

• 塞尺测量法 对于轴径较大的轴承间隙，可用宽度较窄的塞尺直接塞入间隙内，测出轴承顶间隙和侧间隙。对于轴径较小的轴承，因间隙小，测量的相对误差大，故不宜采用。必须注意，采用塞尺测量法测出的间隙，总是略小于轴承的实际间隙。

对于受轴向负荷的轴承还应检查和调整轴向间隙。测量轴向间隙时，可将轴推移至轴承一端的极限位置。然后用塞尺或千分表测量。如轴向间隙不符合规定，可修刮轴瓦端面或调整止推螺钉。

②　整体式滑动轴承的装配　整体式滑动轴承主要由整体式轴承体和圆形轴瓦（轴套）组成。这种轴承与机壳连为一体或用螺栓固定在机架上。轴套一般由铸造青铜等材料制成。为了防止轴套的转动，通常设有止动螺钉。整体式滑动轴承结构简单，成本低。但是，当轴套磨损后，轴颈与轴套之间的间隙无法调整。另外，轴颈只能从轴套端穿入，装拆不方便。因而整体式滑动轴承只适用于低速、轻载而且装拆场所允许的机械。

整体式滑动轴承的装配过程主要包括轴套与轴承孔的清洗、检查、轴套安装等步骤。

a. 轴套与轴承孔的清洗检查　轴套与轴承孔用煤油或清洗剂清洗干净后，应检查轴套与轴承孔的表面情况以及配合过盈量是否符合要求，然后再根据尺寸以及过盈量的大小选择轴套的装配方法。轴套的精度一般由制造保证，装配时只需将配合面的毛刺用刮刀或油石清除，必要时才进行刮配。

b. 轴套安装　轴套的安装可根据轴套与轴承孔的尺寸以及过盈量的大小选用压入法或温差法。压入法一般是用压力机压装或用人工压装。为了减少摩擦阻力，使轴套顺利装入，压装前可在轴套表面涂上一层薄的润滑油。用压力机压装时，轴套的压入速度不宜太快，并要随时检查轴套与轴承孔的配合情况。用人工压装时，必须防止轴套损坏。不得用锤头直接敲打轴套，应在轴套上端面垫上软质金属垫，并使用导向轴或导向套，如图 7.28 所示，导向轴、导向套与轴套的配合应为动配合。

对于较薄且长的轴套，不宜采用压入法装配，而应采用温差法装配，这样可以避免轴套的损坏。

轴套压入轴承孔后，由于是过盈配合，轴套的内径将会减小，因此在轴颈未装入轴套之前，应对轴颈与轴套的配合尺寸进行测量。测量的方法如图 7.29 所示，即测量轴套时应在距轴套端面 10mm 左右的两点和中间一点，在相互垂直的两个方向上用内径千分尺测量。同样在轴颈相应的部位用外径千分尺测量。根据测量的结果确定轴颈与轴套的配合是否符合要求，如轴套内径小于规定的尺寸，可用铰刀或刮刀进行刮修。

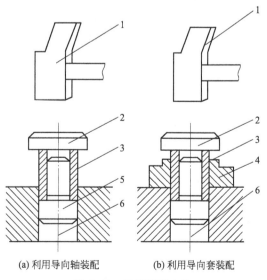

(a) 利用导向轴装配　　　(b) 利用导向套装配

图 7.28　轴套装配方法

1—手锤；2—软垫；3—轴套；4—导向套；

5—导向轴；6—轴承孔

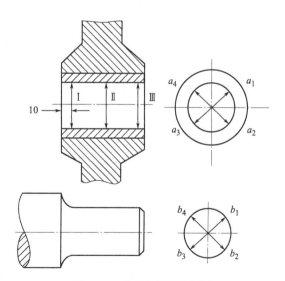

图 7.29　轴套与轴颈的测量

③ 动压油膜轴承的装配 动压油膜轴承为全封闭式精密轴承，属液体摩擦轴承，具有很大的承载能力和很小的摩擦因数，已经广泛地应用于轧辊轴承上。

动压油膜轴承主要由衬套、锥形套、轴承座、止推轴承、密封圈等部分组成，加工制造较为精密，在使用过程中，油的清洁度要求甚高，所以在装配中一定要注意清洁，防止污染。其次，不要碰伤零件，尤其是巴氏合金衬套和锥形套不允许有任何细微的擦伤。因此，在装配中必须由受过专门训练的人员在特定的场所进行。

现仅以连轧机操作侧支撑辊的油膜轴承（见图 7.30）为例，简述其装配顺序。

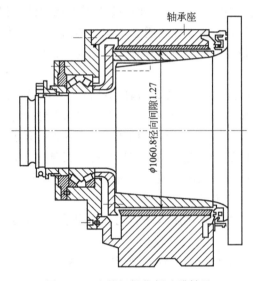

图 7.30 支撑辊操作侧油膜轴承

a. 对各组件主要零件严格检查配合尺寸。用干净煤油、汽油冲洗各零件。在清洗时对有油孔的零件要用压缩空气吹扫。

b. 将轴承座与辊身相邻端面朝下，用三个千斤顶及方水平将轴承座调水平。

c. 把衬套用特制吊具吊到轴承座上，一面旋转一面插入轴承座内，当衬套到位后，从轴承座的侧面将锁销和 O 形密封圈插入衬套内，再用内六角螺钉把锁销固定在轴承座上，同时保证油孔位置一致，如图 7.31 所示。

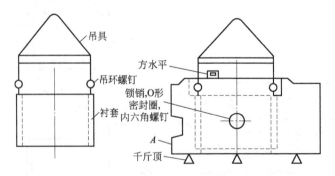

图 7.31 油膜轴承装配图（一）

d. 将锥形套与辊身相邻端面朝下放在工作台上，将端部挡环装到锥形套上，并用螺钉连接，再把锥形套吊起插入衬套中，如图 7.32 所示。在插入时千万不要碰坏衬套里高精度的巴氏合金孔表面。

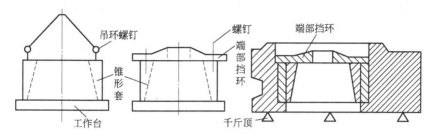

图 7.32　油膜轴承装配图（二）

e. 组装止推轴承。先把弹簧和弹簧座装入轴承箱体内，再装止推轴承，然后将轴承护圈装上弹簧和弹簧座，把 O 形密封圈嵌入轴承箱体内，一起装到轴承座上去，并紧固螺钉，如图 7.33 所示。

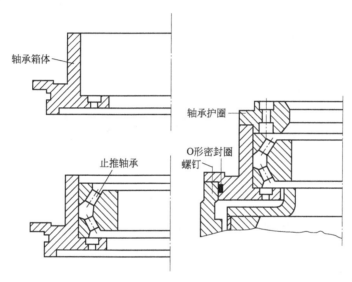

图 7.33　油膜轴承装配图（三）

f. 将轴承座组装件转 90°，即按工作状态放置。

g. 组装密封组合件。将甩油环和 O 形密封圈配合好，装入锥形套的辊身侧，用内六角螺钉轻轻拧上，在锥形套和甩油环之间放入油封，再紧固内六角螺钉。将两唇形油封的护圈和 O 形密封环用螺钉固定到轴承座的辊身侧。将伸出环用螺钉固定到已装入锥形套内的甩油环上，再装密封环，用螺钉把防护环拧到护圈上，如图 7.34 所示。

h. 将支撑辊放在工作台上，键槽方向朝上，用内六角螺钉将锥形套固定键紧固在槽内，如图 7.35 所示。

i. 把轴承座装到支撑辊上。在吊装轴承座时，用吊钩挂上链式起重机，以便轴承座调平及对中，慢慢插入配合孔中，如图 7.36 所示。

j. 在调整环托架内侧，用六角螺钉将键固定

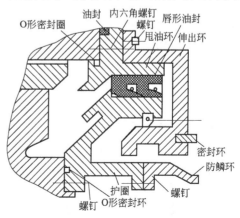

图 7.34　油膜轴承装配图（四）

在托架上，再将调整环与托架拧上，从轧辊辊颈端部对准插入键槽，如图 7.37 所示。把止推板对准调整环托架上的键装到轧辊上去，用手锤敲特制的环形扳手来转动调整环，使调整环托架顶到止推轴承的内圈为止。最后用螺钉把止推板与调整环拧上。整个装配工作完毕。

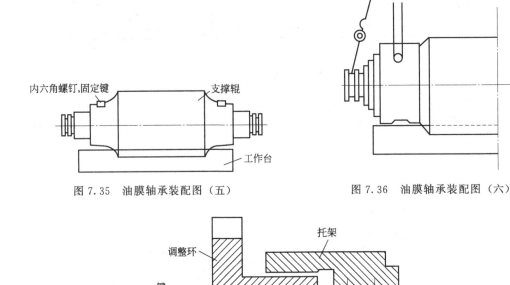

图 7.35 油膜轴承装配图（五）   图 7.36 油膜轴承装配图（六）

图 7.37 油膜轴承装配图（七）

由于油膜轴承的调整间隙至今尚没有统一的标准，所以在装配中，要按图样规定的间隙进行调整。

7.2.4 密封装置的装配

为了防止润滑油脂从机器设备接合面的间隙中泄漏出来，并不让外界的脏物、尘土、水和有害气体侵入，机器设备必须进行密封。密封性能的优劣是评价机械设备的一个重要指标。由于油、水、气等的泄漏，轻则造成浪费、污染环境，又对人身、设备安全及机械本身造成损害，使机器设备失去正常的维护条件，影响其寿命；重则可能造成严重事故。因此，必须重视和认真搞好设备的密封工作。

机器设备的密封主要包括固定连接的密封（如箱体结合面、连接盘等的密封）和活动连接的密封（如填料密封、轴头油封等）。采用的密封装置和方法种类很多，应根据密封的介质种类、工作压力、工作温度、工作速度、外界环境等工作条件及设备的结构和精度等进行选用。

（1）固定连接的密封

① 密封胶密封 为保证机件正确配合，在结合面处不允许有间隙时，一般不允许加衬垫，这时一般用密封胶进行密封。密封胶具有防漏、耐温、耐压、耐介质等性能，而且有效率高、成本低、操作简便等优点，可以广泛应用于许多不同的工作条件。

密封胶使用时应严格按照如下工艺要求进行。

a. 密封面的处理 各密封面上的油污、水分、铁锈及其他污物应清理干净，并保证其应有的粗糙度，以便达到紧密结合的目的。

b. 涂敷 一般用毛刷涂敷密封胶。若密封胶黏度太大时，可用溶剂稀释，涂敷要均匀，不要过厚，以免挤入其他部位。

c. 干燥 涂敷后要进行一定时间的干燥，干燥时间可按照密封胶的说明进行，一般为 $3\sim7min$。干燥时间长短与环境温度和涂敷厚度有关。

d. 紧固连接 紧固时施力要均匀。由于胶膜越薄，黏附力越大，密封性能越好，所以紧固后间隙为 $0.06\sim0.1mm$ 比较适宜。当大于 $0.1mm$ 时，可根据间隙数值选用固体垫片结合使用。

表 7.7 列出了密封胶使用时泄漏原因及分析。

表 7.7 密封胶泄漏原因及分析

泄漏原因	原 因 分 析
工艺问题	①结合处处理不洁净 ②结合面间隙过大(不宜大于 0.1mm) ③涂敷不周 ④涂层太厚 ⑤干燥时间过长或过短 ⑥连接螺栓拧紧力矩不够 ⑦原有密封胶在设备拆除重新使用时未更换新密封胶
选用密封胶材质不对	所选用密封胶与实际密封介质不符
温度、压力问题	工作温度过高或压力过大

② 密合密封 由于配合的要求，在结合面之间不允许加垫料或密封胶时，常常依靠提高结合面的加工精度和降低表面粗糙度进行密封。这时，除了需要在磨床上精密加工外，还要进行研磨或刮研使其达到密合，其技术要求是有良好的接触精度和不泄漏试验。机件加工前，还需经过消除内应力退火。在装配时注意不要损伤其配合表面。

③ 衬垫密封 承受较大工作负荷的螺纹连接零件，为了保证连接的紧密性，一般要在结合面之间加刚性较小的垫片。如纸垫、橡胶垫、石棉橡胶垫、紫铜垫等。垫片的材料根据密封介质和工作条件选择。衬垫装配时，要注意密封面的平整和清洁，装配位置要正确，应进行正确的预紧。维修时，拆开后如发现垫片失去了弹性或已破裂，应及时更换。

(2) 活动连接的密封

① 填料密封 填料密封（见图 7.38）的装配工艺要点如下。

a. 软填料可以是一圈圈分开的，各圈在轴上不要强行张开，以免产生局部扭曲或断裂。相邻两圈的切口应错开 $180°$。软填料也可制成整条的，在轴上缠绕成螺旋形。

b. 当壳体为整体圆筒时，可用专用工具把软填料推入孔内。

c. 软填料由压盖 5 压紧。为了使压力沿轴向分布尽可能均匀，以保证密封性能和均匀磨损，装配时，应由左到右逐步压紧。

d. 压盖螺钉 4 至少有两个，必须轮流逐步拧紧。以保证圆周力均匀。同时用手转动主轴，检查其接触的松紧程度，要避免压紧后再行松出。软填料密封在负荷运转时，允许有少量泄漏。运转后继续观察，如泄漏增加，应再缓慢均匀拧紧压盖螺钉（一般每次再拧进1/6～1/2圈）。但不应为争取完全不漏而压得太紧，以免摩擦功率消耗太大或发热烧坏。

② 油封密封　油封是广泛用于旋转轴上的一种密封装置，其结构比较简单（见图7.39），按结构装配可分为骨架式和无骨架式两类。装配时应使油封的安装偏心量和油封与轴心线的相交度最小，要防止油封刃口、唇部受伤，同时要使压紧弹簧有合适的拉紧力。装配要点如下。

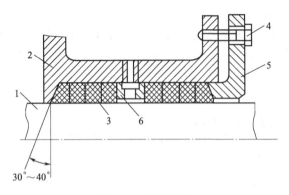 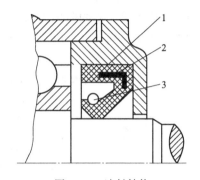

图 7.38　填料密封

1—主轴；2—壳体；3—软填料；

4—螺钉；5—压盖；6—孔环

图 7.39　油封结构

1—油封体；2—金属骨架；3—压紧弹簧

a. 检查油封孔、壳体孔和轴的尺寸，壳体孔和轴的表面粗糙度是否符合要求，密封唇部是否损伤，并在唇部和主轴上涂以润滑油脂。

b. 压入油封要以壳体孔为准，不可偏斜，并应采用专门工具压入，绝对禁止棒打锤敲的粗野做法。壳体孔应有较大倒角。油封外圈及壳体孔内涂以少量润滑油脂。

c. 油封装配方向，应使介质工作压力把密封唇部紧压在主轴上，而不可装反。如用作防尘时，则应使唇部背向轴承。如需同时解决防漏和防尘，应采用双面油封。

d. 油封装入壳体孔后，应随即将其装入密封轴上。当轴端有键槽、螺钉孔、台阶等时，为防止油封刃口在装配中损伤，可采用导向套，如图7.40所示。

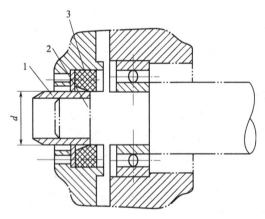

图 7.40　防止唇部受伤的装配导向套

1—导向套；2—轴；3—油封

装配时要在轴上与油封刃口处涂润滑油，防止油封在初运转时发生干摩擦而使刃口烧坏。另外，还应严防油封弹簧脱落。

油封的泄漏及防止措施见表7.8。

表 7.8 油封的泄漏及防止措施

泄漏原因	原因分析	防止措施
唇部损伤或折叠	装配时由于与键槽、螺钉孔、台阶等的锐边接触,或毛刺未去除干净	去除毛刺、锐边,采用装配导向套,并注意保持唇部的正确位置
	轴端倒角不合适	倒角30°左右,并与轴颈光滑过渡
	由于包装、储藏、输送等工作未做好	油封不用时不要拆开包装,不要过多重叠堆积,应存储在阴凉干燥处
唇部早期磨损或老化龟裂	唇部和轴的配合过紧	配合过盈对低速可大些,对高速可小些
	拉紧弹簧径向压力过大	可改较长的拉紧弹簧
	唇部与轴间润滑油不充分或无润滑油	加润滑油
	与主轴线速度不适应	低速油封不能用于高速
	前后轴承孔的同轴度超差,以至主轴作偏向旋转	装配前应校正轴承的同轴度
	与使用温度不相应	应根据需要选用耐热或耐寒的橡胶油封
	油液压力超过油封承受限度	压力较大时应采用耐压油封或耐压支撑圈
油封与主轴或壳体孔未完全密贴	主轴或壳体孔尺寸超差	装配前应进行检查
	在主轴或壳体孔装油封处有油漆或其他杂质	装油封处注意清洗并保持清洁
	装配不当	遵守装配规程

③ 密封圈密封 密封元件中最常用的就是密封圈,密封圈的截面形状有圆形（O 形）和唇形,其中 O 形密封圈用得最早、最多、最普遍。

a. 密封圈装配的一般要求 装配前应检查密封圈是否有缺陷;密封圈的规格与对应的沟槽是否相匹配;为了便于安装,需将密封圈涂以润滑油;装配时,如需越过螺纹、键槽或锐边、尖角部位,应采用装配导向套;安装唇形密封圈时,其唇边应朝向被密封介质的压力方向;切勿漏装密封圈及防止报废的密封圈再用。

b. 常用密封圈及装配

ⅰ. O 形密封圈及装配 O 形密封圈是压紧型密封,故在其装入密封沟槽时,必须保证 O 形密封圈有一定的预压缩量,一般截面直径压缩量为 $8\% \sim 25\%$。O 形密封圈对被密封表面的粗糙度要求很高,一般规定静密封零件表面粗糙度 Ra 值为 $6.3 \sim 3.2\mu m$,动密封零件表面粗糙度 Ra 值为 $0.4 \sim 0.2\mu m$。

O 形密封圈既可用作静密封,又可用作动密封。O 形圈的安装质量,对 O 形圈的密封性能与寿命均有重要影响,在装配 O 形圈时应注意以下几点。

• 装配前需将 O 形圈涂润滑油。装配时轴端和孔端应有 $15° \sim 20°$ 的引入角。当 O 形圈需通过螺纹、键槽、锐边、尖角等时,应采用装配导向套。

• 当工作压力超过一定值（一般 10MPa）时,应安放挡圈,需特别注意挡圈的安装方向,单边受压,装于反侧。

• 在装配时,应预先把需装的 O 形圈如数领好,放入油中,装配完毕,如有剩余的 O 形圈,必须检查重装。

• 为防止报废 O 形圈的误用,装配时换下来的或装配过程中弄废的 O 形圈,一定立即剪断收回。

• 装配时不得过分拉伸 O 形圈,也不得使密封圈产生扭曲。

• 密封装置固定螺孔深度要足够。否则两密封平面不能紧固封严，产生泄漏，或在高压下把 O 形圈挤坏。

ⅱ. 唇形密封圈及装配　唇形密封圈的应用范围很广，既适用于大、中、小直径的活塞、柱塞的密封，也适用于高、低速往复运动和低速旋转运动的密封。

唇形密封圈的装配应按下列要求进行。

• 唇形圈在装配前，首先要仔细检查密封圈是否符合质量要求，特别是唇口处不应有损伤、缺陷等。其次仔细检查被密封部位相关尺寸精度和粗糙度是否达到要求，对被密封表面的粗糙度要求一般 $Ra \leqslant 1.6\mu m$。

• 装配唇形圈的有关部位，如缸筒和活塞杆的端部，均需倒成 $15° \sim 30°$ 的倒角，以避免在装配过程中损伤唇形圈唇部。

• 在装配唇形圈时，如需通过螺纹表面和退刀槽，必须在通过部位套上专用套筒，或在设计时，使螺纹和退刀槽的直径小于唇形圈内径。反之，在装配唇形圈时，如需通过内螺纹表面和孔口，必须使通过部位的内径大于唇形圈的外径或加工出倒角。

• 为减小装配阻力，在装配时，应将唇形圈与装入部位涂敷润滑脂。

• 在装配中，应尽力避免使其有过大的拉伸，以免引起塑性变形。当装配现场温度较低时，为便于装配，可将唇形圈放入 $60℃$ 左右的热油中加热，但不可超过唇形圈的使用温度。

• 当工作压力超过 $20MPa$ 时，除复合唇形圈外，均需加挡圈，以防唇形圈挤出。挡圈均应装在唇形圈的根部一侧，当其随同唇形圈向缸筒里装入时，为防止挡圈斜切口被切断，放入槽沟后，用润滑脂将斜切口粘接固定，再行装入。

开口式挡圈在使用中，有时可能在切口处出现间隙，影响密封效果。因此，在一般情况下，应尽量采用整体式挡圈。聚四氟乙烯制作的挡圈，一旦拉伸，要恢复原尺寸，需要较长时间。因此，不应将拉伸后装入活塞上的挡圈立即装入缸筒内，需等尺寸复原后再行装配。

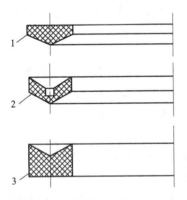

图 7.41　V 形密封圈的断面形状
1—支撑环；2—密封环；3—压环

唇形密封圈种类很多，根据截面形状不同，可分为 V 形（见图 7.41）、Y 形、Yx 形、U 形、L 形等。V 形密封圈是唇形密封圈中应用最早、最广泛的一种。根据采用材质的不同，V 形密封圈可分为 V 形夹织物橡胶密封圈、V 形橡胶密封圈和 V 形塑料密封圈。其中 V 形夹织物橡胶密封圈应用最普遍。

V 形夹织物橡胶密封圈由一个压环、数个重叠的密封环和一个支撑环组成。使用时，必须将这三部分有机地组合起来，不能单独使用。密封环的使用个数随压力高低和直径大小而不同，压力高、直径大时可用多个密封环。在 V 形密封装置中真正起密封作用的是密封环，压环和支撑环只起支承作用。

Y 形密封圈可分为两种：Y 形橡胶密封圈（见图 7.42）和 Yx 形聚氨酯密封圈（见图 7.43、图 7.44）。这两种密封圈在使用中只要用单圈就可以实现密封。适用于运动速度较高的场合，工作压力可达 $20MPa$。Y 形密封圈对被密封表面的粗糙度要求，一般规定轴的表面粗糙度 $Ra \leqslant 0.4\mu m$，孔的表面粗糙度 $Ra \leqslant 0.8\mu m$。

Yx 形聚氨酯密封圈装配时，必须区分是孔用还是轴用，不得互相代替。孔用即密封圈的短脚（外唇边）和缸筒内壁作相对运动，长脚（内唇边）和轴相对静止，起支承作用。轴

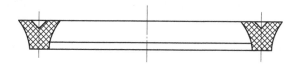

图 7.42　Y 形橡胶密封圈

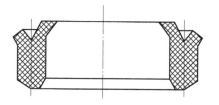

图 7.43　Yx 形聚氨酯密封圈（孔用）

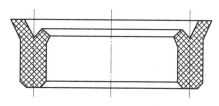

图 7.44　Yx 形聚氨酯密封圈（轴用）

用即密封圈的短脚（内唇边）和轴作相对运动，长脚（外唇边）和缸筒相对静止，起支承作用。

④ 机械密封　这是旋转轴用的一种密封装置。它的主要特点是密封面垂直于旋转轴线，依靠动环和静环端面接触压力来阻止和减少泄漏。

机械密封装置密封原理如图 7.45 所示。轴 1 带动动环 2 旋转，静环 5 固定不动，依靠动环 2 和静环 5 之间接触端面的滑动摩擦保持密封。在长期工作过程中摩擦表面磨损，弹簧3 推动动环 2，以保证动环 2 与静环 5 接触而无间隙。为了防止介质通过动环 2 与轴 1 之间的间隙泄漏，装有动环密封圈 7；为防止介质通过静环 5 与壳体 4 之间的间隙泄漏，装有静环密封圈 6。

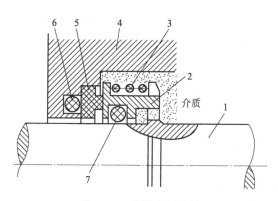

图 7.45　机械密封装置

1—轴；2—动环；3—弹簧；4—壳体；5—静环；6—静环密封圈；7—动环密封圈

机械密封装置在装配时，必须注意如下事项：

a. 按照图样技术要求检查主要零件，如轴的表面粗糙度、动环及静环密封表面粗糙度和平面度等是否符合规定。

b. 找正静环端面，使其与轴线的垂直度误差小于 0.05mm。

c. 必须使动、静环具有一定的浮动性，以便在运动过程中能适应影响动、静环端面接触的各种偏差，这是保证密封性能的重要条件。浮动性取决于密封圈的准确装配、与密封圈接触的主轴或轴套的粗糙度、动环与轴的径向间隙以及动、静环接触面上摩擦力的大小等，而且还要求有足够的弹簧力。

d. 要使主轴的轴向窜动、径向跳动和压盖与轴的垂直度误差在规定范围内。否则将导致泄漏。

e. 在装配过程中应保持清洁，特别是主轴装置密封的部位不得有锈蚀，动、静环端面应无任何异物或灰尘。

f. 在装配过程中，不允许用工具直接敲击密封元件。

7.3　一般机械设备的安装

机械设备的安装是按照一定的技术条件，将机械设备正确地安装和牢固地固定在基础上。机械设备的安装是机械设备从制造到投入使用的必要过程。机械设备安装的好坏，直接影响其使用性能和生产的顺利进行。机械设备的安装工艺过程包括：基础的验收，安装前的物质和技术准备，设备的吊装，设备安装位置的检测和校正，基础的二次灌浆及试运转等。

机械设备安装首先要保证机械设备的安装质量。机械设备安装之后，应按安装规范的规定进行试车，并能达到国家部委颁发的验收标准和机械设备制造厂的使用说明书的要求，投入生产后能达到设计要求。其次，必须采用科学的施工方法，最大限度地加快施工速度，缩短安装的周期，提高经济效益。此外，机械设备的安装还要求设计合理、排列整齐，最大限度地节省人力、物力、财力。最后，必须重视施工的安全问题，坚决杜绝人身和设备安全事故的发生。

7.3.1　基础的验收及处理

(1) 基础的施工

基础的施工是由土建工程部门来完成的，但是生产和安装部门也必须了解基础施工过程，以便进行技术监督和基础验收工作。

基础施工一般过程为：

① 放线、挖基坑、基坑土壤夯实；

② 装设模板；

③ 根据要求配置钢筋，按准确位置固定地脚螺栓和预留孔模板；

④ 测量检查标高、中心线及各部分尺寸；

⑤ 配置浇注混凝土；

⑥ 基础的混凝土初凝后，要洒水维护保养；

⑦ 拆除模板。

为使基础混凝土达到要求的强度，基础浇灌完毕后不允许立即进行机器的安装，至少应保养 7～14 天，当机器在基础上面安装完毕后，应至少经过 15～30 天后才能进行机器的试车。

(2) 基础的验收

基础验收的具体工作就是由安装部门根据图样和技术规范，对基础工程进行全面检查。

主要检查内容包括：通过混凝土试件的试验结果来检验混凝土的强度是否符合设计要求；基础的几何尺寸是否符合设计要求；基础的形状是否符合设计要求；基础的表面质量等。不同行业的机械设备，基础验收应遵照国家和行业规范和规定的基础检查条款执行。

(3) 基础的处理

在验收基础时发现的不合格项目均应进行处理。常见的不合格项目是地脚螺栓预埋尺寸在混凝土浇灌时错位而超过安装标准。新的处理方法是用环氧砂浆粘接。

在安装重型机械时，为防止安装后基础的下沉或倾斜而破坏机械的正常运转，要对基础进行预压。当基础养护期满后，在基础上放置重物，进行预压。每天用水准仪观察，直至基础不再下沉为止。

在安装机械设备之前要认真清理基础表面，在基础的表面，除放置垫板的位置外，需要二次灌浆的地方都应铲麻面，以保证基础和二次灌浆能结合牢固。铲麻面要求每 $100cm^2$ 有 $2\sim3$ 个深 $10\sim20mm$ 的小坑。

7.3.2　机械安装前的准备工作

机械设备安装之前，有许多准备工作要做。工程质量的好坏、施工速度的快慢都和施工的准备工作有关。

机械设备安装工程的准备工作主要包括下列几个方面。

(1) 组织、技术准备

① 组织准备　在进行一项大型设备的安装之前，应根据当时的情况，结合具体条件成立适当的组织机构，并且分工明确、紧密协作，以使安装工作有步骤地进行。

② 技术准备　这是机械设备安装前的一项重要准备工作，主要包括以下内容。

a. 研究机械设备的图样、说明书、安装工程的施工图、国家部委颁发的机械设备安装规范和质量标准。施工之前，必须对施工图样进行会审，对工艺布置进行讨论审查，注意发现和解决问题。例如，检查设计图样和施工现场尺寸是否相符、工艺管线和厂房原有管线有无冲突等。

b. 熟悉设备的结构特点和工作原理，掌握机械设备的主要技术数据、技术参数、使用性能和安装特点等。

c. 对安装工人进行必要的技术培训。

d. 编制安装工程施工作业计划。安装工程施工作业计划应包括安装工程技术要求、安装工程的施工程序、安装工程的施工方法、安装工程所需机具和材料及安装工程的试车步骤、方法和注意事项。

安装工程的施工程序是整个安装工程有计划、有步骤完成的关键。因此，必须按照机械设备的性质、本单位安装机具和安装人员的状况以最科学、合理的方法安排施工程序。

确定施工方法时可参考以往的施工经验；听取有关专家的建议；广泛听取安装工人和工程技术人员的意见等。

(2) 供应准备

供应准备是安装中的一个重要方面。供应准备主要包括机具准备和材料准备。

① 机具准备　根据设备的安装要求准备各种规格和精度的安装检测机具和起重运输机具。并认真地进行检查，以免在安装过程中才发现不能使用或发生安全事故。

常用的安装检测机具包括水平仪、经纬仪、水准仪、准直仪、拉线架、平板、弯管机、电焊机、气割、气焊、扳手、万能角度尺、卡尺、塞尺、千分尺、千分表及各种检验测试设备等。

起重运输机具包括桥式起重机、汽车起重机、履带式起重机、卷扬机、桅杆起重机、起重滑轮、葫芦、绞盘、千斤顶等起重设备；汽车、拖车、拖拉机等运输设备；钢丝绳、麻绳等索具。

② 材料准备 安装中所用的材料要事先准备好。对于材料的计划与使用，应当是既要保证安装质量与进度，又要注意降低成本，不能有浪费现象。安装中所需材料主要包括各种型钢、管材、螺栓、螺母、垫片、铜皮、铝丝等金属材料；石棉、橡胶、塑料、沥青、煤油、机油、润滑油、棉纱等非金属材料。

(3) 安装技术工人数量的估计

合理、科学地对某一项安装工程所需的技术工人进行数量统计，是安装工程现代化管理的一个重要方面。

安装工人的数量统计与下列因素有关：每年所安装设备台数、每台设备安装工日定额、每年工作日、工人缺勤率等。对于每年工作日数，应考虑到安装前的土建工程完工及设备到货、设计出图时间的影响。所需要安装工人的数量可用下列公式进行估算：

$$A = \frac{CK}{D}\left(1 + \frac{5}{100}\right) \tag{7.16}$$

式中　A——每年所需要的安装工人数；

　　　C——每年需完成安装的设备台数；

　　　K——每台设备安装工日定额，工日/台；

　　　D——每年工作日数；

　　5/100——安装工人缺勤率。

安装工人的技术工种（如钳工、管工、焊工、安装起重工等）的比例可根据不同安装工程而定。

(4) 机械的开箱检查与清洗

① 开箱检查 机械设备安装前，要和供货方一起进行设备的开箱检查。检查后应做好记录，并且要双方人员签字。设备的检查工作主要包括以下几项：

a. 设备表面及包装情况；

b. 设备装箱单、出厂检查单等技术文件；

c. 根据装箱单清点全部零件及附件；

d. 各零件和部件有无损坏、变形或锈蚀等现象；

e. 机件各部分尺寸是否与图样要求相符合。

② 清洗 开箱检查后，为了清除机器、设备部件加工面上的防锈剂及残存在部件内的铁屑、锈斑及运输保管过程中的灰尘、杂质，必须对机器和设备的部件进行清洗。清洗步骤一般是：粗洗，主要清除掉部件上的油污、旧油、漆迹和锈斑；细洗，也称油洗，是用清洗油将脏物冲洗干净；精洗，采用清洁的清洗油最后洗净，精洗主要用于安装精度和加工精度都较高的部件。

以下简介几种常用清洗剂。

a. 碱性清洗剂 常用配方组成如下。

ⅰ. 氢氧化钠（0.5%～1%）、碳酸钠（5%～10%）、水玻璃（3%～4%）、水（余量）。

ⅱ. 氢氧化钠（1%～2%）、磷酸三钠（5%～8%）、水玻璃（3%～4%）、水（余量）。

ⅲ. 磷酸三钠（5%～8%）、磷酸二氢钠（2%～3%）、水玻璃（5%～6%）、烷基苯磺酸钠（0.5%～1%）、水（余量）。

ⅳ. 油酸三乙醇胺（3%）、苯甲酸钠（0.5%）、十二烷基硫酸钠（0.5%～1%）、水（余量）。

碱性清洗剂成本低，清洗时需加热至60～90℃，浸洗和喷洗10min左右。其中第ⅰ、ⅱ两种清洗剂碱性较强，可用来清洗一般钢铁件；第三种清洗剂碱性较弱，可用来清洗一般钢铁件和铝合金件；第四种清洗剂碱性更弱，可用于清洗精加工、抛光后的钢铁、铝合金等加工表面。

b. 含非离子型表面活性剂的清洗剂　这是一种新型的清洗剂，以水为溶剂，对金属的腐蚀性极小，而且附在零件表面的清洗剂干燥后还可以起到防锈作用，是一种理想的清洗剂，推广应用可节省大量石油溶剂。

c. 石油溶剂　其主要作用是洗掉机件上的防锈油脂，它主要分以下四种。

ⅰ. 机械油、汽轮机油和变压器油。使用这类油剂时，常将其加热，加热温度不得超过120℃。

ⅱ. 轻柴油。它是高速柴油机用的燃料，黏度比煤油高，可用于清洗一般钢铁机件。

ⅲ. 汽油。它是精制的天然石油的直馏产品，含有裂化馏分。汽油易挥发、易燃烧，去除油脂力较强，是常用的清洗剂，可用于钢、铁及有色金属的清洗，清洗后，工件表面由于挥发而吸收了热量，温度下降，当空气湿度大时会发生凝露现象，所以应注意擦干和吹干。

ⅳ. 煤油。它是易挥发、易燃烧的清洗剂，因为煤油中含有水分、酸值高，化学稳定性差，清洗后不易去净，会使清洗表面锈蚀，所以精密零件一般不宜采用煤油作最后的清洁剂。

d. 清洗气相防腐蚀剂的溶液　常用气相防腐剂种类很多，有氧化性的，也有非氧化性的，有无机盐类，也有有机盐类。主要种类有亚硝酸二环乙胺、碳酸环乙胺、亚硝酸钠、碳酸氢钠、六次甲基四胺、三乙醇胺、苯甲酸钠等。

对于涂有上述气相防腐蚀剂的表面，可用酒精或12%～15%亚硝酸钠和0.5%～0.6%碳酸钠水溶液清洗，对于较难清洗的黏附物可在清洗液中加入表面活性剂进行热清洗。

必须指出，有些机器部件，必须在无油情况下工作，因此要进行脱脂，消除部件表面各种油脂。脱脂处理常采用下列脱脂剂：二氯乙炔、三氯乙烯、四氯化碳、95%乙醇，98%浓硝酸、碱性清洗剂。上述脱脂剂脱脂性能各不相同，具有不同的脱脂能力。

(5) 预装配和预调整

为了缩短安装工期，减少安装时的组装、调整工作量，常常在安装前预先对设备的若干零部件进行预装和预调整，把若干零部件组装成大部件。用这些预先组装好的大部件进行安装，可以大大加快安装进度。预装配和预调整可以提前发现设备存在的问题，及时加以处理，以确保安装的质量。

大部件整体安装是一项先进的快速施工方法，预装配的目的就是为了进行大部件整体安装。大部件组合的程度应视场地运输和起重能力而定。如果设备出厂前已组装成大部件，且包装良好，就可以不进行拆卸清洗、检查和预装，而直接整体吊装。

7.3.3　机械的安装

机械设备的安装，重点要注意设置安装基准、设置垫板、设备吊装、找正、找平、找标高、二次灌浆、试运行几个问题。

(1) 设置安装基准

机器安装时，其前后左右的位置根据纵横中心线来调整，上下的位置根据标高按基准点来调整。这样就可利用中心线和基准点来确定机器在空间的坐标了。

决定中心线位置的标记称为中心标板，标高的标记称为基准点。

① 基准点的设置　在新安装设备的基础靠近边缘处埋设铆钉，并根据厂房的标准零点测出它的标高，以作为安装机械设备时测量标高的依据，称为基准点。

埋设基准点的目的是因为厂房内原有的基准点，往往被先安装的设备挡住，后安装的设备测量标高时，再用原有的基准点就不如新埋设的基准点准确方便。基准点的设置方法如图7.46所示。

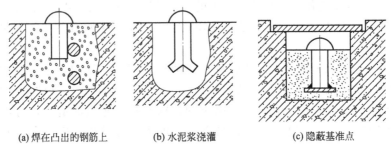

(a) 焊在凸出的钢筋上　　(b) 水泥浆浇灌　　(c) 隐蔽基准点

图 7.46　基准点的设置方法

② 中心标板的设置　机械设备安装所用的中心标板如图 7.47 所示，它是一段长为150～200mm 的钢轨或工字钢、槽钢、角钢等，用高标号灰浆浇灌固定在机械设备安装中心线两端的基础表面。待安装中心标板处的灰浆全部凝固后，用经纬仪测量机械设备的安装中心线，并投向标板，用钳工的样冲在标板上冲孔作为中心标点，并在点外用红油漆或白油漆做明显标记。根据中心标点拉设的安装中心线是找正机械设备的依据。

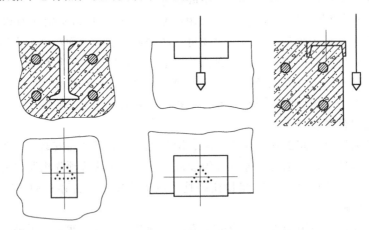

图 7.47　中心标板设置方法

(2) 设置垫板

一次浇灌出来的基础，其表面的标高和水平很难满足设备安装精度的要求，因此常采用调整垫板的高度来找正设备的标高和水平。

① 垫板的作用及类型　在机器底座和基础表面间放置垫板的作用：利用调整垫板的高度来找正设备的标高和水平；通过垫板把机器的重量和工作载荷均匀地传给基础表面；在特

殊情况下，也可以通过垫板校正机器底座的变形。垫板材料为普通钢板或铸铁。垫板的类型如图 7.48 所示，分为平垫板、斜垫板、可调垫板和开口垫板。

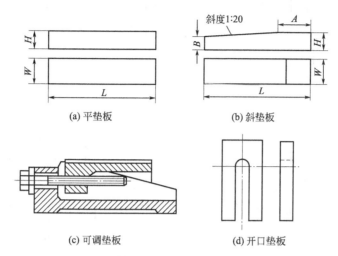

(a) 平垫板　　　　　　　　　　(b) 斜垫板

(c) 可调垫板　　　　　　　　　　(d) 开口垫板

图 7.48　垫板的类型

②　垫板面积的计算　采用垫板安装，在安装完毕后要二次灌浆，但是一般的混凝土凝固以后都要收缩。设备底座只压在垫板上，二次灌浆后只起稳固垫板作用。所以设备的重量和地脚螺栓的预紧力都是通过垫板作用到基础上的，因此必须使垫板与基础接触的单位面积上的压力小于基础混凝土的抗压强度。垫板总面积可按下式计算：

$$A = 10^9 \frac{(Q_1 + Q_2)C}{R} \tag{7.17}$$

式中　A——垫板总面积，mm^2；

C——安全系数，一般取 1.5～3；

R——混凝土的抗压强度，MPa；

Q_1——设备自重加在垫片组上的负荷与工作负荷，kN；

Q_2——地脚螺栓的紧固力，kN，$Q_2 = [\sigma]A_1$；

$[\sigma]$——地脚螺栓材料的许用应力，Pa；

A_1——地脚螺栓总有效截面积，mm^2。

③　垫板的放置方法

a. 标准垫法　如图 7.49(a) 所示。一般都采用这种垫法。它是将垫板放在地脚螺栓的两侧，这也是放置垫板的基本原则。

b. 十字垫法　如图 7.49(b) 所示。当设备底座小、地脚螺栓间距近时用这种方法。

c. 筋底垫法　如图 7.49(c) 所示。设备底座下部有筋时，一定要把垫板垫在筋底下。

d. 辅助垫法　如图 7.49(d) 所示。当地脚螺栓间距太远时，中间要加一辅助垫板。一般垫板间允许的最大距离为 500～1000mm。

e. 混合垫法　如图 7.49(e) 所示。根据设备底座的形状和地脚螺栓间距的大小来放置。

④　放置垫板的注意事项

a. 垫板的高度应在 30～100mm 内，过高将影响设备的稳定性，过低则二次灌浆层不易牢固。

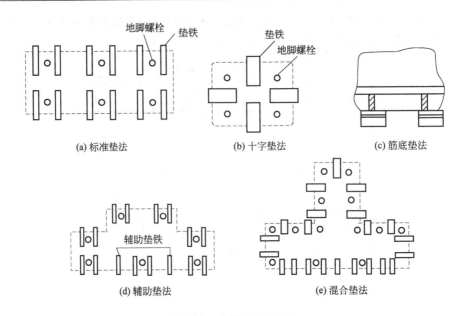

图 7.49　垫板的放置方法

b. 为了更好地承受压力，垫板与基础面必须紧密贴合。因此，基础面上放垫板的位置不平时，一定要凿平。

c. 设备机座下面有向内的凸缘时，垫板要安放在凸缘下面。

d. 设备找平后，平垫板应露出设备底座外缘 10～30mm，斜垫板应露出 10～50mm，以利于调整。而垫板与地脚螺栓边缘的距离应为 50～150mm，以便于螺孔灌浆。

e. 每组垫板的块数以 3 块为宜，厚的放在下面，薄的放在上面，最薄的放在中间。在拧紧地脚螺栓后，每组垫板的压紧程度必须一致，不允许有松动现象。

f. 在设备找正后，如果是钢垫板，一定要把每组垫板都以点焊的万法焊接在一起。

g. 在放垫板时，还必须考虑基础混凝土的承压能力。一般情况下，通过垫板传到基础上的压力不得超过 1.2～1.5MPa。有些机械设备，安装使用垫板的数量和形状在设备说明书或设计图上都有规定，而且垫板也随同设备一起带来。因此，安装时必须根据图样规定来进行。如未作规定，在安装时可参照前面所述的各项要求和做法进行。

⑤ 放置垫板的施工方法

a. 研磨法　基础上安放垫板的位置，应去掉表层浮浆层，先用砂轮后用磨石细研，使垫板与基础的接触面积达 70% 以上，水平精度为 0.1～0.5mm/m，对轧钢机要求达到 0.1mm/m。

b. 座浆法　研磨法的工效很低，费时费力。现在推广应用座浆法放置垫板，即直接用高强度微膨胀混凝土埋设垫板。其具体操作是：在混凝土基础上安置垫板的地方凿一个锅底形的坑，用拌好的微膨胀水泥砂浆做成一个馒头形的堆，在其上安放平垫板，一边测量一边用手锤轻轻敲打，以达到设计要求的标高（要加斜垫板应扣除此高度）和规定的水平度。养护 1～3 天后，就可安装设备，并在此垫板上再装一组斜垫板来调整标高、水平。这种方法代替了在原有基础上的研磨工作。座浆法是具有高工效、高质量、粘接牢、省钢材等优点的机械安装新工艺。

(3) 设备吊装、找正、找平、找标高

① 设备吊装　设备从工地沿水平和垂直方向运到基础上就位的整个过程称为吊装。吊装从两个方面着手：一是起重机具的选择应因地制宜，近年来由于汽车吊的起重能力、起重高度都有所提高，加上汽车吊机动性好，故它是一种很有前途的起重机具；二是零部件的捆绑，索具选用要安全可靠，捆绑要牢靠，当采用多绳捆绑时，每根绳索受力应均匀，防止负荷集中。

② 找正、找平、找标高

a. 找正　设备找正是为了将设备安装在设计的中心线上，以保证生产的连续性。安装找正前，必须根据中心标板挂好安装中心线，然后选择设备的精确加工面（如主轴、轧钢机架窗口等），求出其中心标点，按此找正。因为只有当中心标点与安装中心线一致时，设备才算找正完毕。

b. 找平　设备找平是在设备上可以作为水平测定面的面上，用平尺或方水平进行检查，发现设备不水平时，用调节垫片实现找平。被检平面应选择精加工面，如箱体剖分面、导轨面等。

c. 找标高　确定设备安装高度的作业称为找标高。为了保证准确的高度，被选定的标高测定面必须是精加工面。标高根据基准点用水准仪或激光仪来测量。

按照设计要求，通过增减垫板调整机器的标高与水平，拨动机器，使其符合设计要求的中心位置。最后紧固地脚螺栓，才算完成机器的安装工作。

设备找正、找平、找标高虽然是各不相同的作业，但对一台设备安装来说，它们是互相关联的。如调整水平时可能使设备偏移而需重新找正，而调整标高时又可能影响了水平，调整水平时又可能变动了标高。所以要进行综合分析，做到彼此兼顾。

通常找正、找平、找标高分两步进行，首先是初找，然后精找。尤其对于找平作业，先初平，在紧固地脚螺栓时才能进行精平。某些极精密的找平、找正作业，受负荷、紧固力的影响，甚至受日照温度影响，应仔细分析，反复操作才能确定。

(4) 二次灌浆

由于有垫板，故在基础表面与机器底座下部所形成的空洞必须在机器安装前用混凝土填满，这一作业称为二次灌浆。因此垫板就被混凝土埋没在内了。一般混凝土经养护后均要出现收缩，所以二次灌浆层主要起防止垫板松动的作用，机器的全部载荷还是靠垫板来承受的。

二次灌浆的混凝土配比与基础一样，只不过石子的块度应视二次灌浆层的厚度不同而适当选取，为了使二次灌浆层充满底座下面高度不大的空间，通常选用的石子块度要比基础的小。

一般二次灌浆作业由土建单位施工。灌浆期间，设备安装部门应进行监督，并在灌完后进行检查，在灌浆时要注意以下事项：

① 要清除二次灌浆处混凝土表面上的油污、杂物及浮灰；

② 用清水冲洗表面；

③ 小心放置模板，以免碰动已找正的设备；

④ 灌浆工作应连续完成；

⑤ 灌浆后要浇水养护；

⑥ 拆模板时要防止已调整好的设备变动，拆除模板后要将二次灌浆层周边用水泥砂浆

抹平。

（5）试运转

试运转俗称试车，是机械设备安装中最后、最重要的阶段。经过试运转，机械设备就可按要求正常地投入生产。在试运转过程中，无论是安装上、制造上、设计上存在的问题，都会暴露出来。只有仔细分析，才能找出根源，提出解决的办法。

由于机械设备种类和型号繁多，试运转涉及的问题面较广，所以安装人员在试运转之前一定要认真熟悉有关技术资料，掌握设备的结构性能和安全操作规程，才能搞好试运转工作。

① 试运转前的检查

a. 机械设备周围应全部清扫干净。

b. 机械设备上不得放有任何工具、材料及其他妨碍机械运转的物品。

c. 机械设备各部分的装配零件必须完整无缺，各种仪表都要经过试验，所有螺钉、销钉之类的紧固件都要拧紧并固定好。

d. 所有减速器、齿轮箱、滑动面以及每个应当润滑的润滑点，都要按照产品说明书上的规定，保质保量地加上润滑油。

e. 检查水冷、液压、风动系统的管路、阀门等，该开的是否已经打开，该关的是否已经关闭。

f. 在设备运转前应先开动液压泵将润滑油循环一次，以检查整个润滑系统是否畅通，各润滑点的润滑情况是否良好。

g. 检查各种安全设施（如安全罩、栏杆、围绳等）是否都已安设妥当。

h. 只有确认设备完好无疑，才允许进行试运转，并且在设备启动前还要做好紧急停车的准备，确保试运转时的安全。

② 试运转的步骤 先无负荷，后有负荷，先低速，后高速，先单机，后联动；每台单机部件开始由部件到组件，由组件到单台设备；对于数台设备连成一套的联动机组，要将设备分别试好后，才能进行整个机组的联动试运转；试运转设备试运转前电动机应单独试验，以判断电力拖动部分是否良好，且其他如电磁制动器、电磁阀限位开关等各种电气设备，都必须提前做好试验调整；试运转时，能手动的部件先手动后再机动，并且前一步骤未合格前，不得进行下一步；对于大型设备，可利用盘车器或吊车转动，没有卡住和异常现象时，方可通电运转。

试运转一般程序如下。

a. 单机试运转 对每一台机器分别单独启动试运转。其步骤是：手动盘车—电动机空转—带减速机点动—带减速机空转—带机构点动—按机构顺序逐步带动，直至带动整个机组空转。

在此期间必须检验润滑是否正常，轴承及其他摩擦表面的发热是否在允许范围内，传动装置的工作是否平稳、有无冲击，各种连接是否正确，动作是否正确、灵活，定点、定时是否准确，整个机器有无振动。如果发现缺陷，应立即停车消除缺陷，再从头开始试车。

b. 联合试运转 单机试运转合格后，各机组按生产工艺流程全部启动联合运转，按设计生产操作联锁，检查各机组相互协调动作是否正确，有无相互干扰现象。

c. 负荷试运转 目的是为了检验设备能否达到正式生产的要求。此时，设备带上工作负荷，在与生产情况相似的条件下进行。除按额定负荷试运转外，某些设备还要进行超载试运转（如起重机等）。

能力训练项目

① 常温下的压装配合。

② 成组螺纹连接的装配。

③ 圆柱销的装配。

④ 键的装配。

⑤ 圆柱齿轮传动的装配。

⑥ 圆柱孔滚动轴承的装配。

⑦ 剖分式滑动轴承的装配。

⑧ 密封圈的装配。

⑨ 圆锥滚子轴承的装配。

⑩ 动压油膜轴承的装配。

思考与练习

7-1　什么是机械装配，在机械生产维修中起何作用，需注意的共性问题有哪些？

7-2　机器设备的装配精度与哪些因素有关？

7-3　简述机械装配与安装的一般工艺过程。

7-4　螺纹连接装配有哪些注意事项？

7-5　简述滚动轴承装配的工艺流程。

8

■ 大型工程机械的安装调试

　　大型工程施工，必须选用一些大型的工程机械进行设备与构件的组合、吊装、运输及其他作业。通常选用的大型工程机械有桥式起重机、龙门式起重机、缆索式起重机、塔式起重机、门座式起重机、带式输送机和混凝土搅拌楼（站）等。

　　大型工程机械的安装方法很多，主要根据工程机械的结构特点和现场施工条件来确定，有些工程机械技术含量高，还需要根据设计单位和制造厂的规定进行安装和调试。

　　下面就一些大型工程机械的结构、性能和安装方法进行介绍。

8.1　桥式起重机的安装调试

　　桥式起重机用在工厂、电站及仓库等场所，用于重物搬运和安装等作业。它安装在厂房两侧的吊车梁上，整机可以沿铺设在吊车梁上的轨道（在车间上方）纵向行驶。而起重小车又可以沿小车轨道（铺设在起重机的桥架上）横向行驶，吊钩作升降运动。

　　桥式起重机（见图8.1）主要由以下两部分组成。

　　① 大车　主要由桥架、大车运行机构和驾驶室等组成。桥架由主梁和端梁组成，它支承着整个起重机的自重，同时又是起重机大车的车体，在它两端的走台上，安装有大车运行机构和电气设备。驾驶室安装有全部机构的控制设备。

　　② 小车　在小车的车架上安装有起升机构和小车运行机构。

　　桥式起重机类型很多，按主梁数目可以分为单梁式和双梁式；按驱动形式分为手动和电动；按主梁结构形式可以分为箱形和桁架式。

8.1.1　桥式起重机的安装

（1）桥式起重机桥架的组装

　　起重机运到现场后，首先按装箱单清点设备和零部件是否齐全，检查金属结构及机电设备在运输过程中有无损坏和变形，若有损坏，必须在地面修好，然后才能进行安装。

　　① 桥架的组装　为了便于运输，桥架在出厂时被分成数段，安装前应把它们组装在一起。组装的方法是在分割的连接部位，用螺栓连成一体。

　　桥架组装好后，应当进行测量，其主要尺寸应符合该机标定的技术数据。

　　② 大车运行机构的检查

　　a. 检查运行机构，应以主动轮外侧为基准面（通常制造厂加工一个小沟槽作为记号，安装时将有记号的侧面放在外面，以便测量）。

　　b. 车轮端面的垂直度误差应不大于 $D/400$（D 为车轮直径），且必须是轮子上边偏向轨道的外侧。

　　c. 起重机无负载时，所有车轮都应同时和轨道接触。

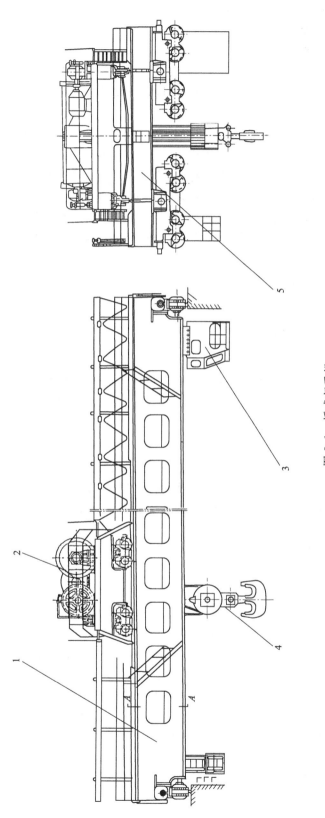

图 8.1 桥式起重机

1—桥架（主梁）；2—小车；3—驾驶室；4—吊钩组；5—端梁

d. 传动轴中心线的振幅不大于1mm。

e. 使车轮悬空，用手盘车一周，不得有卡住现象。

(2) 桥式起重机的吊装

桥式起重机在地面组装完成以后，要将它吊装到厂房上方的轨道上去，这是桥式起重机安装工程中最关键的工作。根据施工现场的条件不同，可以采用不同的吊装方案，常用的方法有整体吊装就位法和分部吊装就位法两种。

① 整体吊装就位法　将桥式起重机的桥架（主梁）、端梁等在地面组装成一体，用安装用移动式起重机或其他的吊装设备，一次将起重机吊装就位。吊装时，先把组装好的桥式起重机旋转一个角度，以便能从轨道中穿过，当起升超过轨道平面以后，再反转将起重机按正常工作位置放在轨道上。大、小车可以一次吊装，也可以分开吊装（先吊装大车，再吊装小车）。

② 分部吊装法　当安装用移动起重机械的起重特性不能满足整体吊装的要求时，可以采用分部吊装的方法。分部吊装法是先把两根主梁分别吊装到桥式起重机运行轨道上，再吊装两根端梁，最后吊装起重机的小车。

随着大型汽车起重机、履带起重机的生产和应用，在一般的厂房内通常采用整体吊装就位法安装桥式起重机。

8.1.2　桥式起重机的试车

(1) 试车前的准备

① 切断全部电源，按图纸尺寸及技术要求检查整机。检查各连接件是否牢固；各传动机构的连接是否正确和灵活；金属结构有无变形、裂纹，焊缝有无开裂、漏焊；钢丝绳在滑轮和卷筒上的缠绕情况是否正确和牢固。

② 检查起重机的组装是否符合技术要求。

③ 电气方面必须完成下列检查工作才能试车：

a. 用兆欧计检查全部电路系统和所有电气设备的绝缘电阻；

b. 切断电路，检查操纵电路是否正确和所有操纵设备的运动部分是否灵活可靠，必要时进行润滑；

c. 在电气设备中，要特别注意电磁铁、限位开关、安全开关和紧急开关工作的可靠性。

④ 用手转动起重机各部件，应无卡死现象。

(2) 空负荷试车

经过上述检查和修理，整机均已正常后，再用手转动制动轮，使卷筒和行走车轮能灵活转动一周，无卡死现象时，就可进行空负荷试车，其步骤和要求如下。

① 小车行走　空载小车沿轨道来回行走三次，此时车轮不应有明显的打滑；起重机制动应平稳可靠；限位开关动作准确。

② 空钩升降　使空钩上升下降各三次，起升限位开关动作准确。

③ 大车运行　把小车开至跨中，使大车沿整个厂房全行程慢速行走两次，以验证厂房和轨道。然后以额定速度往返行走三次，检查运行机构工作情况。启动和制动时，车轮不应打滑和滑行，运行要平稳，限位开关动作准确，缓冲器能起作用。

在无载试车中，如发现问题，应及时停车进行调整和修理。

(3) 负荷试车

在空负荷试车情况正常以后，才允许负荷试车。负荷试车分为静负荷试车和动负荷试车两种。

① 负荷试车的技术要求

a. 起重机金属结构的焊接质量、螺栓连接质量、特别是端梁连接或主、端梁连接质量，应当符合技术要求。

b. 机械设备、金属结构、吊具的强度和刚度以及钢轨的强度应符合技术要求。

c. 制动器应动作灵活，工作可靠。

d. 齿轮减速箱无异常噪声。

e. 润滑部位润滑良好，轴承温升不超出规定。

f. 各机构动作平稳，无剧烈振动和冲击。

如有问题应在修理好后再进行试车。

② 静负荷试车　小车起吊额定负载，在桥架上往返几次以后，将小车开到跨中与悬臂端部（装卸桥）将重物升至一定高度（离地面约 100mm），空悬 10min，此时测量主梁跨中的下挠度不应超过起重机设计规范的规定标准。

对具有悬臂的龙门起重机和装卸桥，当满载小车位于悬臂端部时，该处的下挠度应不大于 $L_c/350$（L_c 为悬臂长度），如此连续试验三次，且在第三次卸掉负荷后，主梁不得留有残余变形，每次试验时间不得少于 10min。

经过上述试验后，可进行超额定负荷 25% 的试车，方法及要求同上。

为了减少吊车梁弹性变形造成的测量误差，静负荷试车时应把起重机开到厂房柱子附近。

③ 动负荷试车　静负荷试车合格后，方可进行动负荷试车。

先让起重机小车提升额定负载反复进行起升和下降制动试车，然后开动满载小车沿其轨道来回行驶 3～5 次，最后停在跨度中央，让起重机以额定速度在厂房全行程内往返 2～3 次，并反复启动与制动。此时各机构的制动器、限位开关、电气操纵应可靠、准确和灵活，车轮不打滑，桥架振动正常，机构运转平稳，卸载后机构和桥架无残余变形。

上述试车结果良好，可再进行超负荷 10% 的试验，试验的项目和要求同上。

各项试验合格后，才可交付使用。

8.2　龙门式起重机的安装调试

龙门式起重机在工程上称为龙门吊，主要用于工程施工现场的设备、构件、材料的装卸、堆放以及设备的制造装配等工作。

8.2.1　龙门式起重机的结构和技术性能

龙门式起重机具有拆卸方便、分段重量轻、各单件尺寸能满足长途运输要求等特点，被广泛应用于国民经济各个领域。在工程施工中一般使用的龙门式起重机是桥架组合结构式，如图 8.2 所示。

龙门式起重机主要由桁架大梁、起重小车、刚性支腿、柔性支腿、电动葫芦（小钩）、电动葫芦轨道、大车行走机构、操作室、小车行走机构和吊钩组等组成。30t 龙门起重机各部件的重量和技术性能分别列于表 8.1 和表 8.2 中。

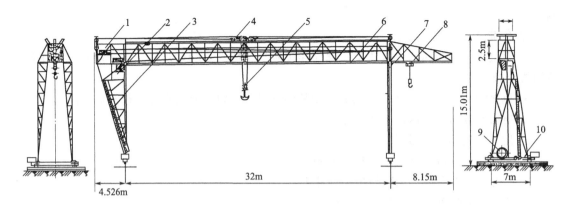

图 8.2　30t 龙门式起重机

1—桁架大梁；2—操作室和起升机构；3—刚性支腿；4—起重小车；5—吊钩组；
6—电动葫芦轨道；7—柔性支腿；8—电动葫芦；9—电缆卷筒；10—大车行走机构

表 8.1　30t 龙门式起重机各部分重量

序号	名称及符号	数量	单重/kg	总重/kg
1	桁架组件	1	28550	28550
2	起重小车	1	1756	1756
3	刚性支腿	1	5000	5000
4	柔性支腿	2	1900	3800
5	电动葫芦	1	700	700
6	小钩行走轨道	1	1712	1712
7	小车行走机构	2	2455	4910
8	操作室	1	1000	1000
9	吊钩组	1	1375	1375
10	卷扬机构	1	1346	1346

表 8.2　30t 龙门式起重机的技术性能

起重量/t	主钩	30		轨距/m	32
	电动葫芦	5		轮距/m	7
起吊高度/m	主钩	10.30	大车	钢轨型号	P_{43}
	电动葫芦	10.40		车轮直径/mm	750
起吊速度/(m/min)	主钩	5.12		最大轮压/(t/只)	3.5
	电动葫芦	8		轨距/m	2.5
行走速度/(m/min)	大车	22.2		轮距/m	1.6
	小车	26.8	小车	钢轨型号	P_{24}
	电动葫芦	20		车轮直径/mm	400
电源	三相交流 380V			最大轮压/(t/只)	8.3

8.2.2　龙门式起重机的安装

各种型号的龙门式起重机的结构大同小异，安装方法也基本一致，下面以 30t 龙门式起重机为例，来介绍龙门式起重机的安装。

8.2.2.1 选择安装场地

按施工组织设计所制定的现场布置图，在确定龙门式起重机的安装位置并铺设行走轨道后，选择道路畅通、地面平整的地方，作为龙门式起重机的安装场地。

按照技术要求用测量仪器确定行走轨道的垂直线，并把该直线作为龙门式起重机安装的基准线。

8.2.2.2 地面组装

为了运输的方便和满足铁路和公路运输的要求，通常将龙门式起重机的钢结构部分拆开后运到施工现场。该机的桁架大梁拆分为四节，各节的长度分别为 11.55m、12m、12.95m 和 7.75m，相应的重量分别为 9.75t（包括起升机构和起重小车运行机构的卷扬机）、7.77t、8.55t 和 2.6t。刚性、柔性支腿分别拆分为两个单件。

龙门式起重机各部件运至施工现场后，根据起重机的最大单件重量选择安装用履带式起重机或汽车起重机。

利用安装用起重机，地面组装桁架大梁和刚性、柔性支腿。支腿的摆放位置在龙门式起重机的安装基准线上。桁架大梁的摆放位置有两种情况：如果采用单机吊装桁架大梁，其组合位置应在安装基准线的倾斜方向；如果采用双机抬吊吊装桁架大梁，其组合位置应在安装基准线的平行位置上，到安装基准线的距离以不妨碍两支腿的安装、竖立为准，如图 8.3 所示。

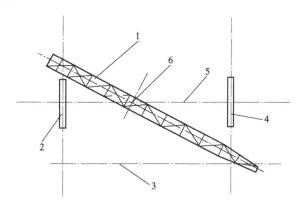

图 8.3 龙门式起重机安装场地布置

1—单机吊装时桁架大梁的组合位置；2—刚性支腿的安装位置；3—双机抬吊时桁架大梁的组合位置中心线；
4—柔性支腿的安装位置；5—安装基准线；6—桁架大梁的重心位置

8.2.2.3 龙门式起重机的安装方法和步骤

（1）大车行走机构与行走横梁的安装

大车行走机构和行走横梁体积较小，运输时一般不需要拆开，整机共两组，刚性支腿和柔性支腿下面分别安装一组（两组的外形基本相同，但是与支腿之间的连接板的大小和形状不同）。用安装用起重机直接将大车行走机构与行走横梁吊装到位，以安装中心线为基准找正后，用道木和木楔支垫牢固。

（2）刚性支腿和操作室的安装

图 8.4 所示为刚性支腿的捆绑和吊装，由于刚性支腿的结构两边不对称，为使其起吊后垂直于地面，采用倒链调绳捆绑法，通过调节捆绑绳的长度，来调整支腿的垂直度。支腿吊离地面以后，平移到行走横梁上方的安装位置，慢慢地落到行走横梁上，用螺栓和行走横梁

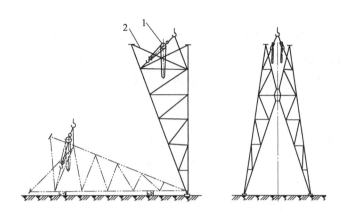

图 8.4　刚性支腿捆绑和吊装

1—倒链；2—刚性支腿

固定牢固，并用缆风绳整体固定。四根缆风绳分别固定于支腿的内外两侧，需要支腿移动时，将运动前方内外侧的两根缆风绳逐步收紧，同时放松后面内外侧的两根缆风绳，以此达到支腿竖立后移动的目的。

操作室安装在刚性支腿上部，因此在支腿安装固定后，将操作室吊装到位并用螺栓连接牢固。

（3）柔性支腿的安装

柔性支腿的捆绑和吊装如图 8.5 所示，为了保证支腿竖立后与地面的垂直度，捆绑时用卡绳捆绑法，卡绳点必须放在图示的位置上。其安装和固定方法同刚性支腿的安装。

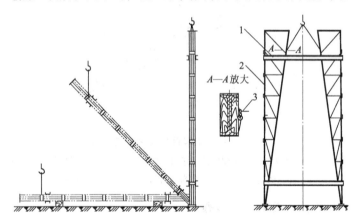

图 8.5　柔性支腿捆绑和吊装

1—固定槽钢；2—柔性支腿；3—卡环

（4）桁架大梁的吊装

桁架大梁的安装有两种方法：用履带式起重机或汽车起重机单机吊装和双机抬吊。在条件允许的情况下，尽量使用单机吊装。

① 单机吊装桁架大梁　采用单机吊装，桁架大梁组装时的位置应放在图 8.3 中 1 的位置上，即将桁架大梁的重心位置放在起重机安装的基准线上，用双绳四点卡绳捆绑法进行捆绑，捆绑点选在桁架大梁的上部桁架的结点上。整体起吊用捆绑绳的规格和长度要经过计算确定。

当桁架大梁起升到底部超过两个支腿的高度时，起重机停止起升。通过系结在桁架大梁两端的溜绳使桁架大梁旋转到两支腿的正上方，缓慢落钩并通过固定支腿的缆风绳调整两支腿的位置，首先将桁架大梁和刚性支腿用螺栓固定好，再将桁架大梁和柔性支腿用销轴连接好。

② 双机抬吊桁架大梁　如果一台起重机的起重能力不能满足桁架大梁的整体吊装要求，最好的办法就是采用两台起重机抬吊的方法吊装桁架大梁。采用双机抬吊，桁架大梁地面组装时应放在图 8.3 中 3 的位置上。因为两台起重机将桁架大梁抬起后只能升降，很难进行水平旋转。

当桁架大梁起升到底部超过两个支腿的高度时停止起升，通过调整缆风绳将刚性支腿和柔性支腿的位置调整到桁架大梁的正下方，缓慢落钩并同时调整支腿的位置，首先将桁架大梁和刚性支腿用螺栓固定好，再将桁架大梁和柔性支腿用销轴连接好。

(5) 其他零部件的安装

龙门式起重机的桁架大梁和支腿安装好以后，吊装电动葫芦（小钩）、起重小车和吊钩组，并利用较细的钢丝绳作为引导绳，安装起重钢丝绳和小车牵引钢丝绳。钢丝绳的卷绕方法参见龙门式起重机的说明书。

(6) 龙门式起重机的试车与调整

龙门式起重机机械部分安装好以后，进行电气控制部分的安装，整机安装结束后进行起重机的空负荷试验、静负荷试验和动负荷试验，所有的试验指标检测合格后方可交付使用（可参见本章 8.1.2 的内容）。

8.3　缆索式起重机的安装调试

缆索式起重机（简称缆机）是一种以柔性钢索作为大跨度支承构件，兼有垂直运输和水平运输功能的特种起重机械，是水利水电工程施工中的主要施工设备。我国大型水电站如龙羊峡、岩滩、安康、漫湾、三峡、万家寨等工程施工中都使用了缆机。

缆机有许多分类的方法，按其主索的数量分为单索、双索和四索缆机；按工作速度的高低分为高速和低速缆机；按缆机主索两端支点的运动（或固定）情况分为固定式、摆塔式、平移式、辐射式、索轨式、拉索式六种基本机型，以及在基本的机型基础上发展起来的若干派生机型和复合机型（如 H 型、"川" 字型、斜平移式、双弧移式、辐射双弧移式、摆塔辐射式等）。

在漫湾水电站工程施工中，大坝和厂房的施工选用了两台 20t 平移式缆机，本节主要以这种缆机为例介绍缆机的安装和调试。

8.3.1　20t 平移式缆索起重机的构造

该机主要由在左右两岸平行轨道上移动的主、副车和连接在主、副车间的索道系统及在索道上运行的起重小车、吊钩等组成，如图 8.6 所示。

主车装有起升机构、小车牵引机构和主车行走驱动机构；索道系统由承载索（主索）、小车牵引索、起重索和承马牵引索组成。主车通过过江电缆控制副车的运行。主、副车都不设塔架，承载索的支承固结点均低于主、副车水平轨道，利用承载索的水平张力和水平轨道轴线间的支承反力形成的稳定力矩来保证主车和副车的稳定性，并可以做到主车不设配重，副车设置少量配重。主车和副车的行走由设置在水平和垂直轨道上的大车驱动机构驱动，由

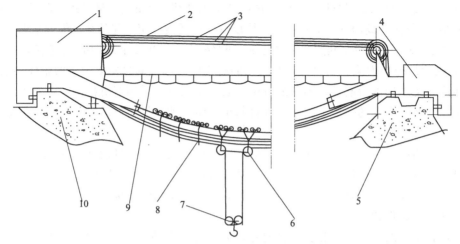

图 8.6   20t平移式缆索起重机

1—主车；2—起重小车牵引索；3—承马牵引索；4—副车；5—副车基础及轨道；
6—起重小车；7—吊钩组；8—承马；9—过江电缆；10—主车基础及轨道

主车的司机室集中控制。

8.3.2   20t平移式缆索起重机的主要技术性能

① 跨度：521m。

② 起重量：20t。

③ 最大起升高度：180m。

④ 承载索直径：90mm。

⑤ 承载索支点高程：主车侧1037m，副车侧1030m。

⑥ 起升速度：满载上升120m/min，满载下降160m/min，空载升降200m/min。

⑦ 小车的最大运行速度：450m/min。

⑧ 主、副车的最大运行速度：13.26m/min。

⑨ 主、副车的行走轨道长度：145m。

8.3.3   安装时选用的起重机械

根据20t平移式缆索起重机的最大单件重量及安装位置，选用了两台NK450汽车起重机进行安装。索道系统的安装，主要是缆索的来回过江，为此选用10t的卷扬机两台，5t的卷扬机1台。

8.3.4   安装步骤和安装方法

8.3.4.1   安装前的准备工作

施工现场的布置与主、副车轨道的验收。确定主车和副车的安装地点、零部件存放场地和大型部件的组合场地，尽量扩大设备的地面拼装，减少高空作业；按照轨道的安装要求及标准，对主、副车的运行轨道进行验收。

根据已设定的地锚的位置，进行实地测量，使缆索起重机的承载索轴线和主、副车的运行轨道垂直，并做出安装用承载索轴线的标志，以此作为安装缆机的基准线。

8.3.4.2 主车和副车的安装

主车主要由水平和垂直行走台车、平衡梁及车架和主车平台组成。主车平台上装有起升机构、小车牵引机构。主车高度 11.2m，副车高度 8.35m，整体高度较低，所以主、副车的安装采取自下而上的顺装法，两台 NK450 汽车起重机采取多点吊装，各机构的安装为一般的机械安装，所以具体的安装方法和步骤不再一一叙述。

8.3.4.3 索道系统的安装

索道系统安装是整个起重机安装的重要环节，其安装场地从江边延伸到对岸，工作量大，技术和工艺要求高。主要内容包括以下三部分：承载索（主索）、承马牵引索、起重索、起重小车牵引索的安装和垂度调整；起重小车、承马、吊钩等悬挂在承载索（主索）上的工作机构的安装；过江电缆及悬挂装置的安装。

(1) 临时承载索的安装

临时承载索由 6 根 $\phi 43$ 的钢丝绳组成，布置形式如图 8.7 所示。

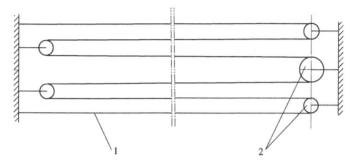

图 8.7　临时承载索平面布置

1—临时承载索；2—平衡滑轮

① 引导绳过江（见图 8.8）　引导绳用 $\phi 11$ 和 $\phi 26$ 两根交绕钢丝绳。将 $\phi 11$ 的钢丝绳一端绕在左岸的 1 号 5t 卷扬机上，另一端用人工拉至右岸；$\phi 26$ 的钢丝绳一端和 $\phi 11$ 的钢丝绳用绳夹对接，另一端绕在右岸的 2 号 10t 卷扬机上；钢丝绳对接采用回头自卡的形式，分别用骑马式绳夹 6 个，绳夹间距为 150mm，并留出安全观测绳圈，当钢丝绳受力后，观测绳圈是否有变化，检查无误后开动 1 号卷扬机缓慢地将 $\phi 26$ 的钢丝绳拖到左岸。

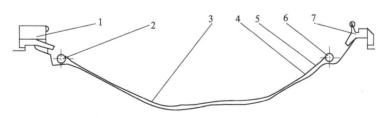

图 8.8　引导绳过江

1—主车；2—1 号卷扬机；3—$\phi 11$ 的引导绳；4—钢丝绳接头；

5—$\phi 26$ 的引导绳；6—2 号卷扬机；7—副车

② 临时承载索过江（见图 8.9）　左岸 3 号 10t 卷扬机的 $\phi 26$ 钢丝绳与右岸 2 号卷扬机上的 $\phi 26$ 钢丝绳对接后，将 $\phi 43$ 的临时承载索用绳夹捆绑在 $\phi 26$ 的引导绳上，联合启动 2 号、3 号卷扬机，用 $\phi 26$ 的引导绳将临时承载索从空中拉过江去。

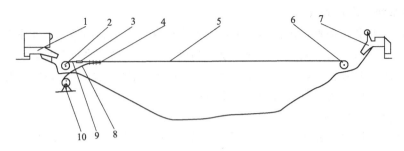

图 8.9 临时承载索过江

1—主车；2—3 号卷扬机；3—接头；4—临时承载索在引导绳上的固定端；5，9—$\phi26$ 的引导绳；
6—2 号卷扬机；7—副车；8—$\phi43$ 的临时承载索；10—储绳卷筒

将临时承载索穿过滑轮后，再用绳夹固定在引导绳上由引导绳将 $\phi43$ 的临时承载索拖回左岸。如此往复六次，将临时承载索安装到位，通过测量和调整垂度，使 6 根临时承载索的垂度一致，并处于同一个水平面上，将临时承载索的两端固定好。

(2) 承载索（主索）的安装

临时承载索安装好以后，分别将主车和副车利用临时施工电源开到安装基准线对中。

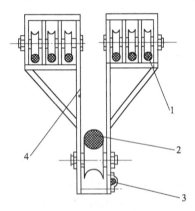

图 8.10 临时承马

1—临时承载索；2—承载索（主索）；
3—承马保距绳；4—临时承马结构架

① 临时承马的安装 临时承马共安装 29 套，结构如图 8.10 所示，单件重 112kg，每 20m 安装一个临时承马，承马与承马之间的距离是由固定临时承马结构架上的 $\phi15$ 的钢丝绳控制的。安装之前先将 $\phi15$ 的钢丝绳绕在 1 号 5t 的卷扬机上，打开临时承马的结构架，将其扣在 $\phi43$ 的临时承载索上，结构架固定好后，将 $\phi15$ 的承马保距绳在结构架上固定好。把 4 个临时承马合并到一起，用捆绑绳将承载索的头部组件捆绑在这 4 个承马上，如图 8.11 所示。

② 承载索过江 联合启动 1 号、2 号、3 号卷扬机拖动 $\phi90$ 的承载索向前移动，每前进 20m 安装一个承马，并固定好承马保距绳。承载索是缆索起重机中的主要部件，其长度 600m、直径 90mm，总重达 27t，为了顺利完成承载索的安装，应注意以下事项。

a. 设计制作一个承载索卷筒支撑架，支撑架用地锚固定，在卷筒两端设置手动带式制动器，以防止承载索放得太快失去控制。

b. 制作专用工具实际测量承载索的长度，并在承载索上做好标记，承载索的长度事关大局，而且承载索的长度无法进行第二次测量，所以必须由专人负责。

c. 承载索的截取长度，必须由施工的工程技术人员或缆机生产厂家的技术人员确定，如果截取长度不够，那么整条钢丝绳就报废了，这样的钢丝绳一般是生产厂家单件定做，长度截取错误，将给整个工程造成严重损失。

d. 当主索卷筒剩余四圈钢丝绳时停止承载索过江，并将承载索临时固定。

e. 按设计长度，用生产厂家的专用工具，进行承载索切割和承载索头部固定装置的制作安装。

③ 承载索的张紧 承载索头部固定装置制作好以后与主车端梁承载索固定耳板用销轴

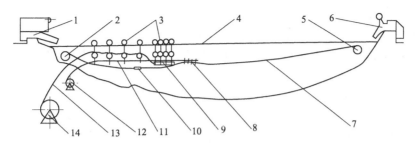

图 8.11 承载索安装

1—主车；2—3 号卷扬机；3—临时承马；4—临时承载索；5—2 号卷扬机；6—副车；

7—φ26 的引导绳；8—捆绑固定点；9—脚索头部组件；10—接头；11—承马保距绳；

12—保距绳储绳卷筒；13—承载索（主索）；14—承载索储绳卷筒

连接好。在右岸承载索安装的轴线上，布置滑轮组，利用 2 号 10t 卷扬机拉紧承载索，并将其头部的固定装置和副车上承载索固定耳板用销轴连接牢固。启动承载索液压张紧装置，调整承载索的垂度，使其满足缆机的设计要求。

（3）起重小车和承马的安装

承载索安装好以后，在主车侧装上维修台架，工作人员站在台架上，用 NK450 汽车起重机将工作承马 A_1、B_1、C_1 吊装在承载索上，吊装一个用捆绑绳捆住一个，防止承马在自重的作用下滑向跨中影响工程进度。承马吊装好以后，再吊装起重小车，同样用捆绑绳固定好，防止自动下滑。在副车侧安装维修台架，并将副车侧的承马 A_2、B_2、C_2 吊装在承载索上，用捆绑绳固定好。

（4）起重小车牵引索的安装

起重小车牵引索的安装如图 8.12 所示。起重小车牵引索为了延长使用寿命，选用 φ34 的同向捻的顺绕钢丝绳，单根绳长 1140m，由于它具有较强的扭转趋向，在松弛状态下特别容易扭转和缠结，因此过江时应注意以下事项。

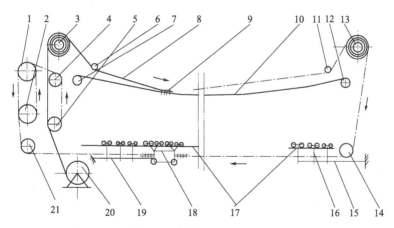

图 8.12 起重小车牵引索安装

1—张紧滑轮组；2—摩擦驱动卷筒；3—承马牵引滑轮组；4—牵引导向滑轮（上）；5—牵引导向滑轮（下）；6—安装用导向滑轮；7—3 号卷扬机；8—起重小车牵引索；9—捆绑固定点；10—φ26 引导绳；11—安装用导向滑轮；12—2 号卷扬机；13—承马牵引滑轮组；14—副车导向滑轮；15—承马临时固定索；16—承马；17—承载索；18—起重小车；19—承马临时固定索；20—储绳卷筒；21—主车导向滑轮

① 储绳的卷筒要穿心轴，按钢丝绳的开卷方式放绳。

② 绳头不要放松及放空，过江时用绳夹卡在 $\phi26$ 的引导绳上。

③ 牵引索穿过滑轮和滑轮组时应采用临时引导绳引导，以提高工作效率和工作的安全性。

起重小车牵引索从储绳卷筒拉出后，利用临时引导绳，穿过主车侧的牵引导向滑轮（上、下）和承马牵引滑轮组后，用绳夹固定在 $\phi26$ 的过江引导绳上，联合启动 2 号、3 号卷扬机将小车牵引索从空中拽过江去。利用临时引导绳穿过副车的安装用滑轮、承马牵引导向滑轮组、副车导向滑轮和副车侧的三个承马后，再将其头部用绳卡固定在 $\phi26$ 的过江引导绳上，联合启动 2 号、3 号卷扬机，将小车牵引索从空中拽回左岸。当牵引绳绳头到达起重小车的安装位置时，用钢丝绳夹固定在起重小车的右侧。将钢丝绳卷筒中剩余的钢丝绳从卷筒中拉出，钢丝绳绳头在临时引导绳的引导下，穿过牵引导向滑轮（上、下）、摩擦驱动卷筒及主车导向滑轮，在调整好牵引绳的垂度和张紧装置后，用绳夹固定在起重小车的左侧。

（5）承马牵引索的安装

承马牵引索的安装如图 8.13 所示。承马牵引索共 3 条，单根长度 1100m，选用的钢丝绳和起重小车牵引索一样也是顺绕绳。安装中的注意事项同起重小车牵引索的安装。

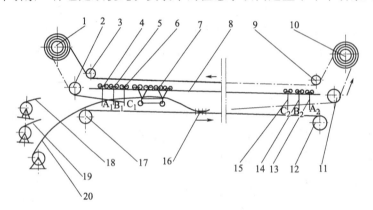

图 8.13 承马牵引索安装

1—承马牵引滑轮组；2—主车导向滑轮；3—安装用导向滑轮；4—承马 A_1；5—承马 B_1；
6—承马 C_1；7—起重小车；8—承载索；9—安装用导向滑轮；10—承马牵引滑轮组；
11—副车导向滑轮；12—2 号卷扬机；13—承马 A_2；14—承马 B_2；15—承马 C_2；
16—引导绳捆绑固定点；17—3 号卷扬机；18—承马牵引索 A；
19—承马牵引索 B；20—承马牵引索 C

承马牵引索 C 自储绳卷筒引出后，穿过承马 C_1 和起重小车后固定在 $\phi26$ 的引导绳上，联合启动 2 号、3 号卷扬机将承马牵引索拉到右岸，在临时引导绳的引导下穿过承马 C_2、B_2、A_2 和副车侧的承马导向滑轮组、承马牵引滑轮组、安装用滑轮后，利用 $\phi26$ 的引导绳拖回左岸，在临时引导绳的引导下穿过主车侧的安装用滑轮、承马牵引滑轮组、主车导向滑轮组、承马 A_1、承马 B_1。调整承马牵引索的垂度，然后将承马牵引索的头部与储绳卷筒抽出的钢丝绳对接，使之成为一个封闭的绳圈，同时将对接处固定在承马 C_1 上。

承马牵引索 B 自储绳卷筒引出后，穿过承马 B_1、C_1 和起重小车，固定在 $\phi26$ 的引导绳上，联合启动 2 号、3 号卷扬机将承马牵引索拉到右岸，在临时引导绳的引导下，穿过承马

C_2、B_2、A_2 和副车侧的导向滑轮组、承马牵引滑轮组、安装用滑轮后，利用 $\phi 26$ 的引导绳拖回左岸，在临时引导绳的引导下穿过主车侧的安装用滑轮、承马牵引滑轮组、导向滑轮组、承马 A_1。调整承马牵引索的垂度，然后将承马牵引索的头部与储绳卷筒抽出的钢丝绳对接，使之成为一个封闭的绳圈，同时将对接处固定在承马 B_1 上。

承马牵引索 A 自储绳卷筒引出后，穿过承马 A_1、B_1、C_1 和起重小车后固定在 $\phi 26$ 的引导绳上，联合启动 2 号、3 号卷扬机将承马牵引索拉到右岸，在临时引导绳的引导下穿过承马 C_2、B_2、A_2 和副车侧的导向滑轮组、承马牵引滑轮组、安装用滑轮后，利用 $\phi 26$ 的引导绳拖回左岸，在临时引导绳的引导下穿过主车侧的安装用滑轮、承马牵引滑轮组、导向滑轮组。调整承马牵引索的垂度，然后将承马牵引索的头部与储绳卷筒抽出的钢丝绳对接，使之成为一个封闭的绳圈，同时将对接处固定在承马 A_1 上。

利用临时电源，启动起重小车从左岸到右岸移动，此时承马牵引索 A、B、C 在承马滑轮组的驱动下分别按一定的速度差随起重小车一起前进，使承马 A_1、B_1、C_1 的位置始终在主车和起重小车之间均布，起重小车到达右岸的极限位置以后，将承马 C_2、B_2、A_2 和对应的承马牵引索固定，即每一条承马牵引索上都固定有两个承马。

由于 3 条承马牵引索跨度大，为防止承马牵引索相互缠绕，所以将 3 条承马牵引索调整成不同的垂度。承马牵引索 A 的垂度为 (13.8 ± 0.3)m；承马牵引索 B 的垂度为 (13.3 ± 0.3)m；承马牵引索 C 的垂度为 (12.8 ± 0.3)m。

(6) 起重索的安装

起重索的安装如图 8.14 所示。起重索直径 36.5mm，长度 980m。将起重索的储绳卷筒放在副车侧，穿过副车侧的 3 个承马，放出起重索 70m 绕成圈，系结在起重小车上，开动小车牵引机构，使小车带动起重索过江，再利用临时引导绳，穿过起重小车的滑轮和吊钩组、主车侧的 3 个承马、主车导向滑轮、主车起升机构的排绳装置，最后将起重索头部固定在起升机构的钢丝绳卷筒上。然后启动起升机构，直到钢丝绳排满卷筒为止，此时要求吊钩滑轮到小车滑轮的垂直距离为 6m，最后将起重索的尾部固定在副车的起重负荷限制器上。

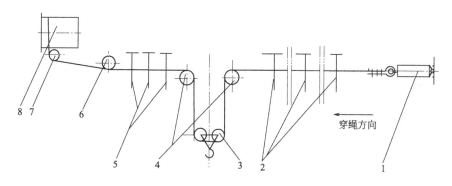

图 8.14　起重索安装

1—起重载荷限制器；2—承马 A_2、B_2、C_2；3—吊钩组；4—起重小车滑轮组；

5—承马 C_1、B_1、A_1；6—主车导向滑轮组；7—钢丝绳排绳机构；8—起重机构卷筒

(7) 过江电缆及悬挂装置的安装

① 悬挂钢丝绳过江（见图 8.15）　把过江电缆的悬挂钢丝绳储绳卷筒放在主车侧，钢丝绳引出端用绳夹固定在 $\phi 26$ 的引导绳上，联合启动 2 号、3 号卷扬机，从空中将过江电缆的

悬挂钢丝绳牵引过江,将其头部固定在副车上。在主车侧调整好悬挂钢丝绳的垂度,并将末端固定在主车上。

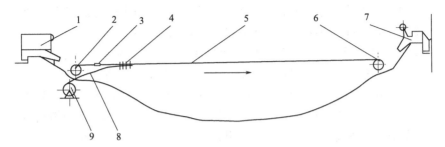

图 8.15　悬挂钢丝绳过江
1—主车;2—3 号卷扬机;3—接头;4—捆绑固定点;5—ϕ26 的引导绳;
6—2 号卷扬机;7—副车;8—悬挂钢丝绳;9—储绳卷筒

② 悬挂装置及过江电缆的安装(见图 8.16)　悬挂装置一端装有滚轮(挂在悬挂钢丝绳上),另一端装有电缆固定夹子,具有在钢丝绳上悬挂电缆的作用。为了使各个悬挂装置在钢丝绳上均布且保持一定距离,在每个悬挂装置中间固定了一条悬挂装置保距绳。

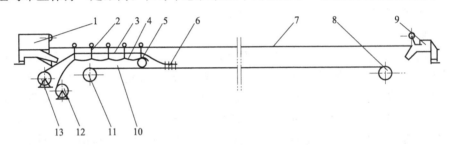

图 8.16　悬挂装置及过江电缆安装
1—主车;2—悬挂装置;3—保距绳;4—过江电缆;5—电缆绳圈;6—捆绑固定点;
7—悬挂钢丝绳;8—2 号卷扬机;9—副车;10—ϕ26 的引导绳;
11—3 号卷扬机;12—电缆盘;13—保距绳储绳卷筒

将电缆储存筒卷放在主车侧,保距绳事先绕到 1 号卷扬机上,把过江电缆拉出 5m 盘成绳圈,再和钢丝绳头部一起用捆绑绳或绳夹固定在 ϕ26 的引导绳上,开动 1 号、2 号、3 号卷扬机,拖动电缆向前移动,每前进 3m 安装一个钢丝绳悬挂装置,并固定好悬挂装置保距绳。因为过江电缆在缆索起重机使用过程中难以检修,所以悬挂装置的安装必须牢固可靠。保距绳头部到位后,将其牢固地固定在副车上,电缆引向副车的电气控制部分。调整保距绳的垂度,并将其末端固定在主车上,电缆引向主车的电气控制部分。

8.3.4.4　20t 平移式缆索起重机的整机试运行

按照平移式缆索起重机的试验标准,进行缆机的空负荷试验、静负荷试验和动负荷试验,试验合格后方可交付使用。

8.4　大型塔式起重机的安装调试

塔式起重机具有起重量大、起升高度高、吊装范围广、机动性能好等优点,是水利水电、火电及工业与民用建筑等施工的主要吊装机械。

塔式起重机按构造类型分为上回转塔式起重机和下回转塔式起重机两种。大型塔式起重机按吨级分为 40t、60t、75t、80t 和 100t 等几种，下面以 100t 塔式起重机为例介绍塔式起重机的安装。

8.4.1 100t 塔式起重机的构造及性能

（1）100t 塔式起重机的构造

图 8.17 所示为 100t 下回转塔式起重机，它主要由钢结构和传动机构两部分组成。

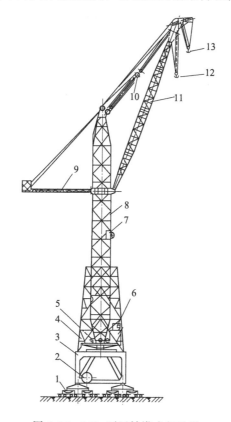

图 8.17　100t 下回转塔式起重机

1—行走台车；2—电缆卷筒；3—门架；4—回转台；5—塔身；6,7—操作室；
8—转柱；9—平衡臂；10—变幅滑车组；11—伸臂；12—主钩；13—小钩

① 钢结构部分　有门架、塔身、转柱、伸臂、平衡臂等。

② 传动机构部分　有行走台车、起升机构、副起升机构、变幅机构和回转机构等。

（2）起重机钢结构部分装置情况

起重机机身最高高度为 102m，转柱顶高为 76.3m，塔身顶端标高为 35.3m，门架标高为 11.25m。转柱直接装立在门架中间横梁上的轴向球面轴承上。转柱下部周围装有回转台，放置五台卷扬机和配电室。转柱在标高 35.3m 处，装有十个调节滚轮，沿塔身顶部圆环形滚道滚动。起重机伸臂和平衡臂对称地安装在转柱标高 55.1m 位置上，伸臂头部装有主钩和小钩，由变幅滑轮组与转柱顶相连接。塔身的下部用螺栓与门架四角直接相连。门架四根支柱中心线组成12m×12m正方形，通过四根平衡梁和八根台车梁，装置在十六台行走台车上。四台行走台车为一组，每组行走台车组装置一套驱动机构。

起重机分别在标高17m和42m位置，设两个操作室，两个操作室中各装一套控制机构。因两套控制机构无联锁装置，只允许由一个操作室集中操作。

起重机平衡臂上，采用废钢锭压重。并将门架箱形梁和支柱做成密封水仓，注水100m³代替钢材压重。

(3) 100t塔式起重机的技术性能

100t塔式起重机的技术性能列于表8.3中。

表8.3　100t塔式起重机技术性能

项　目	起重量/t	仰角/(°)	幅度/m	提升高度/m	升降速度/(m/min)	配10t卷扬机台数/台
主钩	100	70	18.5	88.5	1.6～3.2	2
	100	67	21.0	87.4		
	90	65	22.05	86.5		
	80	60	25.55	85.0		
	60	50	31.53	80.5		
	53	45	34.85	77.8		
	41	30	42.05	68.5		
	35	15	46.55	57.6		
	27	0	48.05	46.0		
小钩	30	10～70	47.2～21	55.4～95	5.3	1

伸臂变幅从18～48m所需时间			20min
伸臂回转范围	360°	伸臂回转速度	8min/r
行走范围	160m	行走速度	5m/min
门架跨距	12m	台车轨距	1.435m
钢轨型号	P₅₀	钢轨根数	4根
行走轮直径	750mm	行走轮接触面宽度	100mm
空载时最大轮压	26.5t/只	满载时最大轮压	25.2t/只
主钩电动机	2×30kW	小钩电动机	30kW
变幅电动机	30kW	回转电动机	30kW
总电源功率	171.2kW	电源	380V
拆卸单件最大重量	12t	平衡重量	56t
全机自重	476t	全机总重	632t
工作时允许风压	15～25kgf/m²	使用地区最大地面风压	50kgf/m²

注：1kgf/m²=9.80665Pa。

8.4.2　塔式起重机安装

塔式起重机安装方法较多，主要是根据所安装的起重机结构、各施工单位的机械配备情况确定。

100t 塔式起重机根据起重机械的配备不同进行安装，有顺序安装和倒顺安装两种方法。顺序安装法是自下而上地安装起重机的各组件；倒顺安装法是起重机的部分组件采用顺序安装法安装，而另一部分组件采用自上而下的安装顺序安装。下面介绍塔式起重机的倒顺安装法。

为便于运输和安装，在设计制造时，已根据铁路运输规定，对其外形尺寸和运输单件重量作了专门考虑。

起重机门架部分总重量为 74t，安装标高为 11.25m。最大单件重量为 18t。

塔身部分总重量为 56t，共分三节：第一、二节每节可拆为两片，最大单件重量为 7.1t；第三节塔身顶端内侧装有圆环形滚道，比较重，所以要将环形滚道与塔身拆开，分为四件进行吊装，两片塔身每片重 5t，两件圆环形滚道每件重为 2.7t。

转柱部分总重为 110t，其中转柱共分七节，最重的第五节为 23t。除第一节和第七节外，每节均分成两件。

伸臂和平衡臂等均可根据需要拆为两件或四件。

8.4.2.1 安装用起重机械的配备

① W200 履带式起重机一台。

② 10t 卷扬机两台，5t 卷扬机两台。

③ 75t 滑轮组两副，20t 滑轮组四副，5~10t 的单门滑轮 10 只。

④ 钢丝绳直径为 26mm、22mm 的 6×37+1、550m 长钢丝绳各两根；直径为 15mm 的 6×37+1、100m 长钢丝绳八根。

8.4.2.2 安装准备

按照行驶铁路铺设技术要求，铺设起重机行走轨道。同时布置和埋设临时缆风绳用的地锚四只，固定卷扬机地锚四只，分别用于固定 10t 和 5t 卷扬机。卷扬机和卷扬机地锚的布置位置，一般布置在两条铁路线内侧，要保证离塔式起重机安装位置不小于 30m 的距离。四根缆风绳地锚应在门架对角线的沿长线上，均匀分布在四面，距离起重机安装中心距离为 30~50m 左右。

8.4.2.3 安装方法和安装顺序

起重机的行走部分、门架和塔身均用 W200 履带式起重机吊装，其伸臂分别接长为 30m、40m 和 40m 伸臂上加装 4m 长的副伸臂三种，采用顺序安装法安装。转柱的第一至第四节由塔身上端系挂四副滑轮组用卷扬机牵引进行倒装；第五至第七节用 W200 履带式起重机与门架、塔身交叉吊装。伸臂和平衡臂利用转柱顶部变幅滑轮组穿绕滑轮组的方法吊装，并扳立竖起。

（1）行走部分和门架安装

W200 履带式起重机当伸臂为 30m 时最大起重量为 20t。按照预先测量的安装位置将行走部分分别吊装就位（包括行走台车 16 台，台车连接梁 8 根，台车平衡梁 4 根）组成四组台车组。然后核测四组台车组的中心。当平衡梁中心线组成 12m×12m 正方形后，方可进行门架安装工作。

图 8.18 所示为门架吊装。将门架左右两个半片分别在地面组装，每片重量为 18t。

用 W200 履带式起重机，将左右两片门架分别吊装在左右台车组平衡梁上。上端系结四根缆风绳固定。当左右两片门架组件安装好后，先连接一根前后面箱形短梁，待搁置在左右两片门架上的两根元宝梁吊装就位后，再连接另外一根前后面箱形短梁。但必须注意，先安

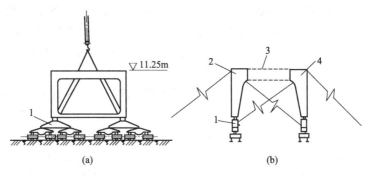

图 8.18　门架吊装

1—台车组平衡梁；2—门架左半片；3—门架前后面箱形短梁；4—门架右半片

装就位的箱形短梁和元宝梁的连接螺栓不能拧紧，只能临时固定，待最后一根箱形短梁就位后，校正门架箱形梁的中心线为 12m×12m 时，才能将两根箱形短梁和两根元宝梁的螺栓同时拧紧。

(2) 塔身的安装

塔身有三节，每一节分左右两片，共六片；此外，在第三节顶端的圆环形滚道也分成两片。其外形尺寸和重量分别为：第一节每片高 9m，上宽 10.9m，下宽 12.4m，厚 0.36m，重量 7.1t；第二节每片高 9m，上宽 9.4m，下宽 10.9m，厚 0.36m，重量 6t；第三节每片高 6.05m，上宽 8.4m，下宽 9.4m，厚 0.36m，重量 5t；圆环形滚道高 0.5m，宽 9m，厚 4.5m，每片重量 2.7t。除圆环形滚道外，其他六片组件只是上部有连接杆，下部无连接杆。因此，应按图 8.19 的方式，用 10 号槽钢临时加固每片组件的下部，防止起吊时变形。

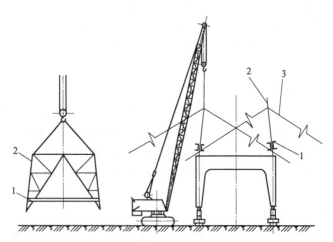

图 8.19　第一节塔身的吊装与塔身临时加固

1—加固槽钢；2—塔身；3—临时固定缆风绳

三节塔身有三个不同的安装标高（20.25m，29.25m 和 35.3m），所以 W200 履带式起重机要使用三种不同的伸臂长度进行吊装。第一节塔身利用伸臂长为 30m 的 W200 履带式起重机，分别将左右两片吊装就位，与门架用直径为 50mm 的精制螺栓临时固定，并在两片组件的上部各系结四根临时缆风绳；再利用履带式起重机将前后面的连接杆单件吊装至相应的位置上，用精制螺栓固定；将所有连接杆全部吊装完毕，应对第一节塔身的外形尺寸进行测量，使它在 20.25m 标高处成为 10.9m×10.9m 的正方形，然后才能将全部螺栓拧紧，拆除临时固定缆风绳。

第二节塔身的最高安装标高 29.25mm，必须将 W200 履带式起重机伸臂接长至 40m，才能进行吊装。第二节的安装方法与第一节相同，对外形尺寸进行测量，只需对 29.25m 标高处校正为 9.5m×9.5m 的正方形，即可将所有螺栓拧紧并拆除临时固定缆风绳。

第三节塔身的安装标高 35.3m，而 W200 履带式起重机在 40m 伸臂时的有效起升高度仅 36m，在吊装高度与幅度上都不能满足第三节塔身和圆形滚道的安装要求。因此，可在吊车 40m 伸臂的头部加装 4m 长的副伸臂，副伸臂的中心线与水平线夹角为 60°，履带式起重机在幅度为 12m 时，有效起升高度为 41.25m，最大起重量为 5t（见图 8.20）。第三节的安装和测量方法与第二节相同，然后将两片圆环形滚道吊装就位。

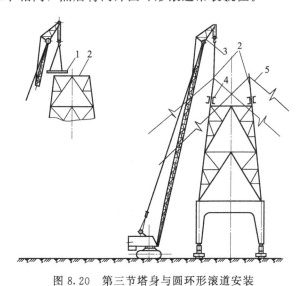

图 8.20 第三节塔身与圆环形滚道安装

1—圆环形滚道；2—第三节塔身组件；3—副伸臂；4—加固槽钢；5—临时固定缆风绳

(3) 转柱安装

转柱总长度为 65.91m，共分七节。转柱安装分三个部分：第一部分为第五节和第六节与门架穿插吊装；第二部分为第七节与塔身穿插吊装；第三部分为第一节至第四节分节在门架底部进行倒装。

因为转柱全部组装后（接近 100t），要搁放在起重机安装中心位置上，所以对起重机安装中心位置，用 50mm 厚的钢板三块铺成 4.5m×6m 的承压面积，以防地面的局部沉陷。

第一、二部分安装为了减少 20t 滑轮组翻竖转柱的次数和 75t 滑轮组提升的次数，在安装门架前面（或后面）一根箱形短梁和同一侧的一根元宝梁之后，用伸臂 30m 的 W200 履带式起重机将转柱第五、六节（以底节为第一节、顶节为第七节的排列方法）按方位吊装在起重机安装中心位置上，用直径为 24mm 的精制螺栓将第五、六节连接在一起。同时在安装第二节塔身之前，利用伸臂 40m 的 W200 履带式起重机，将第七节转柱从第一节塔身上面吊入与第六节转柱连接。

第三部分安装从第四节转柱开始，因为门架和塔身全部安装完毕，只能由 75t 滑轮组提升逐节安装。首先将两副75t滑轮组系结在第六节与第七节连接处的安装孔上，将已连接的第五、第六和第七节转柱提升，待第五节的底面到达12m高时停止提升。利用伸臂30m的W200履带式起重机，将第四节转柱按图8.21所示的方向吊置在25t铁路小平车上，并将小平车推至已吊起的转柱下方。利用前后各两副20t滑轮组，将第四节转柱翻转90°，竖立在升起的第五节转柱下面，然后缓慢松下吊起的转柱与第四节对接。另一种普遍采用的方法是利用塔机自身的行走机构，使整个塔身向后平移15m，用W200履带式起重机直接将第四节转柱按安装方位吊立在起重机安装中心位置的钢板上，然后使塔身回位，缓慢松下转柱与第四节对接。将两副75t滑轮组的系结点移至第六节与第五节连接处的安装孔上（这两次系结点均在转柱组件的重心位置之上），用同样的方法将第三节运到起吊的四节转柱下对接。此时转柱的直杆部分已经进入35.3m的环形滚道，以下两节的吊装可以将两副75t滑轮组的系结点移至转柱重心以下（离地面0.5m高的转柱安装孔上）。采用同样的方法将第二节和第一节与组装的转柱对接。

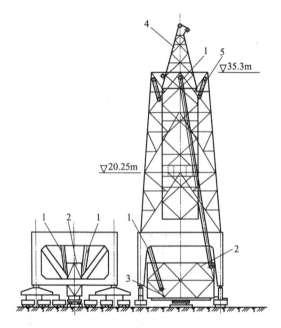

图 8.21 转柱吊装

1—20t滑轮组；2—第六节转柱；3—25t铁路小平车；4—第五、六、七节转柱组件；5—75t滑轮组

　　将转柱整体提升到1m高时停止起升，在转柱第一节下面安装轴向球面轴承和轴承中间支承梁。为使轴承中间支承梁能在两元宝梁中间通过，在起吊过程中应把中间支承梁平行于元宝梁起吊，待中间支承梁底面超过元宝梁顶面时停止提升。将中间支承梁旋转90°，缓慢松下组件就位（见图8.22）。转柱全部就位后，将标高35.3m处的十个调节滚轮安装在转柱上，滚轮与圆环形滚道之间留有20mm的总间隙。然后利用W200履带式起重机和20t滑轮组安装回转台、卷扬机平台、卷扬机和操作室。完成以上安装工作之后，将吊装工具全部拆除。

（4）平衡臂和伸臂安装

　　图8.23所示为平衡臂与伸臂吊装。将平衡臂和伸臂按它们的安装方向，在地面连同铰接支座组合在一起。首先起吊平衡臂，利用转柱69.6m标高处的四个转向滑轮，穿绕"四

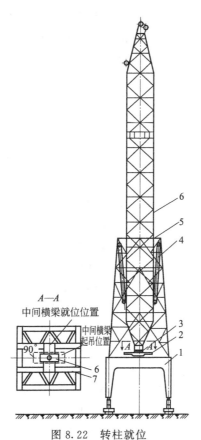

图 8.22　转柱就位

1—门架；2—中间横梁；3—轴向球面轴承；4—75t 滑车；

5—塔身；6—转柱；7—元宝梁

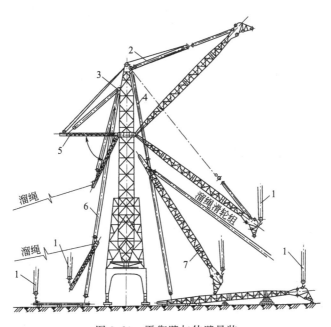

图 8.23　平衡臂与伸臂吊装

1—履带式起重机吊钩；2—变幅滑轮组；3—转向滑轮；4,6—滑轮组；5—平衡臂；7—伸臂

三走六"滑轮组,出端头从定滑车引出,由转柱中间引向卷扬机。滑车组第一次系结点在离铰接支座中心 3.0m 处,在系结点上同时拴上向外牵引的溜绳。平衡臂尾部用 W200 履带式起重机抬吊至平衡架尾部不碰地面即拆除履带起重机的捆绑绳。在提升的过程中,向外牵引的溜绳逐渐松放,保持平衡臂不碰塔身和转柱。当铰接支座到达安装位置,利用系结在平衡臂尾部的两根溜绳来调节平衡臂的位置,以便于铰接支座的螺栓孔与转柱上的螺栓孔对准。用直径为 24mm 的精制螺栓固定铰接支座。拆除滑车组第一次系结点,并在平衡臂尾部系结,同时把两根溜绳向外接紧,使平衡架与转柱成 15°～20° 的夹角。利用滑轮组将平衡臂扳起,超过水平 10°～15°,在吊装伸臂时,逐步在平衡臂上加配重;在扳伸臂之前,必须加足 28～30t 配重。

伸臂安装利用转柱头部的变幅滑轮组的滑轮,穿绕"五四走八"滑轮组,出端头由定滑轮引出,通过两只转向滑轮引向卷扬机。起重滑轮组系结在离伸臂铰接支座中心 4.5m 处,在系结点上同时拴上向外牵引的溜绳,溜绳滑轮组穿绕"二三走六"滑轮组,出端头从动滑轮引出,通过一只转向滑轮引向卷扬机。在伸臂顶端,利用 W200 履带式起重机抬吊,使伸臂头部离开地面倒竖在塔身外侧。溜绳滑轮组逐渐松放,要求伸臂不与塔身和转柱相碰,到铰接支座安装位置,利用伸臂头部的履带起重机左右调节伸臂位置,使铰接支座与转柱上的螺栓孔对准,用直径为 24mm 的精制螺栓固定铰接支座。拆除起吊滑车组,在伸臂倒竖的情况下将变幅滑轮组全部穿绕好。使用 W200 履带吊车将伸臂头部吊起。系结点必须在伸臂向外侧最突出的地方,以减轻履带式起重机的负载。伸臂利用变幅滑轮组拉紧后,拆除履带式起重机的捆绑绳,然后再通过变幅卷扬机牵引,一直起扳到伸臂与水平面夹角为 45°。

将平衡臂的配重加至 56t,在门架的梁和支柱内注水 100m³。

100t 塔式起重机的角度指示器、主钩、小钩和附属设备安装完毕,在伸臂仰角为 67° 时,进行空负荷试验、静负荷试验和动负荷试验,试验结果良好,即可投入使用。

8.5 门座式起重机的安装调试

门座式起重机的安装方法,不同于其他大型机械的安装,因为它有靠行走台车支撑于地面轨道的门架,而且起重臂又可以放下,一般情况下采用移动式起重机多点吊装的方法进行安装。本节以 60t 门座式起重机的安装为例,介绍门座式起重机的安装方法和步骤。

8.5.1 60t 门座式起重机的构造

60t 门座式起重机采用水箱配重,整体结构分为行走、门架、回转和起重臂四个部分,如图 8.24 所示。

行走部分由八台行走台车组成四个台车组。其中,装置着一套驱动机构,用以驱动整个起重机在轨道上行走。

门架部分成四方台形,由四根立柱装在行走台车组横梁上,采用销轴连接。门架前后两面,在立柱中间各装有箱形梁,并由圆管斜支撑与顶端箱形梁连接。左右两面门架立柱中间和下部都装置空腹平行梁,并且上、中、下横梁之间也都由斜支撑连接。

回转部分包括回转台、安装在回转台上的盛水箱、变幅定滑轮、五台 10t 卷扬机和操作室以及装在回转台底部的回转机构。

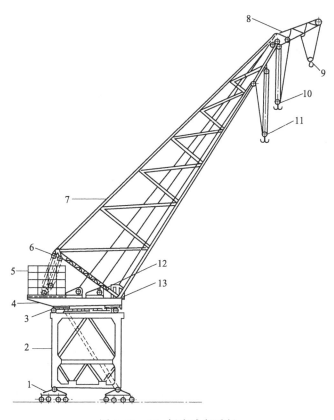

图 8.24　60t 门座式起重机

1—行走台车；2—门架；3—回转机构；4—回转台；5—盛水箱；6—变幅滑轮组
7—起重臂；8—鹤嘴；9—小钩；10—主钩；11—副钩；12—卷扬机；13—操作室

起重臂部分设计成等腰三角形断面，其断面从根部向头部逐渐缩小，头部装有鹤嘴（小钩伸臂）；根部三角形断面，底边两点与回转台前端铰接，上端一点装有变幅动滑轮，用钢丝绳与回转台后部的定滑轮穿接，组成起重臂的变幅滑轮组。起重臂全长58m，共分六节，每个节点上加设"人"字形竖斜撑。在鹤嘴和起重臂上设置小、主、副三个吊钩，分别由四台卷扬机牵引。其中主钩起重量 60t、副钩起重量 40t、小钩起重量 10t。

8.5.2　60t 门座式起重机的主要技术性能

（1）起重机的工作性能

表 8.4 列出了 60t 门座式起重机的起重性能。

（2）轨道及运行速度

钢轨型号　　　　　　　　　　　　　P$_{50}$

行走轨道排列　　　　　　　　　　　双轨，四根

轨道间距　　　　　　　　　　　　　台车轨距为 1.435m

　　　　　　　　　　　　　　　　　门架跨距为 12m

行走速度　　　　　　　　　　　　　5m/min

回转速度　　　　　　　　　　　　　回转 360°约需 12mm

主钩升降速度	3.2m/min
小钩升降速度	8m/min

(3) 各部分主要构件重量

① 行走部分

行走台车	3.4t/台
连接梁	1.6t/根

② 门架部分

箱形横梁	6.6～8.5t/根
横梁	2t/根
主立柱	5.6t/根

③ 回转部分

回转平台	26t
卷扬机	6t/台
水箱	2.5t/只

④ 伸臂部分

主伸臂	30t

表 8.4　60t 门座式起重机的起重性能

项目	仰角/(°)	起重量/t	幅度/m	起吊高度/m	配用卷扬机		滑片组钢丝绳	
					规格/t	数量/台	规　格	有效分支数
主钩	70	60	25.36	70.5	10	2	$\phi26$-6×37+1	2×5
	65	60	29.9	68.5				
	60	50	34.4	66.2				
	50	32	42.7	60.4				
	45	27	46.5	57				
	30	17	55.7	44.9				
副钩	50～60	30			10	1	$\phi26$-6×37+1	8
	60～70	40						
小钩					10	1	$\phi26$-6×37+1	2
变幅	15°～70°				10	1	$\phi32.5$-6×37+1	20

8.5.3　60t 门座式起重机的安装方法和步骤

根据现场的施工条件和现有的设备，安装时选用一台 NK160 汽车起重机和一台 QY50 汽车起重机。

(1) 安装场地的选择和布置

门座式起重机结构件多，单件重量大，起重臂长，所以要选择地面平坦、广阔的安装场地。所有起重机零部件都应按门座式起重机的安装顺序依次运抵安装施工现场。

(2) 起重机运行轨道的验收

轨道是起重机安全运行的基础，所以在安装行走部分之前，应按照轨道铺设的技术要求对轨道的安装和铺设进行验收，合格后才能进行起重机的安装。

（3）行走部分的安装

根据场地和轨道铺设情况确定起重机的安装位置，将四组（八台）行走台车吊装到位，并安装好三角形连接梁。

（4）门架的安装

在地面将门架组装成前后两片，组装后单件重量 24.5t。利用 QY50 汽车起重机将第一片门架吊装到位，门架下部与行走台车用销轴连接好并在起重机轨道和行走轮之间用木楔塞紧，防止在门架安装过程中行走机构自由移动；上部用四根缆风绳固定，每根缆风绳中串联一个倒链，以方便门架位置的调整。再用 QY50 汽车起重机将第二片门架吊装到位，下部与行走台车用销轴连接好，同时调整第二片门架与地面的垂直度，如图 8.25 所示。用 NK160 汽车起重机按先下后上的顺序吊装左右两边的横梁、斜直撑及扶梯，将门架组装成一个整体以后，即可拆去固定门架用的缆风绳。

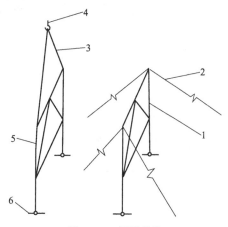

图 8.25　门架吊装

1—第一片门架；2—缆风绳；3—捆绑绳；4—吊钩；5—第二片门架；6—行走部分

（5）回转台和回转机构的安装

门架安装好以后，在门架上铺设回转台的回转轨道。同时将回转轮和回转台在地面组装好，组装后的重量为 26t，用两台汽车起重机双机抬吊，将回转台吊装到位。

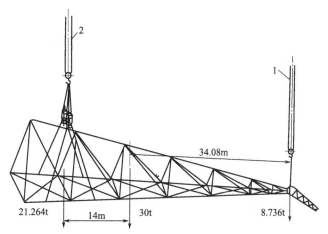

图 8.26　60t 门座式起重机伸臂抬吊安装

1—NK160 汽车起重机吊钩；2—QY50 汽车起重机吊钩

回转台安装好后，将回转机构、起升机构、变幅机构的卷扬机等吊装就位。同时根据起重臂的安装方向，调整回转平台的方向。

(6) 起重臂的安装

起重臂由主臂和鹤嘴组成，在地面组装后重量30t，用两台起重机双机抬吊进行吊装，具体的捆绑方法和负荷分配如图8.26所示。起重臂根部用销轴和回转台前端的铰接支座连接好后，将起重臂头部放在地面上，然后安装起升机构和变幅机构的钢丝绳和吊钩组。对主、副、小钩穿绕钢丝绳时，应使动滑轮与定滑轮之间留有较宽裕的钢丝绳，这样在扳立伸臂时可让主、副、小钩的动滑轮暂且留在地面，减少伸臂开始扳立时头部的重量。

以上几部分安装好以后，启动变幅卷扬机，将起重臂扳起。然后进行空负荷、静负荷和动负荷试验，各个试验指标检测合格后，才能交付使用。

8.6　带式输送机的安装调试

带式输送机是短程运输的机械，主要应用在沿水平方向或沿坡度不大的倾斜方向，连续大批量地运送各种块状、粒状等散状物料或成件物品。它具有生产率高、输送均匀、连续、运行平稳可靠、运行费用低、维护方便等特点，广泛应用于现代化的港口、矿山、建筑工地、车站、码头等。带式输送机因为使用的传输带多为橡胶带，又称胶带输送机。

8.6.1　带式输送机的主要组成部件及作用

带式输送机（见图8.27）结构简单，主要由以下几部分组成。

① 输送带：用来支承物料，同时作为牵引部件。

② 托辊：用来支承输送带及物料。

③ 驱动滚筒：用来驱动输送带运动的装置。

④ 改向滚筒：改变输送带的运动方向。

⑤ 张紧装置：调整输送带松紧程度，保证有足够的张力进行传动。

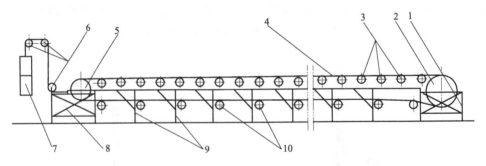

图8.27　带式输送机

1—头部支架；2—驱动滚筒；3—上托辊；4—输送带；5—改向滚筒；
6—导向滑轮；7—重锤；8—尾部支架；9—支腿及机架；10—下托辊

8.6.2　带式输送机的安装

某输煤系统用的是TD75型带式输送机，全长210m，带宽1200mm，带速为1m/s，生产率为656t/h。下面以该机为例，说明带式输送机的安装和调试。

8.6.2.1 带式输送机纵向中心线的确定

按施工图纸的要求,在地面上确定输送机纵向中心线的位置,并以此为标准画出支腿立柱的两条安装位置线。

8.6.2.2 带式输送机头部的安装

带式输送机头部由支承架、驱动滚筒和驱动机构组成,如图 8.28 所示。

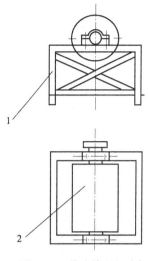

(1) 头部支承架及滚筒的安装

依照施工图和已经确定的机架安装位置线,确定驱动滚筒的安装位置,以此为基准确定头部支承架的安装位置。

用辅助安装的起重机,将头部支承架和滚筒吊装到安装位置附近,用 2t 的链条葫芦将其吊装到位。用测量仪器进行测量,便驱动滚筒的中心线和带式输送机的纵向轴线垂直,并和地面平行。为了提高驱动能力和减少输送带的磨损,在驱动滚筒表面粘了一层带有人字纹的橡胶,在安装时人字纹的方向必须和输送带的运动方向一致。用楔铁将支承架底部支垫牢固,并用电焊将其与地面的施工预埋铁焊接牢固。

图 8.28 带式输送机头部
支承架及滚筒
1—支承架;2—驱动滚筒

(2) 驱动机构的安装

驱动机构由电动机、常闭式制动器、减速器等组成,安装方法略。

8.6.2.3 带式输送机输送部分的安装

(1) 带式输送机机架部分的安装

带式输送机的机架,由水平支架和支腿组成,如图 8.29 和图 8.30 所示,其中水平支架是 120 的槽钢,一般是 6m 长一根,上面打有安装托辊支承装置用的孔,水平支架和支腿是到安装施工现场组装时焊接到一起的。

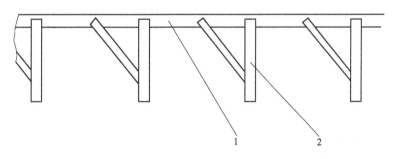

图 8.29 带式输送机机架
1—水平支架;2—支腿

按照支腿的安装位置线,从头部支承架开始,逐一将支腿焊接到地面的施工预埋铁上。安装时用测量仪器找正。焊接时焊接点虚焊,即将焊缝只焊一小部分而不焊满,以便于以后的调整。然后开始安装水平支架。

在水平支架的安装过程中,一定要注意水平支架的安装编号,因为每一根水平支架的长度都是不一样的,它在整条带式输送机上的位置也是唯一的(有的机型水平支架的位置是可以互换的)。调整好支架的位置和高度后,同样采用虚焊的形式,以便于以后的

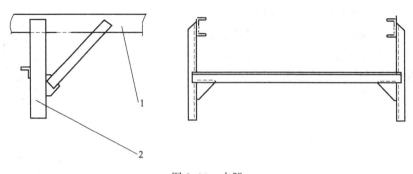

图 8.30 支腿

1—水平支架；2—支腿

调整。

（2）托辊支承装置的安装

托辊支承装置包括上托辊和下托辊两部分，具体结构如图 8.31 所示。机架安装好以后，安装托辊支架，托辊支架除了输送机两端的不能互换外，其他的都可以互换。托辊支架是用四个螺栓固定到水平机架上的，固定时用肉眼找正，螺栓连接不能拧得太紧，以方便以后的调整。上托辊为槽形托辊，每个托辊的结构、尺寸均相同，可以互换；下托辊安装在支腿上，用螺栓固定时不能拧得太紧，以方便以后的调整。

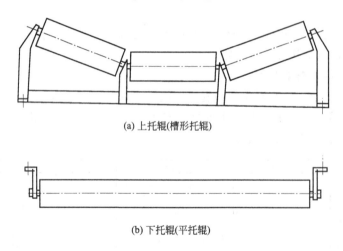

(a) 上托辊(槽形托辊)

(b) 下托辊(平托辊)

图 8.31 托辊支承装置

（3）带式输送机尾部的安装

带式输送机尾部包括尾部支承架、改向滚筒和输送带张紧装置三部分，如图 8.32 所示。安装顺序是尾部支承架、改向滚筒、输送带张紧装置。

机架部分安装好以后，安装尾部支承架，安装时需用测量仪器，以输送机纵向中心线为基准，进行准确定位，其底部用楔铁支垫牢固，并用电焊与地面施工预埋铁焊接牢固。尾部支承架安装好后，用 2t 的手拉葫芦将改向滚筒吊装到位，用螺栓将它与尾部支承架上的滑动托架固定好，同时找正改向滚筒的位置。

输送机尾部张紧装置主要由钢丝绳、滑动托架、导向滑轮和重锤组成。安装时将滑动托架推到尾部支承架的最前端，此时所需的输送带长度最短。按施工图纸的要求，安装好三个

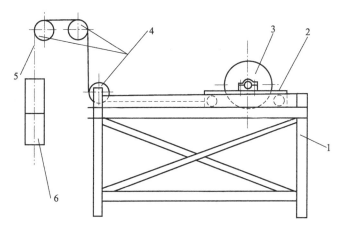

图 8.32 带式输送机尾部

1—尾部支承架；2—滑轮托架；3—改向滚筒；4—导向滑轮；5—钢丝绳；6—重锤

导向滑轮，并系结好钢丝绳。张紧用的重锤暂时不装，等到输送带安装好以后，再根据要求安装。

带式输送机头部、尾部和机架部分安装好以后，利用测量仪器进行整机机架的校正，同时将所有的焊接部位按要求焊接牢固。

（4）带式输送机输送带的安装

该机所用的输送带是衬布橡胶带，带宽 1200mm，输送带接头采用硫化法粘接，将输送带的两端按衬布层数切成阶梯形接口，接口的总长度 1200mm，然后用汽油洗涤干净，涂胶，将接头用手压合好，放入金属的压模中加压，保压 12h 后，就完成了输送带的粘接。按以上方法将输送带粘接成一个环形的带圈（最后一个接头粘接时，应将整条输送带拉紧），并装上输送带张紧装置的重锤。

8.6.3 带式输送机的整机调试

以上部分安装调整好以后，清理施工现场，并清扫输送带上的杂物，尤其是下层输送带必须认真清扫，以防有杂物在运行过程中飞出伤人或扎伤输送带。

输送机 210m 长，沿途必须有人负责检查，利用临时电源启动带式输送机，断续地使输送机运行，一般每次以输送带前进 20m 为宜。调试人员各负其责，检查驱动机构的运行、输送带是否跑偏、张紧装置是否工作等，一旦出现问题立即停机检查、调整。调试过程中，工作量最大的是输送带跑偏的调整，而且输送带跑偏严重者会造成输送带撕裂。输送带是带式输送机中最昂贵的部件，其价格超过了整台输送机的一半，如果造成输送带撕裂，就会给工程造成重大损失。输送带跑偏的调整，就是调整上托辊和下托辊的固定位置，具体调整如图 8.33 所示。

输送带局部跑偏调整好以后，连续开动输送机，观察输送带的运行情况，直到输送带的边缘基本上在一条直线上运行时为止（用测量仪器观测）。

值得注意的是，调试过程中所有人员必须统一指挥、统一行动，输送带上不能站人，也不能将使用的工具放在输送带上以防发生意外事故。

以上机械部分安装好后，将所有的电气控制部分调试好，进行正规的整机试运转，运行无误后，才能交付使用。

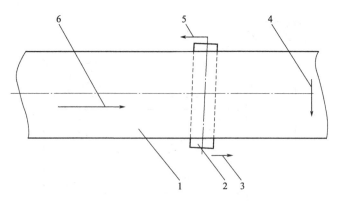

图 8.33 输送带跑偏调整

1—输送带；2—托辊；3,5—托辊调整方向；4—输送带跑偏方向；6—输送带运动方向

8.7　混凝土搅拌楼的安装调试

大型工程施工，如水利水电工程施工、火电工程施工和道路施工等工程施工中，混凝土需用量大，并且要求建设速度快。要生产大量品质优良的混凝土，就必须要求采用高度机械化、自动化的混凝土搅拌楼。混凝土搅拌楼是生产新鲜混凝土的大型机械设备，它将水泥、砂、骨料、外加剂和掺和料，按一定配合比，周期地和自动地搅拌成塑性与低流态的混凝土。

8.7.1　混凝土搅拌楼的分类

目前，国产搅拌楼的种类较多，自动化程度较高的有 HL75-2F1500、HL115-3F1500、HL236-4F3000 等。特别是 HL236-4F3000 预冷混凝土搅拌楼的研制和使用，标志着我国大型混凝土施工技术达到了世界先进水平，随着新技术和新材料在混凝土搅拌楼生产中的应用，如计算机控制、砂含水自动补偿、工业电视监视等技术的应用，将会使混凝土搅拌楼朝着更加高度自动化、智能化的方向发展。

混凝土搅拌楼按其布置形式可分为单阶式（垂直式）和双阶式（水平式）两种。单阶式布置的混凝土搅拌楼，混凝土组合材料只需提升一次，然后靠自重下落至各道工序，因此这种布置的搅拌楼生产率高，占地面积小，易于实现自动化。双阶式搅拌楼，混凝土组合材料需两次提升，它是先将混凝土组合材料第一次提升至储料仓，材料经过称量以后，再次提升加入混凝土搅拌机。这种布置形式的优点是结构简单、投资少、建筑高度低，适合于小型工程的施工。

按搅拌楼的操纵方式可分为手动操作、半自动操作及全自动操作。

按称量方式可分为单独称量、累计称量和组合称量。

按装备的搅拌机可分为倾翻（自落）式和强制式两种。

目前大型工程使用的混凝土搅拌楼多属于单阶式布置、自动操作、单独称量、自落式混凝土搅拌楼。

8.7.2　混凝土搅拌楼的组成及各部分的作用

混凝土搅拌楼的主楼为钢架结构，金属结构按设备要求以单阶式分层布置，机电设备分别安装在各层，通过计算机集中控制。混凝土搅拌楼自上而下可分为进料层、储料层、配料层、搅拌层和卸料层。混凝土搅拌楼的生产工艺流程如图 8.34 所示。

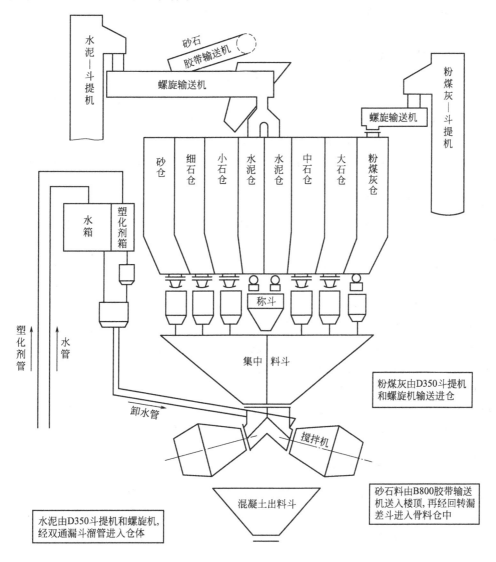

图 8.34　HL75-2F1500 型搅拌楼工艺流程

（1）混凝土搅拌楼的进料层

进料层布置有骨料进料装置和水泥、粉煤灰进料装置。骨料进料装置都采用带式输送机。水泥、粉煤灰进料装置有两种形式：机械输送和气力输送。在机械输送中，螺旋输送机用来进行水平或倾斜输送，斗式提升机则用来进行垂直输送，这两种机械都有工作平稳、结构简单、造价低廉、保养维护简便及性能好的优点。气力输送是使水泥或粉煤灰气化并悬浮在空气中，以高压空气为动力，将这种混合物沿管道输送。这种输送方式的特点是，占地面积小，管道的布局不受地形的限制，输送速度快。

混凝土搅拌楼的顶部是进料层，各种骨料上料后，通过回转分料斗分配到各料仓，料仓内的料经指示器与带式输送机联锁，回转分料斗根据料仓的情况自动选择供料位置。

(2) 混凝土搅拌楼的储料层

储料层是金属结构装配式储料仓，为了保证混凝土搅拌楼的连续正常生产，必须连续供应足够的骨料，为此在混凝土搅拌楼上部料仓内应储存足够数量的骨料。一般情况下储料仓的容积必须满足混凝土搅拌楼连续生产 1~2h 所需的骨料。

根据混凝土组合料的不同，储料仓分为多个仓，各种组合料投入称量装置时，为了得到精确的称量值，根据组合料的不同，仓下出料门的结构也各不相同，骨料使用弧形门，水泥使用反弧门。

(3) 混凝土搅拌楼的配料层

配料层是混凝土搅拌楼的心脏，只有保证称量精度，才能生产出合格的混凝土。称量机构有机械杠杆秤、机械电子秤和传感器电子秤三种形式。称量的方式多为单独称量，其优点是称量精度高，出现误差后容易调整。混凝土组合料经过称量后通过集中料斗和分料斗落入混凝土搅拌机。

(4) 混凝土搅拌楼的搅拌层

混凝土搅拌楼内常设有 2~4 台混凝土搅拌机，安装一台搅拌机不能保证连续生产，安装多台又受到搅拌楼空间和称量供料系统难以匹配的限制。搅拌机的种类多样，依照其工作原理分为倾翻式（也称自落式）和强制式两种。

(5) 混凝土搅拌楼的卸料层

混凝土的卸料层是混凝土经过 75~150s 的搅拌后，即卸入混凝土卸料斗中待运。现在常用的混凝土搅拌楼一般在楼下卸料操作室，由专人看车卸料。

8.7.3 混凝土搅拌楼的安装

混凝土搅拌楼的种类很多，但在混凝土搅拌楼设计之初，就考虑到施工场地布局、混凝土搅拌楼的安装拆卸等问题，所以一般的混凝土搅拌楼的总体结构比较简单，安装拆卸都比较方便。下面以常用的自动化水平较高的 HL75-2F1500 混凝土搅拌楼为例，简单介绍混凝土搅拌楼的安装。

HL75-2F1500 混凝土搅拌楼的具体结构如图 8.35 所示。主楼钢排架为四柱落地的圆管柱钢架结构，骨料仓为圆筒形结构。水泥和粉煤灰储运系统配有两只落地式水泥储存罐和一只粉煤灰储存罐。储存罐通过螺旋输送机卸灰，并与主楼上料的斗式提升机进料口相连。主楼内配有粉煤灰称量和早强剂配料称量装置，用于城市商品混凝土添加粉煤灰早强剂，节省水泥，改善混凝土性能。

骨料采用 B650 带式输送机上料，搅拌最大粒径为 150mm。骨料储料仓共分五格，总容积为 134.8m³。

混凝土搅拌楼的安装采用自下而上的顺装法，具体安装步骤如下。

(1) 混凝土搅拌楼安装前的检查

按照施工要求检查混凝土搅拌楼主楼的地基基础，水泥储存罐、粉煤灰储存罐和带式输送机的安装基础，全部合格后即可开始混凝土搅拌楼的安装。

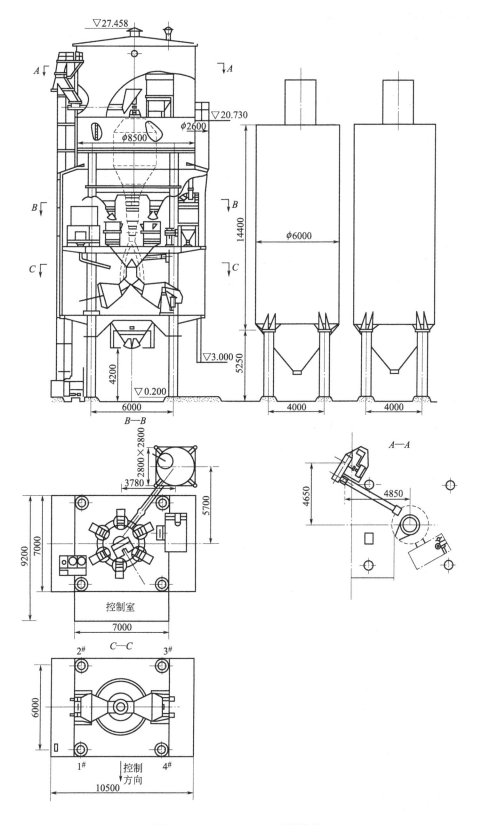

图 8.35　HL75-2F1500 型搅拌楼

(2) 混凝土搅拌楼卸料层的安装

卸料层是混凝土搅拌楼的第一层，主要由主楼立柱、第一层平台、混凝土出料斗和楼梯组成。安装时首先吊装主楼立柱，主楼立柱是混凝土搅拌楼的主体，安装时用汽车起重机吊装就位，用高精度的测量仪器测量找正后在地面固定。主楼立柱安装好后，吊装第一层平台大梁及盖板，同时安装楼梯和混凝土出料斗。

(3) 混凝土搅拌楼搅拌层的安装

混凝土搅拌层主要由两台相对独立的倾翻自落式搅拌机、主楼第二层立柱、第二层平台、混凝土组合料集中料斗、分料斗和楼梯组成。安装时通过测量找准搅拌机的安装位置，用汽车起重机直接将混凝土搅拌机安装到位，并进行空载试运行（手动或利用临时施工电源）；接着吊装主楼第二层立柱、第二层平台和楼梯；最后安装混凝土组合料集中料斗和分料斗。

(4) 混凝土搅拌楼配料层的安装

混凝土配料层主要由八个称斗、称量系统、水箱、塑化剂箱、第三层主楼立柱和楼梯等组成。安装时首先安装称斗和称量系统（电子传感器等），并进行初步调试，以进一步提高称量精度；接着安装水箱、塑化剂箱和第三层主楼立柱等。在安装过程中一定要注意不能碰伤称斗和称量系统。

(5) 混凝土搅拌楼储料层的安装

混凝土搅拌楼储料层主要由金属结构装配式储料仓、仓下出料门、第三层平台和第四层主楼立柱、楼梯等组成，安装时首先吊装第三层平台，然后用汽车起重机将储料仓在地面组装好，整体吊装就位。最后吊装主楼立柱和楼梯等。

(6) 混凝土搅拌楼进料层的安装

混凝土搅拌楼进料层主要由 B650 的带式输送机、斗式提升机、螺旋输送机和回转分料斗、混凝土搅拌楼顶部大梁组件等组成。

带式输送机的安装工作量较大，在条件允许的情况下应与主楼同时安装，具体的安装方法参见带式输送机的安装。

安装时首先吊装回转料斗和混凝土搅拌楼上部的螺旋输送机，螺旋输送机安装好以后，进行单机试运行（利用临时施工电源）；接着吊装混凝土搅拌楼主楼顶部大梁组件，而后自下而上地安装 D350 斗式提升机，斗式提升机安装好以后，要进行单机试运行（利用临时施工电源）。

(7) 混凝土搅拌楼主楼其他部分的安装

混凝土搅拌楼主楼主体吊装完成以后，进行主楼楼顶盖板和主楼整体封闭墙的吊装；而后进行电气部分的安装，安装时要认真细致，做到安装一部分合格一部分，确保整机试运行一次成功。

(8) 混凝土搅拌楼地面组件的安装

主楼安装好以后，吊装水泥储存罐和粉煤灰储存罐，然后安装其底部的螺旋输送机。以上各部分安装好后，清理施工现场。对带式输送机、螺旋输送机、斗式提升机、回转料斗、混凝土搅拌机等进行单机试运行。然后进行混凝土搅拌楼的整机空载试运行和负荷试验。各种指标检测合格后方能交付使用。

能力训练项目

① 常见大型工程机械构造、原理、用途。

② 典型塔式起重机的安装与拆卸。

③ 带式输送机的安装与调试。

④ 桥式起重机的安装与拆卸。

思考与练习

8-1 什么是刚性支腿、柔性支腿？

8-2 简述龙门式起重机的安装工艺步骤。

8-3 试述常见工程机械的试车工艺步骤。

8-4 怎样进行桥式起重机的空负荷试车？

8-5 简述带式输送机安装工艺步骤及整机调试。

8-6 试述混凝土搅拌楼的组成及各部分的作用。

8-7 试述混凝土搅拌楼的安装方法及工艺步骤。

附录一

□ 起重吊运指挥信号

GB 5082—1985《起重吊运指挥信号》1985 年 7 月 1 日实施,是现行的起重吊运指挥信号国家标准。

引言

为确保起重吊运安全,防止发生事故,适应科学管理的需要,特制订本标准。本标准对现场指挥人员和起重机司机所使用的基本信号和有关安全技术作了统一规定。

本标准适用于以下类型的起重机械:桥式起重机(包括冶金起重机)、门式起重机、装卸桥、缆索起重机、塔式起重机、门座起重机、汽车起重机、轮胎起重机、铁路起重机、履带起重机、浮式起重机、桅杆起重机、船用起重机等。

本标准不适用于矿井提升设备、载人电梯设备。

1 名词术语

通用手势信号——指各种类型的起重机在起重吊运中普遍适用的指挥手势。

专用手势信号——指具有特殊的起升、变幅、回转机构的起重机单独使用的指挥手势。

吊钩(包括吊环、电磁吸盘、抓斗等)——指空钩以及负有载荷的吊钩。

起重机"前进"或"后退"——"前进"指起重机向指挥人员开来;"后退"指起重机离开指挥人员。

前、后、左、右在指挥语言中,均以司机所在位置为基准。

音响符号:

"——"表示大于 1s 的长声符号。

"●"表示小于 1s 的短声符号。

"○"表示停顿的符号。

2 指挥人员使用的信号

2.1 手势信号

2.1.1 通用手势信号

2.1.1.1 "预备"(注意)

手臂伸直,置于头上方,五指自然伸开,手心朝前保持不动(附图 1.1)。

2.1.1.2 "要主钩"

单手自然握拳,置于头上,轻触头顶(附图 1.2)。

2.1.1.3 "要副钩"

一只手握拳,小臂向上不动,另一只手伸出,手心轻触前只手的肘关节(附图 1.3)。

2.1.1.4 "吊钩上升"

附图 1.1

附图 1.2

附图 1.3

附图 1.4

小臂向侧上方伸直，五指自然伸开，高于肩部，以腕部为轴转动（附图1.4）。

2.1.1.5　"吊钩下降"

手臂伸向侧前下方，与身体夹角约为30°，五指自然伸开，以腕部为轴转动（附图1.5）。

2.1.1.6　"吊钩水平移动"

小臂向侧上方伸直，五指并拢手心朝外，朝负载应运行的方向，向下挥动到与肩相平的位置（附图1.6）。

2.1.1.7　"吊钩微微上升"

小臂伸向侧前上方，手心朝上高于肩部，以腕部为轴，重复向上摆动手掌（附图1.7）。

2.1.1.8　"吊钩微微下落"

手臂伸向侧前下方，与身体夹角约为30°，手心朝下，以腕部为轴，重复向下摆动手掌（附图1.8）。

2.1.1.9　"吊钩水平微微移动"

小臂向侧上方自然伸出，五指并拢手心朝外，朝负载应运行的方向，重复做缓慢的水平运动（附图1.9）。

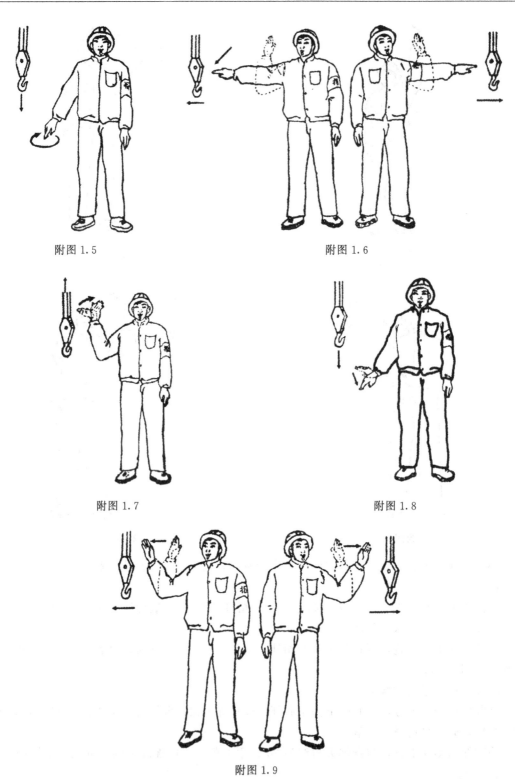

附图1.5

附图1.6

附图1.7

附图1.8

附图1.9

2.1.1.10 "微动范围"

双小臂曲起，伸向一侧，五指伸直，手心相对，其间距与负载所要移动的距离接近(附图1.10)。

附图 1.10　　　　　　　　　　　　　　　附图 1.11

2.1.1.11　"指示降落方位"

五指伸直，指出负载应降落的位置（附图 1.11）。

2.1.1.12　"停止"

小臂水平置于胸前，五指伸开，手心朝下，水平挥向一侧（附图 1.12）。

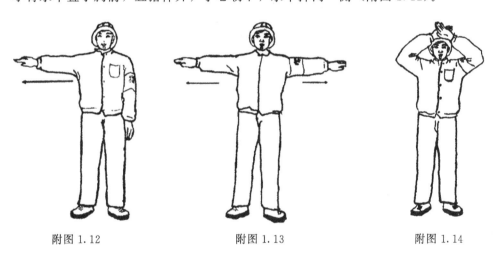

附图 1.12　　　　　　　　附图 1.13　　　　　　　　附图 1.14

2.1.1.13　"紧急停止"

两小臂水平置于胸前，五指伸开，手心朝下，同时水平挥向两侧（附图 1.13）。

2.1.1.14　"工作结束"

双手五指伸开，在额前交叉（附图 1.14）。

2.1.2　专用手势信号

2.1.2.1　"升臂"

手臂向一侧水平伸直，拇指朝上，余指握拢，小臂向上摆动（附图 1.15）。

2.1.2.2　"降臂"

手臂向一侧水平伸直，拇指朝下，余指握拢，小臂向下摆动（附图 1.16）。

2.1.2.3　"转臂"

手臂水平伸直，指向应转臂的方向，拇指伸出，余指握拢，以腕部为轴转动（附图 1.17）。

附图 1.15　　　　　　　　　　　　　　　附图 1.16

附图 1.17

2.1.2.4　"微微伸臂"

一只小臂置于胸前一侧，五指伸直，手心朝下，保持不动。另一只手的拇指对着前手手心，余指握拢，做上下移动（附图 1.18）。

附图 1.18　　　　　　　　　　　　　　　附图 1.19

2.1.2.5　"微微降臂"

一只小臂置于胸前一侧，五指伸直，手心朝上，保持不动，另一只手的拇指对着前手手心，余指握拢，做上下移动（附图 1.19）。

2.1.2.6　"微微转臂"

一只小臂向前平伸，手心自然朝向内侧。另一只手的拇指指向前只手的手心，余指握拢做转动（附图 1.20）。

2.1.2.7　"伸臂"

两手分别握拳，拳心朝上，拇指分别指向两则，做相斥运动（附图 1.21）。

附图 1.20

附图 1.21

2.1.2.8　"缩臂"

两手分别握拳，拳心朝下，拇指对指，做相向运动（附图 1.22）。

附图 1.22

附图 1.23

2.1.2.9　"履带起重机回转"

一只小臂水平前伸，五指自然伸出不动。另一只小臂在胸前作水平重复摆动（附图 1.23）。

2.1.2.10　"起重机前进"

双手臂先向前平伸，然后小臂曲起，五指并拢，手心对着自己，做前后运动（附图 1.24）。

附图 1.24　　　　　　　　　　　　　　　　附图 1.25

2.1.2.11　"起重机后退"

双小臂向上曲起，五指并拢，手心朝向起重机，做前后运动（附图 1.25）。

2.1.2.12　"抓取"（吸取）

两小臂分别置于侧前方，手心相对，由两侧向中间摆动（附图 1.26）。

2.1.2.13　"释放"

两小臂分别置于侧前方，手心朝外，两臂分别向两侧摆动（附图 1.27）。

附图 1.26　　　　　　　　　附图 1.27　　　　　　　　　附图 1.28

2.1.2.14　"翻转"

一小臂向前曲起，手心朝上，另一小臂向前伸出，手心朝下，双手同时进行翻转（附图 1.28）。

2.1.3　船用起重机（或双机吊运）专用的手势信号

2.1.3.1　"微速起钩"

两小臂水平伸向侧前方，五指伸开，手心朝上，以腕部为轴，向上摆动。当要求双机以不同的速度起升时，指挥起升速度快的一方，手要高于另一只手（附图 1.29）。

2.1.3.2　"慢速起钩"

两小臂水平伸向前侧方，五指伸开，手心朝上，小臂以肘部为轴向上摆动。当要求双机以不同的速度起升时，指挥起升速度快的一方，手要高于另一只手（附图1.30）。

附图1.29

附图1.30

2.1.3.3 "全速起钩"

两臂下垂，五指伸开，手心朝上，全臂向上挥动（附图1.31）。

2.1.3.4 "微速落钩"

两小臂水平伸向侧前方，五指伸开，手心朝下，手以腕部为轴向下摆动。当要求双机以不同的速度降落时，指挥降落速度快的一方，手要低于另一只手（附图1.32）。

附图1.31

附图1.32

附图1.33

2.1.3.5 "慢速落钩"

两小臂水平伸向前侧方，五指伸开，手心朝下，小臂以肘部为轴向下摆动。当要求双机以不同的速度降落时，指挥降落速度快的一方，手要低于另一只手（附图1.33）。

2.1.3.6 "全速落钩"

两臂伸向侧上方，五指伸出，手心朝下，全臂向下挥动（附图1.34）。

2.1.3.7 "一方停止，一方起钩"

指挥停止的手臂做"停止"手势；指挥起钩的手臂则做相应速度的起钩手势（附图1.35）。

2.1.3.8 "一方停止，一方落钩"

附图 1.34 附图 1.35

指挥停止的手臂做"停止"手势，指挥落钩的手臂则做相应速度的落钩手势（附图 1.36）。

2.2 旗语信号

2.2.1 "预备"

单手持红绿旗上举（附图 1.37）。

2.2.2 "要主钩"

单手持红绿旗，旗头轻触头顶（附图 1.38）。

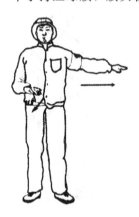

附图 1.36 附图 1.37 附图 1.38

2.2.3 "要副钩"

一只手握拳，小臂向上不动，另一只手拢红绿旗，旗头轻触前只手的肘关节（附图 1.39）。

2.2.4 "吊钩上升"

绿旗上举，红旗自然放下（附图 1.40）。

2.2.5 "吊钩下降"

绿旗拢起下指，红旗自然放下（附图 1.41）。

2.2.6 "吊钩微微上升"

绿旗上举，红旗拢起横在绿旗上，互相垂直（附图 1.42）。

附图 1.39

附图 1.40

附图 1.41

2.2.7 "吊钩微微下降"

绿旗拢起下指，红旗横在绿旗下，互相垂直（附图 1.43）。

2.2.8 "升臂"

红旗上举，绿旗自然放下（附图 1.44）

附图 1.42

附图 1.43

附图 1.44

2.2.9 "降臂"

红旗拢起下指，绿旗自然放下（附图 1.45）。

2.2.10 "转臂"

红旗拢起，水平指向应转臂的方向（附图 1.46）。

2.2.11 "微微升臂"

红旗上举，绿旗拢起横在红旗上，互相垂直（附图 1.47）。

2.2.12 "微微降臂"

红旗拢起下指，绿旗横在红旗下，互相垂直（附图 1.48）。

2.2.13 "微微转臂"

附图 1.45　　　　　　　　　　　　　　附图 1.46

附图 1.47　　　　　附图 1.48　　　　　　　　　附图 1.49

　　红旗拢起，横在腹前，指向应转臂的方向；绿旗拢起，竖在红旗前，互相垂直（附图1.49）。

　　2.2.14　"伸臂"

　　两旗分别拢起，横在两侧，旗头外指（附图1.50）。

　　2.2.15　"缩臂"

　　两旗分别拢起，横在胸前，旗头对指（附图1.51）。

　　2.2.16　"微动范围"

　　两手分别拢旗，伸向一侧，其间距与负载所要移动的距离接近（附图1.52）。

　　2.2.17　"指示降落方位"

　　单手拢绿旗，指向负载应降落的位置，旗头进行转动（附图1.53）。

　　2.2.18　"履带起重机回转"

　　一只手拢旗，水平指向侧前方，另一只手持旗，水平重复挥动（附图1.54）。

　　2.2.19　"起重机前进"

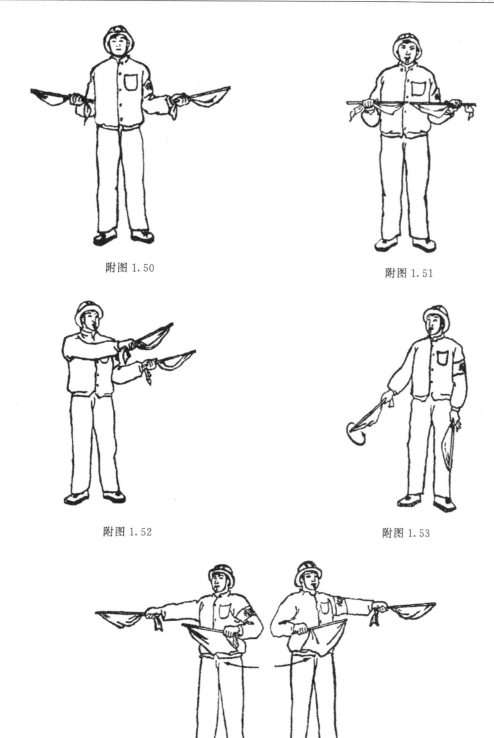

附图 1.50

附图 1.51

附图 1.52

附图 1.53

附图 1.54

两旗分别拢起，向前上方伸出，旗头由前上方向后摆动（附图 1.55）。

2.2.20　"起重机后退"

附图 1.55   附图 1.56

两旗分别拢起，向前伸出，旗头由前方向下摆动（附图 1.56）。

2.2.21 "停止"

单旗左右摆动，另一面旗自然放下（附图 1.57）。

2.2.22 "紧急停止"

双手分别持旗，同时左右摆动（附图 1.58）。

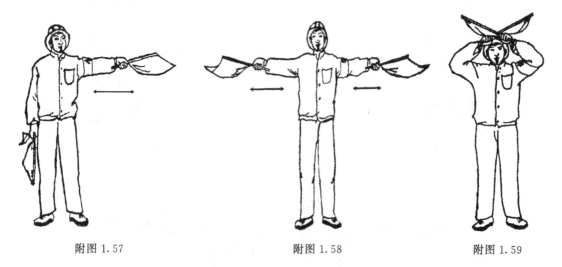

附图 1.57   附图 1.58   附图 1.59

2.2.23 "工作结束"

两旗拢起，在额前交叉（附图 1.59）。

2.3 音响信号

2.3.1 "预备"、"停止"

一长声——

2.3.2 "上升"

二短声●●

2.3.3 "下降"

三短声●●●

2.3.4 "微动"

断续短声 ●○●○●○●

2.3.5 "紧急停止"

急促的长声 ———— ————

2.4 起重吊运指挥语言

起重吊运指挥语言见附表1.1～附表1.4。

附表1.1 开始、停止工作的语言

起重机的状态	指挥语言	起重机的状态	指挥语言
开始工作	开始	工作结束	结束
停止和紧急停止	停		

附表1.2 吊钩移动语言

吊钩的移动	指挥语言	吊钩的移动	指挥语言
正常上升	上升	正常向后	向后
微微上升	上升一点	微微向后	向后一点
正常下降	下降	正常向右	向右
微微下降	下降一点	微微向右	向右一点
正常向前	向前	正常向左	向左
微微向前	向前一点	微微向左	向左一点

附表1.3 转台回转语言

转台的回转	指挥语言	转台的回转	指挥语言
正常右转	右转	正常左转	左转
微微右转	右转一点	微微左转	左转一点

附表1.4 臂架移动语言

臂架的移动	指挥语言	臂架的移动	指挥语言
正常伸长	伸长	正常升臂	升臂
微微伸长	伸长一点	微微升臂	升一点臂
正常缩回	缩回	正常降臂	降臂
微微缩回	缩回一点	微微降臂	降一点臂

3 司机使用的音响信号

3.1 "明白"——服从指挥

一短声 ●

3.2 "重复"——请求重新发出信号

二短声 ●●

3.3 "注意"

长声 ———

4 信号的配合应用

4.1 指挥人员使用音响信号与手势或旗语信号的配合

4.1.1 在发出2.3.2"上升"音响时，可分别与"吊钩上升"、"升臂"、"伸臂"、"抓取"手势或旗语相配合。

4.1.2 在发出 2.3.3 "下降"音响时,可分别与"吊钩下降"、"降臂"、"缩臂"、"释放"手势或旗语相配合。

4.1.3 在发出 2.3.4 "微动"音响时,可分别与"吊钩微微上升"、"吊钩微微下降"、"吊钩水平微微移动"、"微微升臂"、"微微降臂"手势或旗语相配合。

4.1.4 在发出 2.3.5 "紧急停止"音响时,可与"紧急停止"手势或旗语相配合。

4.1.5 在发出 2.3.1 音响信号时,均可与上述未规定的手势或旗语相配合。

4.2 指挥人员与司机之间的配合

4.2.1 指挥人员发出"预备"信号时,要目视司机,司机接到信号在开始工作前,应回答"明白"信号。当指挥人员听到回答信号后,方可进行指挥。

4.2.2 指挥人员在发出"要主钩"、"要副钩"、"微动范围"手势或旗语时,要目视司机,同时可发出"预备"音响信号,司机接到信号后,要准确操作。

4.2.3 指挥人员在发出"工作结束"的手势或旗语时,要目视司机,同时可发出"停止"音响信号,司机接到信号后,应回答"明白"信号方可离开岗位。

4.2.4 指挥人员对起重机械要求微微移动时,可根据需要,重复给出信号。司机应按信号要求,缓慢平稳操纵设备。除此之外,如无特殊需求(如船用起重机专用手势信号),其他指挥信号,指挥人员都应一次性给出。司机在接到下一信号前,必须按原指挥信号要求操纵设备。

5 对指挥人员和司机的基本要求

5.1 对使用信号的基本规定

5.1.1 指挥人员使用手势信号均以本人的手心、手指或手臂表示吊钩、臂杆和机械位移的运动方向。

5.1.2 指挥人员使用旗语信号均以指挥旗的旗头表示吊钩、臂杆和机械位移的运动方向。

5.1.3 在同时指挥臂杆和吊钩时,指挥人员必须分别用左手指挥臂杆,右手指挥吊钩。当持旗指挥时,一般左手持红旗指挥臂杆,右手持绿旗指挥吊钩。

5.1.4 当两台或两台以上起重机同时在距离较近的工作区域内工作时,指挥人员使用音响信号的音调应有明显区别,并要配合手势或旗语指挥,严禁单独使用相同音调的音响指挥。

5.1.5 当两台或两台以上起重机同时在距离较近的工作区域内工作时,司机发出的音响应有明显区别。

5.1.6 指挥人员用"起重吊运指挥语言"指挥时,应讲普通话。

5.2 指挥人员的职责及其要求

5.2.1 指挥人员应根据本标准的信号要求与起重机司机进行联系。

5.2.2 指挥人员发出的指挥信号必须清晰、准确。

5.2.3 指挥人员应站在使司机看清指挥信号的安全位置上。当跟随负载运行指挥时,应随时指挥负载避开人员和障碍物。

5.2.4 指挥人员不能同时看清司机和负载时。必须增设中间指挥人员以便逐级传递信号,当发现错传信号时,应立即发出停止信号。

5.2.5　负载降落前，指挥人员必须确认降落区域安全时，方可发出降落信号。

5.2.6　当多人绑挂同一负载时，起吊前，应先做好呼唤应答，确认绑挂无误后，方可由一人负责指挥。

5.2.7　同时用两台起重机吊运同一负载时，指挥人员应双手分别指挥各台起重机，以确保同步吊运。

5.2.8　在开始起吊负载时，应先用"微动"信号指挥。待负载离开地面 $100\sim200mm$ 稳妥后，再用正常速度指挥。必要时，在负载降落前，也应使用"微动"信号指挥。

5.2.9　指挥人员应佩戴鲜明的标志，如标有"指挥"字样的臂章、特殊颜色的安全帽、工作服等。

5.2.10　指挥人员所戴手套的手心和手背要易于辨别。

5.3　起重机司机的职责及其要求

5.3.1　司机必须听从指挥人员的指挥，当指挥信号不明时，司机应发出"重复"信号询问，明确指挥意图后，方可开车。

5.3.2　司机必须熟练掌握标准规定的通用手势信号和有关的各种指挥信号，并与指挥人员密切配合。

5.3.3　当指挥人员所发信号违反本标准的规定时，司机有权拒绝执行。

5.3.4　司机在开车前必须鸣铃示警，必要时，在吊运中也要鸣铃，通知受负载威胁的地面人员撤离。

5.3.5　在吊运过程中，司机对任何人发出的"紧急停止"信号都应服从。

6　管理方面的有关规定

对起重机司机和指挥人员，必须由有关部门进行本标准的安全技术培训，经考试合格，取得合格证后方能操作或指挥。

音响信号是手势信号或旗语的辅助信号，使用单位可根据工作需要确定是否采用。

指挥旗颜色为红、绿色。应采用不易退色、不易产生褶皱的材料。其规定：面幅应为 $400mm\times500mm$，旗杆直径应为 $25mm$，旗杆长度应为 $500mm$。

本标准所规定的指挥信号是各类起重机使用的基本信号。如不能满足需要，使用单位可根据具体情况，适当增补，但增补的信号不得与本标准有抵触。

附录二

□ 常用起重机的起重性能

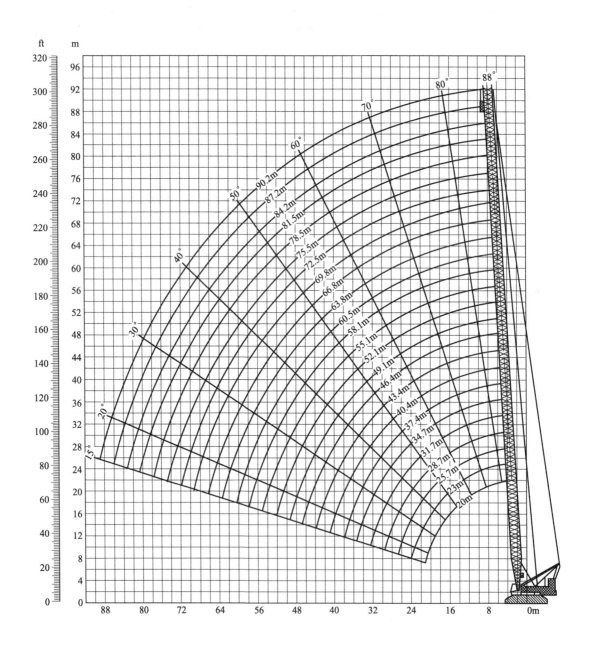

附图 2.1　利勃海尔 LR1280 型履带式起重机工作性能（主臂工况）

附表 2.1 利勃海尔 LR1280 型履带式起重机工作性能（节选） t

工况：		主臂		360°		配重 34.5t		车体配重 0t			
半径/m	主臂长度/m										
	20.0	23.0	25.7	28.7	31.7	34.7	37.4	40.4	43.4	46.4	49.1	52.1
4	212.7 (4.3)	182.4 (4.5)	161.5 (4.7)	143.1 (4.9)								
5	168.3	157.2	148.3	139.5	128.2 (5.1)	115.9 (5.3)	106.6 (5.5)	97.8 (5.7)	90.1 (5.9)			
6	129.5	122.6	117.1	111.3	106.0	101.1	97.0	92.8	88.9	83.4 (6.1)	78.1 (6.3)	72.8 (6.5)
7	104.8	100.1	96.3	92.2	88.4	84.8	81.8	78.7	75.7	72.9	70.5	68.0
8	87.7	84.2	81.5	78.4	75.5	72.8	70.5	68.0	65.7	63.4	61.5	59.5
9	75.2	72.5	70.5	68.0	65.7	63.5	61.7	59.7	57.8	55.9	54.4	52.6
10	65.6	63.5	61.9	59.9	58.0	56.2	54.7	53.0	51.4	49.8	48.5	47.1
11	58.1	56.3	55.0	53.4	51.8	50.2	49.0	47.5	46.2	44.8	43.7	42.4
12	51.1	50.4	49.4	48.0	46.6	45.2	44.2	43.0	41.8	40.5	39.6	38.4
13	45.1	45.1	44.7	43.5	42.3	41.1	40.2	39.1	38.0	36.9	36.1	35.1
14	40.3	40.3	40.5	39.7	38.6	37.5	36.8	35.8	34.8	33.8	33.1	32.1
16	32.8	32.8	33.1	33.0	32.7	31.8	31.2	30.3	29.5	28.7	28.1	27.3
18	27.3	27.4	27.7	27.6	27.5	27.3	26.8	26.1	25.4	24.6	24.2	23.4
20	23.1	23.2	23.5	23.4	23.3	23.2	23.2	22.7	22.1	21.4	21.0	20.3
22		19.9	20.2	20.2	20.1	19.9	19.9	19.7	19.3	18.7	18.4	17.8
24		17.0	17.5	17.5	17.4	17.2	17.3	17.1	16.9	16.5	16.2	15.6
26			15.2	15.3	15.2	15.1	15.1	15.0	14.8	14.6	14.4	13.9
28				13.5	13.5	13.3	13.3	13.1	13.0	12.7	12.7	12.3
30				11.8	11.8	11.7	11.8	11.6	11.4	11.2	11.1	10.9
32					10.4	10.3	10.4	10.2	10.0	10.0	9.8	9.7	9.5
34						9.1	9.2	9.0	8.8	8.6	8.5	8.3
36							8.1	7.9	7.8	7.5	7.5	7.3
38							7.1	7.0	6.8	6.6	6.6	6.3
40								6.1	6.0	5.8	5.7	5.5
42									5.2	5.0	5.0	4.8
44									4.5	4.3	4.3	4.1
46										3.6	3.7	3.4
48											3.1	2.9
50												2.3

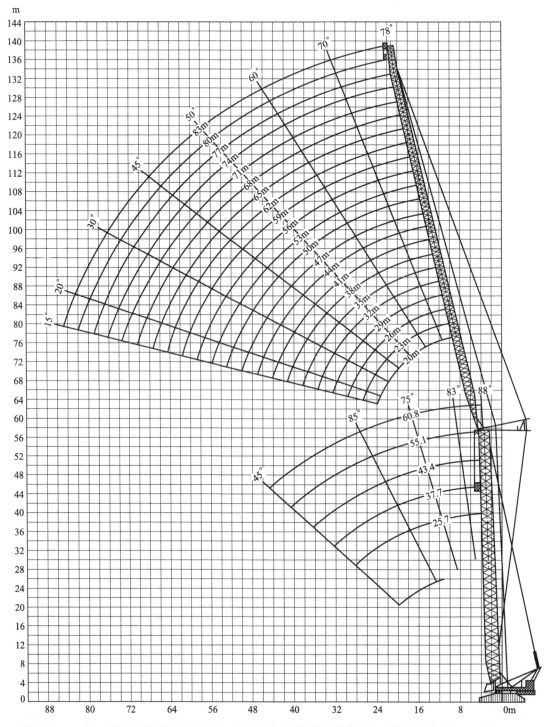

附图 2.2　利勃海尔 LR1280 型履带式起重机工作性能（塔式工作）

附表 2.2　利勃海尔 LR1280 型履带式起重机工作性能（节选 1）　　　　　t

工况：塔式工况—主吊臂角度 88°　　　　　配重：85.5t　　　　　车体配重：36t

半径/m	46.4m 主吊臂 副臂长度/m													
	20	23	26	29	32	35	38	41	44	47	50	53	56	59
8	59.7 (8.9)													
9	59.7	54.9 (9.6)												
10	59.7	54.9	50.2 (10.2)	46 (10.8)										
11	58.8	54.8	50.3	46.0	41.6 (11.4)									
12	57.6	53.7	49.7	45.7	41.6	37.9 (12.1)	34.2 (12.7)							
13	54.7	52.7	48.5	44.7	40.8	37.6	34.2	30.7 (13.3)	26.8 (13.9)					
14	52.5	50.0	47.7	43.3	39.9	36.6	33.4	30.6	26.8	24.6 (14.6)	22.5 (15.2)	20.1 (15.8)		
16	45.8	45.8	42.3	40.5	37.5	34.5	31.5	28.4	25.6	24.1	22.4	20.1	17.7 (16.4)	16.6 (17.0)
18	40.5	39.3	38.7	37.5	34.6	32.4	28.9	26.6	24.2	23.0	21.5	19.4	17.4	16.5
20	35.3	35.4	33.9	33.6	32.5	30.3	27.1	25.3	23.0	21.8	20.6	18.6	16.6	15.8
22	31.5	31.4	30.4	28.5	27.5	27.8	25.6	23.9	21.9	21.0	19.8	17.8	15.8	15.2
24	15.1	28.3	26.5	27.0	25.4	25.3	24.0	22.8	20.9	20.2	19.2	17.2	15.1	13.8
26		25.8	24.5	24.5	23.6	23.3	22.3	21.5	20.1	19.5	18.6	16.7	14.0	13.4
28			23.0	22.5	21.9	21.7	21.0	20.2	19.1	18.7	18.2	16.2	13.5	13.0
30				21.2	20.4	20.2	19.7	19.2	18.3	17.8	17.4	15.9	13.7	12.7
32				19.9	19.3	18.9	18.5	18.2	17.6	17.0	16.5	15.3	12.9	12.4
34					18.2	17.9	17.3	17.1	16.7	16.3	15.7	13.6	12.5	12.1
36						17.0	16.4	16.1	15.8	15.5	15.1	13.0	12.2	11.8
38						16.1	15.7	15.3	10.8	11.7	12.4	12.5	11.9	11.5
40							9.3	9.5	9.6	10.5	11.3	11.6	11.6	11.2
42								8.8	8.9	9.4	10.2	10.4	10.8	11.0
44								8.2	8.3	8.6	9.3	9.4	9.6	10.2
46									7.7	8.1	8.5	8.4	8.6	9.3
48										7.5	7.9	7.6	7.6	8.3
50										6.9	7.3	7.2	6.8	7.5
55												6.2	6.1	6.2
60														5.6

附表2.3 利勃海尔LR1280型履带式起重机工作性能（节选2）

工况:塔式工况—主吊臂角度75°　　　　配重:85.5t　　　　车体配重:36t

55.1m主吊臂

半径/m	副臂长度/m													
	20	23	26	29	32	35	38	41	44	47	50	53	56	59
26	28.6	26.8 (27.2)												
28	26.6	26.1	25.3 (28.5)	23.7 (29.8)										
30	24.9	24.4	24.1	23.6	22.4 (31)									
32	23.4	22.9	22.6	22.1	21.8	21.1 (32.3)	20.0 (33.6)							
34	22.0	21.5	21.3	20.8	20.5	20.0	19.8	18.9 (34.8)						
36	20.9	20.4	20.1	19.7	19.4	18.9	18.7	18.2	17.9 (36.1)	16.8 (37.4)				
38		19.3	19.1	18.6	18.3	17.9	17.7	17.2	16.9	16.5	16 (38.6)	14.7 (39.9)		
40			18.1	17.7	17.4	17.0	16.7	16.3	16.1	15.6	15.4	13.9	12.2 (41.2)	
42			17.3	16.8	16.5	16.1	15.9	15.5	15.2	14.9	14.7	13.9	12.2	11.4 (42.4)
44				16.0	15.7	15.3	15.1	14.8	14.5	14.1	13.9	13.5	12.1	11.4
46					13.0	14.6	13.9	14.1	13.8	13.4	13.3	12.9	11.8	11.2
48					11.4	13.0	13.5	13.3	13.2	12.8	12.6	12.3	11.6	11.1
50						11.3	12.4	12.5	12.6	12.2	12.1	11.7	11.3	10.9
55								9.8	10.3	10.4	10.5	10.4	10.2	9.9
60										8.5	8.7	9.0	9.1	8.8
65											7.0	7.6	8.0	7.9
70													6.7	6.8

附表2.4 8t汽车起重机性能

主要技术参数		6.95m吊臂			8.50m吊臂			10.15m吊臂			11.70m吊臂		
参数名称	参数	工作半径/m	起升高度/m	起重量/t	工作半径/m	起升高度/m	起重量/t	工作半径/m	起升高度/m	起重量/t	工作半径/m	起升高度/m	起重量/t
全车总重	15.50t	3.2	7.5	8.0	3.4	9.2	6.7	4.2	10.6	4.2	4.9	12.0	3.2
最大爬坡能力	22%	3.7	7.1	5.4	4.0	8.8	4.5	5.0	10.1	3.1	5.8	11.4	2.4
		4.3	6.5	4.0	4.7	8.3	3.4	5.7	9.6	2.5	6.7	10.8	1.9
吊臂全伸时长度	11.70m	4.9	5.7	3.2	5.4	7.6	2.7	6.6	8.8	1.9	7.7	9.9	1.4
吊臂全缩时长度	6.95m	5.5	4.6	2.6	6.2	6.8	2.2	7.5	7.7	1.5	8.8	8.6	1.0
最大提升高度	12.00m				6.9	5.6	1.8	8.4	6.3	1.2	9.7	7.0	0.9
最小工作半径	3.20m				7.5	4.2	1.5	9.0	4.8	1.0	10.5	5.2	0.8
最小转弯半径	9.20m												

附表 2.5　25t 汽车起重机起重性能（主臂）　　　　　　　　　　t

工作半径/m	吊臂长度/m						
	10.2	13.75	17.3	20.85	24.4	27.95	31.5
3	25	17.5					
3.5	20.6	17.5	12.2	9.5			
4	18	17.5	12.2	9.5			
5	14.5	14.4	12.2	9.5	7.5		
6	12.3	12.2	11.3	9.2	7.5	7	5.1
7	10.2	10	9.8	8.5	7.2	7	5.1
7.5	9.4	9.2	9.1	8.1	6.8	6.7	5.1
8	8.6	8.4	8.4	7.8	6.6	6.4	5.1
9		7.2	7	6.8	6	6.1	4.8
10		6	5.8	5.6	5.6	5.3	4.4
12		4	4.1	4.1	4.2	3.9	3.7
14			2.9	3	3.1	2.9	3
16				2.2	2.3	2.2	2.3
18				1.6	1.8	1.7	1.7
20					1.3	1.3	1.3
22					1	0.9	1
24						0.7	0.8
26						0.5	0.5
28							0.4
29							0.3

附表 2.6　25t 汽车起重机起重性能（副臂）　　　　　　　　　　t

主臂主角	7.5m 副臂		主臂主角	7.5m 副臂	
	副臂倾角 5°	副臂倾角 30°		副臂倾角 5°	副臂倾角 30°
80°	2.5	1.25	60°	1.55	1.05
75°	2.5	1.25	55°	1.3	1.0
70°	2.05	1.15	50°	1.05	0.8
65°	1.75	1.1			

参 考 文 献

[1] 胡修池. 起重与工程机械安装 [M]. 西安：西北大学出版社，2003.

[2] GB 50231—2009 机械设备安装工程施工及验收通用规范.

[3] 全国特种设备作业人员安全技术培训教材配套复审教材编委会. 起重作业（含起重司索指挥作业）[M]. 北京：气象出版社，2013.

[4] 张应力. 起重工 [M]. 北京：化学工业出版社，2007.

[5] 张树海. 机械安装与维修 [M]. 北京：冶金工业出版社，2004.

[6] 朱九洲. 起重司索与信号指挥 [M]. 徐州：中国矿业大学出版社，2011.

[7] 严大考，郑兰霞. 起重机械 [M]. 郑州：郑州大学出版社，2004.

[8] 中国水利水电工程总公司. 工程机械使用手册 [M]. 北京：中国水利水电出版社，1997.

[9] 王进. 工程机械概论 [M]. 北京：人民交通出版社，2011.

[10] 徐格宁，袁化临. 机械安全工程 [M]. 北京：中国劳动社会保障出版社，2008.

[11] 中国电力投资集团公司. 火电工程大型起重机械安全管理指导手册 [M]. 北京：中国电力出版社，2012.

[12] 陈道南. 起重运输机械 [M]. 北京：冶金工业出版社，2005.